旱区寒区水利科学与技术系列学术著作

旱区寒区水利工程
科学与技术研究进展

◎ 西北农林科技大学　旱区寒区水工程安全研究中心

王正中　主编

www.waterpub.com.cn

·北京·

内 容 提 要

　　为了凝练旱区寒区水利学科特色、探明发展方向，西北农林科技大学水利工程学科暨《水利与建筑工程学报》杂志，邀请我国水工结构与材料、岩土工程、水文水资源及河湖生态治理等领域著名专家和我校水利工程学科特色方向专家，围绕西北旱区寒区水利工程建设中"干旱、寒冷、多沙、高水头"的重大科学与技术问题及研究进展，将各方向的最新研究成果进行深入系统地提升凝练和总结。本书汇编的这些主要成果，分别从旱区寒区水工结构与材料研究进展、旱区水文水资源研究进展、黄河流域河库泥沙研究进展与西部农村小水电发展、西部水工岩土力学与工程研究进展 4 个方面进行了系统阐述，指出了旱区寒区水利科学与技术发展中亟待研究的关键问题和学科发展的趋势与方向，为旱区寒区水利科技工作者特别是青年科技工作者及硕士博士研究生提供选题指导、指明科研方向。

　　本书可供旱区寒区水利科技工作者科研参考，也可作为在校研究生学科进展课程的参考教材。

图书在版编目（C I P）数据

旱区寒区水利工程科学与技术研究进展 / 王正中主
编. -- 北京：中国水利水电出版社，2021.7
ISBN 978-7-5170-9719-8

Ⅰ. ①旱… Ⅱ. ①王… Ⅲ. ①水利工程－工程技术－
研究 Ⅳ. ①TV

中国版本图书馆CIP数据核字(2021)第131045号

书　　名	旱区寒区水利工程科学与技术研究进展 HAN QU HAN QU SHUILI GONGCHENG KEXUE YU JISHU YANJIU JINZHAN
作　　者	西北农林科技大学　旱区寒区水工程安全研究中心　王正中　主编
出版发行	中国水利水电出版社 （北京市海淀区玉渊潭南路 1 号 D 座　100038） 网址：www. waterpub. com. cn E - mail：sales@waterpub. com. cn 电话：(010) 68367658（营销中心）
经　　售	北京科水图书销售中心（零售） 电话：(010) 88383994、63202643、68545874 全国各地新华书店和相关出版物销售网点
排　　版	中国水利水电出版社微机排版中心
印　　刷	清淞永业（天津）印刷有限公司
规　　格	184mm×260mm　16 开本　14 印张　341 千字
版　　次	2021 年 7 月第 1 版　2021 年 7 月第 1 次印刷
定　　价	**68.00 元**

编　委　会

前　言

我国水资源人均占有量少，南北分布极不均衡，尤其西北地区水土资源极不匹配。气候干旱，年降雨量少，土地荒漠化和盐碱化日益严重，并且低温寒冷时间持续较长，形成了典型干旱、寒冷、多沙的西北区域特征。随着西北地区的经济发展，人畜需水量与供水量严重不平衡，有限可利用水资源从中华人民共和国成立初期至今已开发殆尽，加之初期修建的各类调水工程老化病害问题严重，为了能更好地发展西北经济及"一带一路"沿线经济建设，改善生态环境，满足水资源供需平衡，有不少区域性特色明显的重大科技问题亟须研究解决。主要涉及以下问题：

（1）西北地区水资源匮乏，时空分布严重失衡，水资源利用效率低，跨界河流水资源开发利用失控，干旱和洪水并存的水安全问题突出，加之近年来旱涝急转、极端气候频发，环境脆弱的西北地区是对全球气候变化及人类活动响应最敏感的地区之一。随着人口不断增加和水资源开发活动的不断扩大，西北干旱区绿洲经济与荒漠生态两大系统的水资源供需矛盾也将更加尖锐。

（2）黄河是世界上最著名的多沙河流，其流域几乎覆盖西北所有省（自治区），因"水少沙多、水沙关系不协调"而成为世界上最为复杂、最难治理的河流。由于巨量泥沙的不断堆积，黄河下游成为举世闻名的地上悬河，黄河下游洪灾也因而成为中华民族的心腹之患，泥沙问题始终是黄河治理开发、保护与管理要面对的首要问题。

（3）西北地区广泛分布的黄土，是一种大孔隙、欠压密、遇水易湿陷的特殊土体，其力学特性与工程特性是西部基础建设中将要面对的主要问题之一；西部广阔寒区的多年冻土和季节性冻土的工程特性、力学特性与热学特性问题是西部公路、铁路、南水北调等水利工程、交通工程将要面临的又一主要问题。

综上所述，本书从旱区寒区水工结构与材料研究进展、旱区水文水资源研究进展、黄河流域河库泥沙研究进展与西部农村小水电发展、西部水工岩土力学与工程研究进展四个方面进行综述分析，主要内容包括：①严寒地区大型倒虹吸工程管道应力及水力安全控制、旱区寒区水工混凝土材料耐久性及其损伤断裂性能研究进展、水工渡槽结构运行状态监测技术研究进展、河湖生态治理底轴驱动式翻板闸门的关键技术及研究、大型水工钢闸门的研究进展及发展趋势、旱区寒区大型输水渠道防渗抗冻胀研究进展与前沿;②西北旱区水文水资源科技进展与发展趋势、西北灌区地下水资源开发利用科技研究进展及发展趋势、水文频率计算研究面临的挑战与建议、干旱指数研究进展与展望;③黄河泥沙研究重大科技进展及趋势、西部地区农村水电开发及其可持续发展研究、泥沙输移问题研究进展与展望;④西部水利与土木建设中的岩土工程问题、分散性土及工程应用的研究进展。

通过这些关键问题的详细论述,对西北旱区寒区各研究领域的研究进展与发展趋势进行展望,期望能为西部旱区寒区水利科技工作者提供更多解决工程建设与自然环境相协调的思路与措施,在保护西北脆弱的自然环境中高质量发展,有望使西北地区形成"一水护田将绿绕,两山排闼送青来"的良好局面,成为联动中亚、西亚以及欧洲的重要窗口和"一带一路"的重要支点,促进我国经济文化的全面发展。

编者

2021 年春

目　录

第1部分

旱区寒区水工结构
与材料研究进展

严寒地区大型倒虹吸工程管道应力及水力安全控制

邓铭江

摘要： 新疆北疆供水工程跨越吉拉沟大洼槽的三个泉倒虹吸，跨度为 11km，内径为 2.8m，工作水头为 160m，是国内外同类工程中综合难度较高的大型倒虹吸工程，在结构强度、材料工艺、安装敷设、工程质量方面都有极高的要求，特别是高水头管道运行、充水、放空、水锤防护等各种工况下的水力安全控制问题，高温差与严寒条件下管道的应力应变问题尤为突出。对该工程设计、科研、施工及运行管理方面的经验进行介绍，对其在新技术、新材料、新工艺等方面取得的理论研究和技术创新成果进行总结，研究认为：工程总体布置合理，工程运行后监测资料及工程安全评价表明各项性状指标良好，通过模型试验研究确定的闸门开度、关闭速率、充水排气、放空排水等水力安全控制关键技术科学合理，可为严寒地区大型倒虹吸工程的技术发展提供借鉴。

1 引言

1.1 工程概况

新疆北疆供水工程穿越准噶尔盆地、古尔班通古特沙漠，线路全长 512km。其中三个泉倒虹吸跨越沙漠北缘的吉拉沟大洼槽，沟宽 11km，沟深 160m，两端高差 28.6m。地层系第三系砂岩、泥岩和风积沙。倒虹吸全长 10.93km，其中管线长 10.57km，设置两根管道，两端与引水明渠连接，最大静水压力为 1.6MPa。考虑到钢管的造价较高，为节省工程投资，管道采用 PCCP 管与钢管组合的方案，即 1.4MPa 以下采用 PCCP 管，管线长 7.39km，内径 2.8m；1.4MPa 以上采用钢管，管线长 3.18km，内径 2.7m。

工程于 2005 年建成通水，安全运行 12 年。根据供水需求的不断增长，2015 年开始实施扩建工程，在原预留进出口位置，再增设一条相同的管线，形成三根管道并行的工程布置格局，设计过水能力 $3 \times 19\text{m}^3/\text{s}$（图 1）。

1.2 工程特点

（1）综合难度大。按综合难度系数，三个泉倒虹吸是迄今为止亚洲最大的倒虹吸工程[1]。超长、高应力、大变形等工程特性，对倒虹吸管道的制作、安装、埋设、运行管理提出了极高的要求，特别是管道伸缩节必须具有满足轴向伸缩位移，还要满足一定的挠曲度和偏位量。

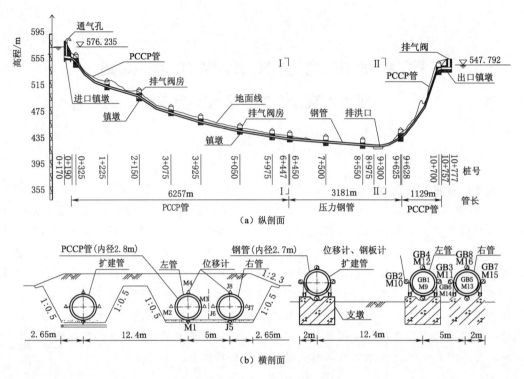

图 1　三个泉倒虹吸管道剖面图

（2）流量变幅大。渠道输水流量为 $5 \sim 57 m^3/s$，但每年恢复输水前，需采用小流量（$1 m^3/s$）缓慢充水。水头高、流量变幅大、进出口水位落差大等水力学特性，对管道充水、运行、放空等各阶段的水力安全控制技术要求高、难度大，特别需要解决好高水头下的消能放空和水锤防护问题[2]。

（3）环境气候条件恶劣。工程区地处北纬 45°以上的严寒地区，冬季最低气温－41.7℃，夏季最高温度 40.6℃，昼夜温差 20℃左右，年际温差高达 82℃。昼夜温差、阴阳面温差和年际温差大，干湿交替频繁，冻融循环剧烈等不良气候特征，对管道的应力应变调控提出了极高的要求。特别是管基地质条件较差，大多为第三系的膨胀泥岩和风积沙，对管道的变形适应能力也提出了极高的要求。

1.3　需解决的关键技术问题

（1）管道水力学及水力安全控制问题。三个泉倒虹吸水力条件复杂，技术难度大，管道水力学及水力安全控制问题尤为突出：一是流量变幅大、管线长、进出口水位落差大，为避免管道进气，引起管压波动，需对进出口结构体形和水流条件进行系统研究，严格控制；二是为了保证进口最小淹没水深，需建立出口闸门联合调控机制；三是出口闸门关闭过快，会产生水锤压力，需研究保护措施；四是入冬前管道实施放空时，存在底部放空流速控制及消能问题。

（2）PCCP 管道质量及施工工艺控制。20 世纪末，大直径 PCCP 管道在国内的应用才刚刚起步，设计理论和生产控制标准尚不完善，国家也未颁行相关的设计标准和规程规范[2]，仅有行业标准。当时主要参照美国供水协会（AWWA）《预应力钢筒混凝土压力管制造标准》（ANSI/AWWA C301—2007)[3]、《预应力钢筒混凝土管设计规范》（ANSI/AWWA C304—2007)[4]，结合该工程的特点，考虑国内管道设计生产水平，研究并改进生产工艺，制定了更为严格的质量和施工控制标准，并在管道施工安装前，做了100m现场试验段，现场检测管道的内压强度、转角接头的密封性能、管基和管道的回填压实指标等，并实施包括管道设计、制造、运输、安装、防腐、埋设、接头密封及线路打压试验等全过程控制。2015年在扩建第三根管道时，应用国内相关规程规范[5-8]，对全过程控制方案进行了全面的复核，证明了控制标准的合理性和运行安全的可靠性。

（3）钢管道工程多向变位问题。倒虹吸钢管段处在管线压力最高处，管线跨越第三系砂岩泥岩及风积沙两种地层，地质条件不均一，地基条件相对较差。工程处在沙漠边缘，白天温度较高且阴阳面温差相对较大，管道在纵向也会发生旁弯变形，因此，要求伸缩节既满足轴向伸缩位移，又要满足一定的挠曲度和偏位量。

1.4 国内外已建大型倒虹吸工程简介

倒虹吸是一种应用广泛的水利工程形式。近几十年来，我国相继建设了一批"百千米级"的大型倒虹吸工程（表1），随着经济社会发展对水资源的需求和区域水资源优化配置的需要，一批跨流域调水工程陆续兴建，如掌鸠河引水、引黄入晋等工程，倒虹吸逐步向高水头、长距离和大管径发展。从材料结构看，早期的倒虹吸工程多用混凝土和预应力钢筋混凝土材料，随着材料技术的发展，钢管、PCCP管、玻璃钢管等新型管材逐渐运用于大管径的输水工程，特别是PCCP管和玻璃钢管，其造价比钢管低，工厂化成批生产，安装方便，目前已在大型倒虹吸工程和城市供水工程中得到普遍应用[9-14]。

表1 我国已建主要倒虹吸工程统计表

序号	倒虹吸工程名称	所在省份	建成年份	最高水头/m	管长/m	设计流量/(m³/s)	管材	管道内径/m
1	南沙河渠道	河北	2013	87.1	2305	77×3	预应力混凝土	6.6×6.5
2	掌鸠河引水工程岔河	云南	2006	402	1855	6.9	钢管	2.2
3	掌鸠河引水工程大婆树	云南	2006	315	3527	6.9	钢管	2.2
4	俄垤水库他龙	云南	2006	653.5	11032	0.39~1.77	钢管	0.6~0.9
5	勐糯	云南	2003	486	4126	1.6	钢管	0.764
6	引黄入晋1号	山西	2002	150	7425	9.9	PCCP	2.2
7	引黄入晋2号	山西	2002	150	3853	7.3	PCCP	2.0~2.2

倒虹吸工程在国外引调水工程中应用得更早、更普遍。如以色列的北水南调工程[15]，建成于1964年，经过两座倒虹吸，跨度分别为150m和50m，管道直径为2.2~2.8m；埃及西水东调工程[16]，建成于1997年，将尼罗河水引向西奈半岛，工程穿越苏伊士运河，修建了长750m、最高压力40m、流量160m³/s，管径5.1m的大型倒虹吸工程；美国科罗拉多引水工程[17]，建成于1974年，工程穿越沙漠和山地达390km，其中倒虹吸

144座，总长47km。

三个泉倒虹吸在充分论证管道材料性价比和工程安全性基础上，根据压力等级、温度气候和工程地质条件等因素，采用PCCP和钢管组合方案，在国内大型输水工程中仅此一例。我国已建的倒虹吸工程大部分工程布置和制约条件相对简单，基本采用小流量变幅以适应水力控制要求。三个泉倒虹吸由于其大流量、大管径、高水头、长距离的工程特性，特别是输水流量和水头损失变幅很大，进出口的形式选择和水力控制是工程安全运行的关键。

2 严寒地区大型倒虹吸工程关键技术

2.1 复杂运行条件下水力安全控制

针对高水头、大跨度、大管径、输水流量变幅大等条件下的倒虹吸水力控制难点，通过理论分析、数值模拟和水工模型试验，对水力控制做了系统研究，确定采用深式进水口和控制出口闸门开度进行水流控制相结合的工程布置模式，提出了控制出口闸门水锤压力的工程措施。解决了复杂运行条件下水力控制难题，并制定了充水、运行、放空各阶段的控制指标及操作规程[18-19]。

2.1.1 进出口段体形及运行工况设计

进出口建筑物对倒虹吸安全运行起着重要的控制作用，水力设计较复杂。若进口发生吸气漩涡或由于水位波动及其他原因引起倒虹吸管道进气，将直接引起倒虹吸管道水流不稳定性，严重时甚至危及工程安全。

(1) 运行工况设计。由于倒虹吸输水流量（5~35m³/s）变化范围较大，输水线路较长为11km，水头损失就相差24m。如何保证在各种输水流量情况下，进水口前水流流态平稳，满足最小淹没水深的要求，避免管道进气引起明满流交替及压力波动等危害，优化设计并合理确定运行工况尤为重要。通过模型试验和大量的数值分析，并考虑运行管理安全方便等要求，确定运行工况为：管道设计流量和加大设计流量时出口闸门全开，小于设计流量时通过调节出口闸门开度控制进口水位。

(2) 进口体型研究。由于进口前池的水位变幅较大，为12.46m，为防止水动能冲击和有害流态发生，在上游渠道与前池之间设置三级跌水消能工，高度分别为4.5m、4.5m、4.12m，并在第三级跌水下游设置导流孔，孔高1.7m，控制最大流速不大于2.06m/s，呈缓流流态（图2）。模型试验验证[20]，设置三级跌水和导流孔，具有显著的消能消波功能，有效地解决了前池水位变幅较大的问题，且保证了水流入管流态平缓稳定，可将上游来流平稳地过渡到倒虹吸正常运行所需的前池水位；同时，可将少量卷入水中的气泡经跌水至下游底板后反弹出水面，较涡曲面连接或其他形式的水面衔接，更为安全可靠。

(3) 出口段水力设计。由于倒虹吸输水流量变幅较大，运行条件为，输送加大设计流量、设计流量时出口闸门全开，其他流量均需控制出口闸门的开度，以保证进口水位保持在最小淹没水位以上。三个泉倒虹吸出口单孔闸门尺寸为2.5m×2.5m，局开开度在各种输水流量下范围为0.12~1.12m，开度越小，孔口出流的平均流速越大，最大为14.71m/s，因此,必须经消能后低流速进入输水明渠,以防对下游渠道的冲刷。经计算及模型试验,出口设置长30m的消力池,消力池末端流速在各种运行工况下最大为1.7m/s,使水流与沙漠渠道平顺连接[20]。另外,为了充水排气,出口消力池尾坎高程高出管道出口20cm左右。

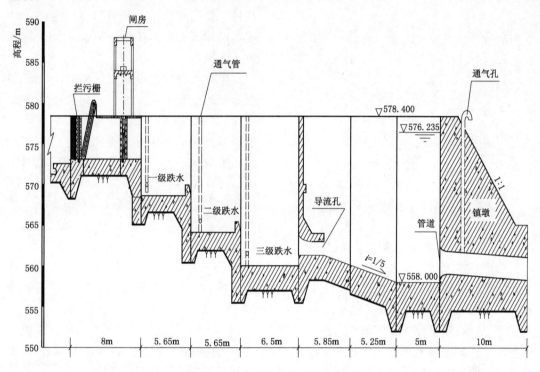

图2 三个泉倒虹吸进口段纵剖面

2.1.2 进口流量与出口闸门开度联合调控

根据倒虹吸运行条件,在输送小于设计流量时,需控制出口工作闸门开度,保证进水口水位在最小淹没水深及最高水位之间,这就要求严格控制出口闸门开度。根据水力学计算、模型试验和实际运行情况,不同引水流量对应的闸门运行情况及闸门开度值的建议值见表2[21]。

表2　　　　　　　　　　引水流量与闸门开度及运行工况

流量/(m³/s)	开度/m	运行方式	流量/(m³/s)	开度/m	运行方式
5	0.12~0.22		30.5	0.50~0.85	
10	0.27~0.40		35	0.53~1.11	双管运行
15	0.45~0.78	单管运行	40	0.37~0.59	
17.5	0.53~1.12		45	0.45~0.70	
20	0.27~0.37		50	0.55~0.85	三管运行
25	0.34~0.39	双管运行	57	2.50	

注 闸门开度按表中平均值控制。

2.1.3　水锤安全防控

由于倒虹吸进出口落差较大，在出口闸门全开、三管同时运行、通过加大流量时，管道设计流速为 3.2m/s，如果出口闸门关闭速率过快，管道内将产生很大的水锤压力。因此，必须严格控制闸门关闭速率，把水锤压力波动值控制在一定的安全范围内。为了不提高按工压确定的 PCCP 管道压力等级，管道水锤压力宜控制在 0.28MPa 以下，以节省工程投资。

根据水力数值分析，闸门在全开至完全关闭的过程中，水锤压力与关闭速率成正比。研究发现，在小流量状态时，即单管流量由 5m³/s 至完全关闭时，产生的水锤压力最大，是 PCCP 管道的设计控制工况（图 3），实际应用中，最终采用出口闸门线性关闭速率不大于 0.118m/min，最大水击压力控制在 0.2MPa 左右[18,21]。

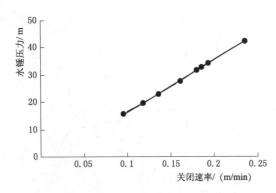

图 3　水锤压力与关闭速率关系曲线

2.1.4　充水与底部放空水力安全控制

管道充水流量不得大于排气阀的进气量，即 1m³/s，控制流速 2～5.6m/s，防止对管壁及承插口接缝处造成冲蚀破坏，单管充水时间为 19.32h。管道放空建筑物设在倒虹吸最低处，最大的技术难点是 160m 水头，管口流速高达 27m/s，常规阀门难以保证在长期承受高压、高速水流条件下正常工作。通过水工模型实验，研究采用锥形减压阀与消能井联合的消能放空布置形式，使其流速降到 1～2m/s。消能井内径为 4m，净高 8.8m，井内冲砂排水管末端口朝下，距离底板 1.5m，井上部设溢流口与排水明渠相接[22]。

2.2　不良地质环境条件下 PCCP 管道质量安全控制

2.2.1　管基变形控制

三个泉倒虹吸通过的泥岩、砂质泥岩地层属中、强膨胀岩，而冲洪积细砂层经原位载荷试验，承载力较低为 80～100kPa。为了防止管基变形，主要采取了以下措施：

（1）基土换填。对泥岩、砂质泥岩地层段进行 50cm 的砂砾料换填处理，对冲洪积细砂层段进行 80cm 的换填，要求相对密度 $D_r \geqslant 0.75$，以提高管基的承载力，保障管基不产生泥岩膨胀及砂基沉陷破坏。

（2）管沟排水。在管沟底部设纵横排水，将地下水顺坡排出管沟外，避免管基软化、泥化。

2.2.2　管道安装和回填压实控制

为有效控制工程质量，在现场布置了 100m 的试验段，对回填材料、压实参数、施工工艺等开展了系列研究，制定了《三个泉倒虹吸 PCCP 管道工程安装质量控制指标及检测要求》[23]，对管道垫层压实、管道安装、管道回填、管道水压试验等进行全过程严格控制。

管道安装完成后进行回填，管基砂砾料垫层以上至管道轴线采用砂砾料回填，压实相

对密度 $D_r \geq 0.7 \sim 0.75$，$d_{max} \leq 6cm$；为了保护管道外部涂层在施工中不被破坏，沿管壁布设 5cm 的细砂保护层；管道轴线至管顶以上采用冲洪积砂回填，管顶 30cm 以下 $D_r \geq 0.7$，以上 $D_r \geq 0.65$；整个回填面表层压实 50cm 黏土和 10cm 的砂砾料，防止雨水渗入和表层风蚀。

2.2.3 管道防腐处理

在桩号 5+550～7+070 段，地下水 SO_4^{2-} 含量为 5947mg/L，Cl^- 含量为 6724mg/L，而且沿线砂岩土体中的 SO_4^{2-} 和 Cl^- 含量普遍较高，对混凝土及钢结构均存在中强腐蚀性。主要采取以下工程处理措施：一是排水，在管基砂砾石垫层底部及沟槽两侧铺设厚度 0.6mm PE 复合土工膜（两布一膜），并在管沟底部两侧膜上各设置一条直径 160mm 的 UPVC 滤水管，外包无纺布，将膜上管基内的水顺坡引入管道最低处排出；既防止地下水对管道产生腐蚀破坏，又防止管道渗水及雨雪水渗入管基，引起泥岩膨胀和砂基沉陷。二是隔离，管道外层砂浆保护层采用高抗硫酸盐水泥，并在管道外涂 $600 \sim 1000 \mu m$ 环氧煤沥青防腐；在管沟底及沟槽两侧铺设防渗土工膜，以隔离有腐蚀性的地下水和岩体；管沟回填材料采用无腐蚀的冲洪积砂。

2.2.4 管道生产工艺及施工质量控制

三个泉倒虹吸 PCCP 管道综合难度系数高，为寻求大口径、高水头、大型倒虹吸 PCCP 管道技术的新突破，该工程对原材料性能、管体结构、生产工艺、质量控制、施工工艺等开展了深入研究，加强监测、量化控制每一个工序质量，确保工程质量安全，节省了大量的工程投资[24]。

（1）管道生产工艺及质量控制。首先对管道生产的主要原材料，即普通硅酸盐水泥、高抗硫酸盐水泥、砂石料、高效减水剂、预应力钢丝、薄钢板、承插口板料、环氧煤沥青防腐涂料等，进行严格的试验检测；其次是对管道生产工艺和主要流程，即对承插口成型、钢筒组焊、钢筒静水压力试验、坯管成型养护、径向预应力缠绕、保护层喷浆、防腐层涂装等，制定严格的质量控制标准；最后是对管道生产关键环节，即内压试验、承插口接头转角试验、成管贯通性裂缝控制等，明确严格的质量要求。

（2）管道安装施工及质量控制。由于管道自身重量大，在松软且坡度较陡的沙土层中进行管道安装，施工难度较大。施工中除对管基换填 50～80cm 砂砾料外，还分别采取以下施工措施：一是管道铺设中，每 100m 设一处卸管平台，以保证吊装设备正常起吊和管道入槽，为防止安装设备沿坡下滑，采用单管龙门吊并加装制动装置，并在制高点设置牵引装置，采用由低向高顺序安装，保证施工安全和龙门吊沿轨道滑动自如；二是严格控制管道轴线位置和高程，提高管道包角 180° 以下砂石料回填压实度，根据现场载荷试验预留 1.5cm 沉降量，管道回填完成后轴线和高程偏差均<±3cm，满足质量控制标准要求[23]；三是由于地形起伏较大，为保障管道稳定，在管道转角、进人孔、排气阀及沿线每隔 300～500m 设置 1 个镇墩，共布置了 3×18 个镇墩；四是为适应松软地层导致的接头沉降变化，在管道接头处设置限位块，承、插口对接时的环向间隙控制在 2～3.5cm，每一个接头都要进行打压试验和注浆勾缝处理；五是注水浸泡，开展 100m、1000m、6000m 三级水压检验，试验结果均满足质量控制标准要求[23]。

2.3　不良气候环境条件下钢管质量安全控制

2.3.1　软基变形控制

倒虹吸 3 根压力钢管，采用露天明管平行布置，长 3181m，处于管线压力最高处。管线跨越砂岩泥岩及沙漠风积沙两种地层，地基承载力相对较差。水平向无拐点，纵向设 5 个拐点，钢管设计压力等级为 1.7MPa，管壁厚度为 2.6cm。为了有效控制软基变位造成的安全影响，除在纵向拐点位置外，沿管线每 100m 再设置 1 个镇墩，共 3×32 个镇墩。支墩间距砂岩泥岩段为 8m，风积沙段为 6m，共 3×381 个支墩。共布置进人孔 23 个、排气阀 3×4 个、底部冲砂放空孔 3×2 个。

2.3.2　温度变形控制

工程处于古尔班通古特沙漠边缘，为了适应不良的地质和气候条件，在每个支墩上均采用滚动式支座，滚轮直径为 40cm，宽度为 20cm；在钢管 3 根管线上共布置了 3×31 个伸缩节，右侧两根管道采用双法兰套筒的伸缩节形式和能够适应较大变位的 C 形胶圈止水。设计工作压力为 1.7MPa。通过试验研究和改进设计，完全可满足伸缩量 $s<15cm$，角变位 $\alpha\leqslant5°$，径向变位 $\Delta\leqslant5cm$ 的变形控制要求（图 4）。

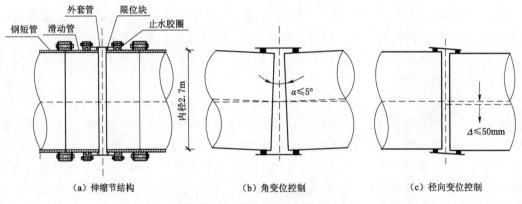

（a）伸缩节结构　　　　（b）角变位控制　　　　（c）径向变位控制

图 4　钢管伸缩节结构和变位控制

由于年温差和日温差较大，钢管除考虑轴线方向的自由伸缩外，还应考虑水平方向由于太阳照射方向变化，钢管两侧由温差而产生的扭曲变位。设计时采用了吊挂式滚轮支承结构，当发生管轴线旁弯或镇、支墩不均匀沉陷时，滚轮可以自由运动，滚轮悬空时，可在下支座上加设垫板调整滚轮支撑平衡[25]。

3　管道应力与变形安全监测

3.1　管道环向最大拉应力

在钢管段 9+300 断面左右管道各布置 4 个钢板计，监测最大环向应力。从图 5 实测应力变化曲线可看出，管道在运行初期年最大环向应力变化和增幅较大，随后很快趋于稳定，其中右管比左管应力趋稳要快，可能与左管靠近施工道路、受干扰较大有关；受温差影响，管道底部和左侧管壁温度高于顶部和右侧，因此环向应力也相对较高；实测管道最大环向应力 128MPa，钢材屈服强度 $\sigma_s = 235$ MPa，钢管设计允许应力 129.25MPa（$0.55\sigma_s$），小于设计允许值。

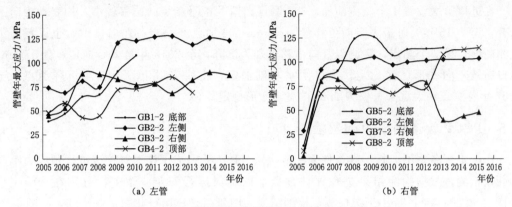

图 5　9＋300 断面左、右管道最大环向应力变化曲线

3.2　管道伸缩节变形监测

在钢管段 9＋300 断面左右管道伸缩节布置位移计，监测最大位移变形。从图 6 实测最大变形曲线可以看出，伸缩节变形运行初期变形较大，随后很快趋于稳定；伸缩节变形主要受温度影响，在冬季最低气温期间年变形最大，在夏季最高气温期间年变形最小，通水后管道温度较稳定，伸缩节变形也最稳定；同一伸缩节上下两侧变形差值较小，右侧变形量大于左侧，伸缩节向左偏转，实测最大角变位 4.8°，小于设计允许值 $\alpha \leqslant 5$°；历年最大变形量左管为 91mm，右管为 137mm，至 2016 年伸缩节累计最大变形量为 89mm，年最大变幅约为最大变形量的 50%左右，管道设计允许变形量为 150mm，实测最大变形量均小于设计允许值。

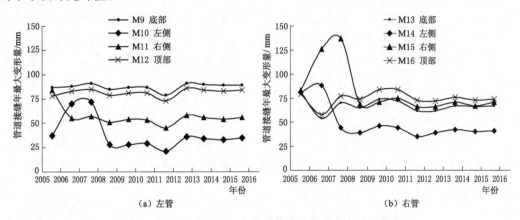

图 6　9＋300 断面左、右管道伸缩节年最大变形量曲线

3.3　PCCP 与钢管连接部位变形监测

6＋447 断面伸缩节两端分别连接 PCCP 管与钢管，实测伸缩节年最大变形量左管为

3.9mm，右管为 4.9mm，年最大变幅小于 0.1mm，变形已稳定。

3.4　管道进出口和钢管支墩沉降监测

在进口镇墩设置 1 个监测断面，3 个测点，镇墩各测点竖向位移较小，均表现为向上抬升。至 2015 年 8 月最大竖向位移量为 -9mm，变形已经稳定；在出口镇墩也设置 1 个监测断面，设 3 个测点，各测点竖向位移表现为沉降，至 2015 年最大竖向位移为 15mm，出口镇墩竖向变形已经稳定，出口闸室基础稳定；钢线支墩上设有 6 个沉降测点，至 2007 年各测点最大沉降量仅为 2mm，支墩变形稳定。

3.5　PCCP 管道预应力钢丝检测

由于工程冬季不运行，有条件采用电磁法（P-WAVE）技术对管道进行预应力钢丝的断丝检测，根据检测结果进行评估预警，以确保运行安全。该工程分别在 2010 年、2012 年和 2015 年进行了三次检测，检测结果表明目前管道运行状态良好[26]。

4　结论与讨论

4.1　主要结论

围绕三个泉大型倒虹吸工程建设，开展了大量的试验研究工作，在工程总体布置与管道结构选型、施工质量与水力安全控制、软基处理与温度变形控制、管道制造安装与质量控制技术等方面，取得了诸多创新突破，为高压力、大直径 PCCP 管道在大型倒虹吸工程的应用开辟了先河。工程建成后，安全运行 12 年，根据长期的运行管理及安全监测，工程各项性状指标良好。

（1）工程总体布置合理，设计采用 PCCP 管道和钢管相结合的形式，在满足安全可靠的前提下，节省了工程投资，也为新型管道技术的引进和发展，提供了成功的应用平台。

（2）工程运行后，主要针对管道内水压力、环向应力、接头变形、径向变形、管道渗漏、钢管段镇墩和支墩沉降变形等项目开展了系统的安全监测，共布置了 102 个测点。监测资料及工程安全评价表明：钢管实测最大环向应力、伸缩节累计和历年最大变形量、伸缩节实测最大、挠曲和偏位变形均小于设计允许值；进出口闸室结构、管道各镇墩和支墩以及接头竖向变形量小并趋于稳定。

（3）通过模型试验研究确定的闸门开度、关闭速率、充水排气、放空排水等水力安全控制关键技术，科学合理，并在实践运行管理中得到了较好的应用。

4.2　问题讨论

（1）PCCP 管道内壁混凝土裂缝问题。在美国水行业标准中，PCCP 管内壁混凝土允许出现少量、不连续的裂缝，而预应力钢丝外部保护层是不允许有裂缝的，认为内壁混凝土裂缝通常由于管道在养护过程中因水分蒸发而引发的，然而当混凝土再次吸收水分膨胀后可自行愈合。过去，钢筒采取卷板环形焊接，其混凝土管内壁也多呈表面环向裂缝。目前，钢筒从环形焊接改为螺旋焊接，内壁裂缝也随焊缝普遍为螺旋分布。对这种裂缝，特别是贯通性的裂缝，是否允许？是否会给管道安全造成一定的隐患？在现有规范中尚未提出明确要求[6]。

（2）钢管伸缩节适应变形问题。由于钢管暴露在大气中，受环境温度影响，管道阴阳面最大温差可达 10℃ 以上，管道在发生较大的伸缩变形的同时，还会发生扭转变形，且不易自行完全恢复，由于变形累加，个别伸缩节扭转变形已接近设计极限，这可能会对伸缩节长期耐久性产生影响。钢管伸缩节设计应进一步考虑适应伸缩变形和扭转变形的性能，必要时可采用人工措施复位，以减少变形累加和扭矩产生的附加应力。

（3）PCCP 管道预应力钢丝断丝问题。该工程自投运以来，采用电磁法先后对 PCCP 管道进行过三次无损检测，对比 2012 年和 2015 年检测结果[23]，三个泉倒虹吸 2400 节管道中，有 23 节管道存在疑似断丝现象，断丝数量为 16～20 根，疑似断丝的管节位置和数量未发现显著变化。目前看来，管道总体处于良好状态，但今后断丝数量是否会增加？砂浆的握裹力能持续多久？断丝数量达到多少根后即需对管道进行加固处理？这些问题均需在今后的工程建设和运行管理中加以研究解决。

参 考 文 献

[1] 石泉，张立德，李红伟. 大型倒虹吸工程设计与施工[M]. 北京：中国水利水电出版社，2007.

[2] 陈湧城. 长距离管道输水工程的安全性及水锤危害防护技术[J]. 给水排水，2014，40（3）：1-3，22.

[3] ANSI/AWWA C301—2007 AWWA Standard for Prestressed Concrete Pressure Pipe，Steel-Cylinder Type[S]. USA：AW-WA，2007.

[4] ANSI/AWWA C304—2007 AWWA Standard for Design of Prestressed Concrete Cylinder Pipe[S]. USA：AW-WA，2007.

[5] 中国工程建设标准化协会. 给水排水工程埋地预应力混凝土管和预应力钢筒混凝土管管道结构设计规程：CECS140：2011[S]. 北京：中国计划出版社，2011.

[6] 中国建筑材料工业协会. 预应力钢筒混凝土管：GB/T 19685—2005[S]. 北京：中国计划出版社，2005.

[7] 中华人民共和国住房和城乡建设部. 给水排水管道工程施工及验收规范：GB 50268—2008[S]. 北京：中国计划出版社，2008.

[8] 中华人民共和国水利部. 预应力钢筒混凝土管技术规范：SL 702—2015[S]. 北京：中国水利水电出版社，2015.

[9] 蒋东方. 正反悬链线形倒虹吸管身断面形式的研究[D]. 郑州：华北水利水电学院，2011：52-78.

[10] 杨成龙，緱慧娟，卢晓仓，等. 南水北调中线工程倒虹吸弧形闸门放样方法的研究[J]. 水利与建筑工程学报，2014，12（2）：35-37.

[11] 吴宏，李德寿. 湖南新安铺倒虹吸管工程在国内领先[J]. 人民长江，1987（10）：65.

[12] 张长根. 河南最大的倒虹吸工程在灵宝县建成[J]. 人民黄河，1993，36（8）：40.

[13] 朱涛，付英华. 长距离、高水头倒虹吸设计与运行经验[C]//山东水利学会. 山东水利学会第十届优秀学术论文集. 济南：山东水利学会，2005：265-267.

[14] 常胜，牧振伟，万连兵. 大口径玻璃钢管承插式接头局部水头损失系数探究[J]. 水利与建筑工程学报，2016，14（4）：96-100.

[15] 余际可，黄兴军. 浅析当前预制圆管管座施工方法存在的问题——中空式管座的特点及施工方法

简介[J]. 给水排水，1996，22（7）：50－52.

[16]　魏昌林. 埃及西水东调工程[J]. 世界农业，2001（8）：26－28.

[17]　汪秀丽. 国外流域和地区著名的调水工程[J]. 水利电力科技，2004，30（1）：1－25.

[18]　中国水利水电科学研究院. 三个泉倒虹吸水力计算报告[R]. 北京：中国水利水电科学研究院，2002.

[19]　贺青奇，徐元禄. 大型倒虹吸工程运行管理[J]. 水利建设与管理，2007，27（9）：57－60，74.

[20]　中国水利水电科学研究院. 三个泉倒虹吸进出口水工模型试验研究报告[R]. 北京：中国水利水电科学研究院，2001.

[21]　长江水利委员会长江科学院. 三个泉倒虹吸扩建工程水力学数值分析报告[R]. 武汉：长江水利委员会长江科学院，2014.

[22]　新疆农业大学水利水电设计研究院. 三个泉倒虹吸底部排空水力学模型试验报告[R]. 乌鲁木齐：新疆农业大学水利水电设计研究院，2002.

[23]　新疆额尔齐斯河流域开发工程建设管理局. 三个泉倒虹吸 PCCP 管道工程安装质量控制指标及检测要求[R]. 乌鲁木齐：新疆额尔齐斯河流域开发工程建设管理局，2005.

[24]　王兵，白文举，徐元禄. 高工压大口径 PCCP 管在引额济乌工程中的应用[J]. 水利建设与管理，2007，27（2）：34－36.

[25]　陈昌雄，李红伟. 倒虹吸大型压力钢管大变位伸缩节的设计及制造[J]. 水利规划与设计，2005（3）：51－54.

[26]　蓬勃上海工程技术服务公司. 三个泉倒虹吸 DN2800 PCCP 管道电磁法检测报告[R]. 上海：蓬勃上海工程技术服务公司，2015.

Pipeline Stress and Hydraulic Safety Control for Large Scale Inverted Siphon Engineering in Cold Region

Abstract：Water supply project of northern xinjiang three springs across gilardino ditch merchant tank inverted siphon, 11 km span, inner diameter of 2. 8 m, 160 m working head, is a comprehensive difficulty is higher in the similar projects at home and abroad a large inverted siphon project, the structural strength and material technology, installation, engineering quality have high requirements, especially the high head pipe run, water filling and emptying, water hammer protection of all sorts of conditions such as hydraulic safety control problems, stress and strain under the condition of high temperature difference and cold pipe problem is particularly prominent. For the engineering design, scientific research, introduces the construction and operation management experience, in the new technology, new materials, new technology aspects of theoretical research and technology innovation achievements summarized, research says: engineering general layout is reasonable, the operation monitoring data and engineering safety evaluation index showed that each character is good, the opening of the gate is determined by model test study of exhaust, closing rate, water filling, drainage vent hydraulic safety control key technologies such as scientific and reasonable, to the technology development of cold region large inverted siphon project for reference.

旱区寒区水工混凝土材料耐久性及其损伤断裂性能研究进展

胡少伟

摘要： 我国旱区寒区水工混凝土因其特殊的服役环境而易遭受外界环境的威胁，主要有早期开裂及多因素耦合条件下的冻融循环破坏。外部环境的作用会造成水工混凝土从外至里的破坏，导致结构及材料安全性的降低。探究该区域水工混凝土材料的破坏机理及断裂性能的劣化规律，提出一套切实可行的结构安全评估及修复方法，具有重要的工程意义。本文分析了混凝土材料在不同服役阶段及服役环境下的侵蚀破坏机理，综述了近年来国内外旱区寒区混凝土材料性能、断裂性能的研究进展，并对现阶段研究成果进行了总结，最后给出了该领域的研究方向和未来的发展趋势。

1 引言

随着混凝土材料在各类水利工程中的大量使用，其服役安全性及耐久性已成为工程界普遍关心的热点问题。旱区寒区水利混凝土结构，在严酷的、容易引发混凝土耐久性问题的环境之中服役，如氯离子侵蚀、硫酸盐腐蚀等；另外，由于混凝土材料本身的特性，结构内部不可避免地存在裂缝或者孔隙，外部环境侵蚀介质可借助裂缝通道实现对混凝土材料的侵蚀，如硫酸盐侵蚀、酸雨侵蚀、氯离子锈蚀等[1]；同时，混凝土材料还具有明显的干缩湿胀特性，外部的严酷环境作用易导致混凝土材料形成由表及里的损伤，在结构内部产生裂纹或者裂缝，例如高低温环境，冻融等，这些复杂的环境腐蚀作用具有普遍性、隐蔽性、渐进性和突发性的特点会导致结构的安全性、适用性、耐久性降低，最终引起结构失效。随着工程结构安全问题的日益突出，这些耐久性的问题已成为混凝土的研究热点问题，受到了越来越多的关注。我国 2009 年编著的《混凝土结构耐久性设计规范》（GB/T 50476—2008）[2]、日本土木学会混凝土规范[3]以及欧洲的混凝土结构设计规范（CEB – FIP：Model Code 2010）[4]均将混凝土材料耐久性考虑到结构设计之中。

本文以旱区寒区环境作用下混凝土材料与断裂性能为主线，对该领域国内外研究进展和作者近年来的研究成果进行回顾与分析，提出了该领域目前存在的不足及尚需深入研究的问题，明确未来研究方向，为我国旱区寒区水工建设的发展提供参考。

2 旱区寒区水工混凝土腐蚀与断裂特性

旱区寒区水工建筑物多使用混凝土为主要建筑材料，我国旱区寒区气候与地理环境的特殊性，使得混凝土在不同服役阶段主要的破坏因素与破坏特征差异较大，现从不同的服役阶段分析旱区寒区水工混凝土主要破坏形式及破坏原因，并对酸腐蚀条件下混凝土的断裂特性进行分析。

2.1　开裂破坏

旱区寒区气候干旱少雨，年平均气温较低，日较差比较大。如我国新疆、甘肃部分地区年平均降水量为 150 mm 左右，年平均气温在 10℃以下，1 月平均气温可达－20℃，日较差可达 10～30℃[5]。此外，旱区寒区的紫外线照射强烈，风速较大，混凝土中水分蒸发较快，这些气候因素极大地加剧了混凝土的温度收缩、干燥收缩、碳化收缩，导致混凝土表面易开裂[6]，进而促发深层次开裂。除气候因素外，旱区寒区水工混凝土往往使用水化热较高的水泥且用量较大，混凝土因水化放热产生的温度裂缝也十分明显。因此，旱区寒区水工混凝土早期的主要破坏形式为混凝土开裂破坏。

2.2　开裂破坏机理

旱区寒区水工混凝土往往因气候的急剧变化引起各种各样的收缩变形，当这些收缩变形受到约束后，会产生较大的拉应力引起混凝土开裂，旱区寒区环境下的收缩变形种类主要有干燥收缩、温度变形、碳化收缩。

旱区寒区气候干旱少雨，混凝土毛细孔水分极易蒸发，使得毛细孔中形成负压，随着空气湿度的降低负压逐渐增大，产生收缩力，引起混凝土表面干缩[7]。由于旱区寒区的昼夜温差较大，混凝土极易受到温度变化的影响产生热胀冷缩的现象。此外，混凝土的导热能力很低，水工大体积混凝土在水化放热阶段内部温度较高，外部温度较低，其表面极易受到内部热膨胀作用处于受拉状态，引起混凝土表面开裂[8]。此外，在冬季施工时，旱区寒区环境下早龄期混凝土往往需要火炉进行加热保温，产生的 CO_2 会与硬化水泥浆体中的水化产物发生反应，产生碳酸钙、硅胶、铝胶和游离水等，引起碳化收缩，导致混凝土表面开裂[9]。

为了提高水工材料的抗裂性能，现阶段可从严格控制原材料的质量、科学设计混凝土的配合比、加强施工质量控制及管理、合理的结构设计四个方面进行改善。同时也可选择合适的修补材料，对已开裂的水工材料进行修补，以延长水工建筑物的使用寿命。

2.3　盐碱环境腐蚀破坏

旱区寒区的土壤环境为典型的盐碱环境，其环境中含有大量的氯盐、硫酸盐、镁盐等腐蚀性介质，在水工混凝土开裂后，腐蚀介质极易通过混凝土裂缝进入混凝土内部对混凝土造成腐蚀，下面简要分析这几种腐蚀介质对水工混凝土的腐蚀机理。

2.3.1　氯盐侵蚀

对于旱区寒区环境下的混凝土，氯盐侵蚀主要在于氯离子引起的钢筋锈蚀。混凝土内部的碱性环境使得钢筋表面形成一层致密的钝化膜，可以有效保护钢筋免受腐蚀。当氯离子侵入到钢筋表面，会降低钢筋表面的 pH 值，破坏钢筋表面钝化膜，使钢筋暴露于腐蚀环境中，引起钢筋锈蚀，相关反应如式（1）所示。

$$Fe^{2+} + 2H_2O + 2Cl^- \longrightarrow Fe(OH)_2 + 2HCl \tag{1}$$

此外，旱区寒区环境下温、湿度变化较大，氯盐侵蚀后会产生严重结晶破坏，引起混凝土开裂。氯盐也会与混凝土内的 OH^- 反应，生成 $CaCl_2 \cdot Ca(OH)_2 \cdot H_2O$ 复盐，在混凝土表层膨胀，引起表面剥离，相关反应如式（2）、式（3）所示[10]。

$$2Cl^- + Ca(OH)_2 \longrightarrow CaCl_2 + 2OH^- \tag{2}$$

$$Ca(OH)_2 + CaCl_2 + nH_2O \longrightarrow CaCl_2 \cdot Ca(OH)_2 \cdot nH_2O \tag{3}$$

在我国西北地区，冬季低温环境下氯盐还会与冻融破坏叠加引起更加严重的盐冻破坏。混凝土受盐冻破坏后，其表面剥蚀开裂，氯离子将沿裂缝渗透到混凝土内部，加速钢筋锈蚀，引起混凝土锈胀开裂。

2.3.2 硫酸盐腐蚀

旱区寒区环境中含有大量的硫酸盐，我国西北地区土壤中 SO_4^{2-} 浓度常常在 10000 mg/L 以上，有的甚至高达 20000 mg/L。此环境中的 SO_4^{2-} 会对混凝土造成严重的腐蚀。硫酸盐对混凝土的腐蚀机理主要在于 SO_4^{2-} 会与水泥水化产物反应生成石膏和钙矾石，引起混凝土膨胀开裂，相关反应如式（4）、式（5）[11]所示。

$$Ca(OH)_2 + SO_4^{2-} + 2H_2O \longrightarrow CaSO_4 \cdot 2H_2O + 2OH^- \tag{4}$$

$$CaO \cdot Al_2O_3 \cdot 13H_2O + 3(CaSO_4 \cdot 2H_2O) + 2H_2O \longrightarrow$$
$$3CaO \cdot Al_2O_3 \cdot 3CaSO_4 \cdot 32H_2O + Ca(OH)_2 \tag{5}$$

此外，在旱区寒区环境下，侵入到混凝土内部的硫酸盐容易在干湿循环的影响下发生结晶膨胀，也会引起混凝土开裂。混凝土开裂后，硫酸盐及其他侵蚀物质将迅速进入到混凝土内部，加剧混凝土的破坏。

2.3.3 镁盐腐蚀

除氯盐、硫酸盐外，旱区寒区环境中还存在大量的镁盐。镁盐对混凝土的腐蚀机理主要在于 Mg^{2+} 与水化产物 $Ca(OH)_2$ 反应生成 $Mg(OH)_2$ 沉淀，消耗了 $Ca(OH)_2$，破坏 $C-S-H$ 水化产物的水稳定性，促使了胶凝材料的解体。不仅如此，镁盐腐蚀还会与硫酸盐腐蚀相互叠加，构成严重的复合腐蚀，生成的腐蚀产物主要有水镁石、钙矾石、石膏及水化硅酸镁等，主要反应如式（6）、式（7）[12]所示。

$$MgSO_4 + Ca(OH)_2 + 2H_2O \longrightarrow Mg(OH)_2 + CaSO_4 \cdot 2H_2O \tag{6}$$

$$MgSO_4 + CaO \cdot SiO_2 \cdot H_2O \longrightarrow MgO \cdot SiO_2 \cdot H_2O + CaSO_4 \tag{7}$$

上述反应生成的 $Mg(OH)_2$、$MgO \cdot SiO_2 \cdot H_2O$ 均无黏聚力，在流动水作用下易于溶出，增大了混凝土孔隙率。镁盐与硫酸盐的复合腐蚀将使混凝土内部产物变得疏松，表面浆体脱落严重，整体力学性能大幅下降。

2.4 酸腐蚀对混凝土断裂性能影响

旱区寒区水工混凝土在长期运行过程中受到腐蚀介质侵蚀，对于旱区寒区的水工结构，可能会引起拱坝坝肩、岩质边坡变形失稳乃至破坏；坝基基岩在酸性溶液的长期作用下，其中某些化学成分的腐蚀迁移会使坝基有泥化的危险；城市的工业废水和生活污水的随意排放所造成的地下水或者土壤环境的酸性化污染，极易形成作为重要工程的混凝土材料的物理化学力学性质发生退化，甚至导致结构整体的破坏[13]。

目前，有关酸腐蚀作用下混凝土损伤机理和损伤评价的研究已相继开展。J. M. L. Reis 采用三点弯曲梁的形式，研究了环氧聚合物混凝土试件浸泡于 pH 值变化范围为 1.2～1.8 的 7 种不同溶液中，得到的结果表明：受到酸性腐蚀作用的混凝土断裂参数以及弹性模量衰减明显[14]。Wang 同样采用三点弯曲梁的形式，研究硝酸浸泡后钙元素流出对混凝土断裂性能的影响，得到混凝土断裂性能随着硝酸腐蚀时间的退化规律。试验结果表明，失稳韧度和起裂韧度在酸性条件侵蚀 60 天左右呈现出逐步降低的变化趋势。另外，起裂韧度变化没有失稳韧度变化的敏感[15]。

其他一些学者主要是侧重于酸性腐蚀环境对混凝土材料抗压强度、弹性模量等性能衰减的研究。Okochi H 等[16]分别在实验室以及室外条件下研究酸沉积引起的混凝土结构性能退化。谢绍东等[17]讨论了酸雨对混凝土、砂浆和灰砖的侵蚀机理，表明了腐蚀行为是氢离子和硫酸根离子共同侵蚀作用的结果。周定等[18]采用了酸浸泡混凝土试样的方式进行酸雨腐蚀实验。胡晓波[19]采用以喷淋光照循环方式，研究了 pH 值、离子浓度、喷淋雨量、温度与温差、干湿交替等参数对混凝土材料的侵蚀的影响，提出了耐酸雨侵蚀的混凝土寿命评价方法。张英姿等[20]通过在实验室配制了硫酸硝酸混合溶液来模拟酸雨环境，采用加速腐蚀的方式开展酸雨对混凝土力学性能劣化规律的研究，包括轴心抗压强度[21]、弹性模量[22]、抗拉强度等[23]，并建立了酸雨环境中混凝土力学性能的退化分析模型。综上所述，酸腐蚀对混凝土断裂性能影响的研究还是相对较少。

为深入研究酸腐蚀作用对混凝土断裂性能的影响，胡少伟等[24]设计制作了 6 组 24 根标准混凝土三点弯曲梁试件，将试件放置于 pH 值为 1 的硫酸溶液中分别浸泡 3 个月、6 个月、9 个月、12 个月、15 个月，以完全浸泡的方式，完成酸介质对混凝土材料的劣化腐蚀。为保证试验过程中，酸溶液对试件的持续腐蚀作用的均匀性，采用耐腐蚀的自吸泵实现测试环境箱内溶液的循环，如图 1 （a）所示；同时，在试验过程中，以 pH 值计监控溶液的酸度，通过增加高浓度的硫酸溶液实现测试箱内溶液 pH 值的稳定，具体的试件制备过程如图 1 （b）所示。

(a) 耐腐蚀自吸泵泡　　　　　　　　　　　　(b) pH计控制

图 1　酸腐蚀作用下混凝土三点弯曲梁的试件制备

试验结果表明当混凝土结构浸泡于硫酸溶液时，主导作用为化学反应，腐蚀的时间为 3 个月时，起裂荷载仅降低了 2.75%，随着腐蚀时间的进一步增加，酸碱中和反应的化学产物不断溶解在腐蚀溶液中，从腐蚀 6 个月开始，试件表面的砂浆开始逐渐脱落，起裂荷载出现明显下降，如图 2 所示。与起裂荷载不用，失稳荷载随着腐蚀时间的增加呈现出近似线性折减的变化曲线。起裂、失稳韧度随酸劣化时间呈现与荷载相似的衰减趋势，如图 3 所示。

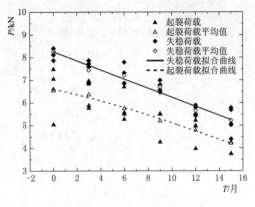

图 2　荷载与酸劣化时间的关系

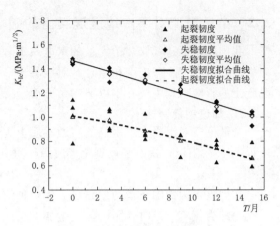

图 3　韧度与酸劣化时间的关系

3　旱区寒区水工混凝土冻融与断裂特性

　　旱区寒区水工混凝土在服役过程中往往处于正负温交替的暴露环境，其表面经常与水接触，易受到冻融破坏的影响，产生严重的剥蚀破坏。旱区寒区的土壤环境中还含有大量的氯盐、硫酸盐、镁盐等腐蚀性介质，混凝土在服役过程中将遭受到上述腐蚀介质的腐蚀，进而引起力学性能、耐久性能退化，降低水工建筑物的使用寿命。因此旱区寒区水工混凝土服役过程的破坏形式主要是多因素耦合条件下的冻融破坏。本节阐述冻融循环及杂散电流对混凝土的破坏机理，并对低温、冻融循环条件下混凝土的断裂特性进行分析。

3.1　冻融破坏机理

　　旱区寒区环境下的气温较低，水工混凝土受到冻融破坏的影响，产生冻胀开裂。混凝土冻融破坏的机理众多，主要有静水压理论[25]、渗透压理论[26]、临界饱水程度理论[27]等。以静水压理论为例，当气温低于零度时，混凝土孔隙内的自由水结冰，体积膨胀约 9％，它将迫使未冻水向外迁移产生静水压力，其过程如图 4 所示。当该压力超过混凝土的抗拉强度时，混凝土将开裂破坏。

　　此外，由于旱区寒区环境中的盐分较大，盐分的侵入将增加混凝土饱水程度和饱水时间，将产生更加严重的盐冻破坏，剥蚀混凝土表面[28]。

　　为了提高旱区寒区混凝土的抗冻性能，现阶段主要通过添加引气剂的措施改善混凝土的抗冻性。在混凝土中添加引气剂，可以引入大量均匀分布、稳定而封闭的微小气泡，这些气泡可以消减冻融循环过程中的各种变形和应力，提高混凝土的抗冻性能[29]。除添加引气剂外，还可以通过选用抗冻性能强的水泥、配置防冻融钢筋、添加减水剂等方式加强混凝土的抗冻性能。

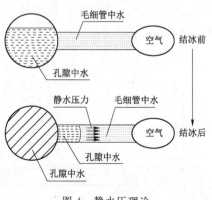

图 4　静水压理论

3.2 杂散电流对寒冷地区混凝土的破坏

我国在旱区寒区修建了大量的水电站工程，上述工程在服役过程中均产生电流，由此产生的杂散电流会与冻融相结合，对混凝土产生严重的破坏作用。杂散电流与冻融耦合对混凝土的影响机理主要在于以下三个方面。

3.2.1 加速钢筋锈蚀

杂散电流对混凝土中钢筋的腐蚀本质上为电化学腐蚀，具有阳极反应过程和阴极反应过程[14]。在阳极，铁原子被氧化形成离子进入电解质，同时释放电子，一般反应如下：

$$2Fe \longrightarrow 2Fe^{2+} + 4e^- \tag{8}$$

在阴极，因周围环境的差异可分为两种情况：

一种为氧气充足时，阴极区发生如下反应：

$$O_2 + 2H_2O + 4e^- \longrightarrow 4OH^- \tag{9}$$

另一种为缺氧或酸性环境时，阴极区发生如下反应，有氢气产生：

$$4H_2O + 4e^- \longrightarrow 4OH^- + 2H_2 \uparrow \tag{10}$$

相比于自然腐蚀，杂散电流作用下钢筋的腐蚀质量更大，钢筋锈蚀的速度更快。此外，杂散电流对钢筋的腐蚀往往集中于某些局部位置，如保护层的缺陷部位，这些部位的钢筋将很快锈断。

3.2.2 引起水泥水化产物分解

杂散电流作用下，混凝土孔溶液中的离子会随电场作用向外迁移，引起水泥水化产物 $Ca(OH)_2$、$C-S-H$ 凝胶发生分解，如式（11）、式（12）所示，导致混凝土孔隙率增大，力学性能降低，耐久性能退化[30]。

$$Ca(OH)_2 \longrightarrow Ca^{2+} + 2OH^- \tag{11}$$

$$3CaO \cdot 2SiO_2 \cdot 3H_2O \longrightarrow 3Ca^{2+} + 6OH^- + 2SiO_2 \tag{12}$$

$Ca(OH)_2$ 与 $C-S-H$ 凝胶中的 Ca^{2+} 会随电场作用向混凝土外部的阴极迁移，而 OH^- 则会向阳极方向移动，电场作用下不同离子向外迁移的过程如图5所示。

3.2.3 加速氯离子对混凝土侵蚀

杂散电流作用时，侵入混凝土中的氯离子会在电场力作用下加速向混凝土内部迁移，促使钢筋表面氯离子浓度提前达到钢筋锈蚀的临界氯离子浓度，增大钢筋的锈蚀速率[31]。杂散电流作用在混凝土内部形成的电场如图6所示，混凝土外侧的土壤或者埋地的金属管线可以看成是平板电极。

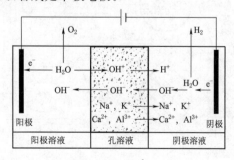

图5　电场作用下离子迁移

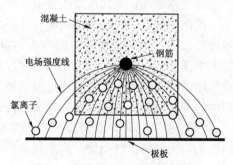

图6　杂散电流作用形成的电场

在寒冷地区，氯离子的快速迁移同时也会增大盐冻对混凝土的破坏作用，引起混凝土表面剥蚀开裂。南京水科院陈迅捷等[32]研究了盐冻环境中杂散电流对钢筋混凝土腐蚀的影响，研究结果表明，在杂散电流-盐冻环境下，混凝土的主要破坏形式为混凝土疏松破坏，杂散电流的存在加剧了混凝土在盐溶液中的冻融破坏。

3.3 寒冷地区环境下混凝土断裂性能研究

旱区寒区的水工建筑物长期受冻融循环破坏，其力学性能必然会受到影响。而混凝土是一种多相组成的准脆性材料，在其结构的表面或者内部，孔隙、微裂纹等缺陷的存在是不可避免的，而且在结构工作过程中这些缺陷可能还会继续扩展，发展成为深度裂缝甚至是贯穿裂缝，最终对结构耐久性带来损失，导致整个结构提前失稳破坏。因此，研究低温、冻融环境下混凝土断裂性能对于确保寒区水工建筑物安全运行具有重要意义。

3.3.1 低温环境下混凝土断裂性能研究

早在20世纪70—80年代，国外学者针对低温环境下混凝土力学性能进行了大量的研究。研究显示混凝土抗压强度随含水率增加和温度降低而升高，但增加量几乎与其室温时强度无关。例如，Yamana等[33]将混凝土试件按不同的含水率分为：潮湿组和干燥组。研究结果表明潮湿组试件的抗压强度在降温的初期迅速增加，而对于干燥组试件，在20～-30℃范围内，抗压强度保持不变，而随着温度的进一步降低，抗压强度明显增加。近年来，我国学者也开展了低温下混凝土力学性能试验研究，时旭东等[34]对干燥型混凝土进行低温受压强度试验研究，研究表明混凝土的低温受压强度经历损伤阶段、快速增长阶段和平稳波动阶段，相应的温度区间分别为20～-20℃、-20～-100℃和-100～-196℃。王传星等[35]提出了低温下混凝土的立方体抗压强度随着温度的降低而提高，且随温度变化曲线基本呈线性关系，低温条件下不同尺寸混凝土试件立方体抗压强度之间仍然存在尺寸效应，但尺寸效应随着温度的不断降低而逐渐减弱。

相比力学性能实验，低温环境下混凝土断裂性能的研究目前相对较少。Planas等[36]和Maturana等[37]通过三点弯断裂实验得到了混凝土的断裂能和特征长度随着温度的降低而增加，随后，Ohlsson等[38]也通过三点弯断裂实验对低温下混凝土断裂能进行了研究，并得到了类似的增长趋势。

为了进一步研究混凝土低温断裂性能，胡少伟等[39]研发了一套低温环境加载系统，该测试系统包括一个机电伺服万能试验压力机、两个低温环境箱和温度传感器等，如图7所示。基于该设备，制作了32根三点弯曲梁，根据不同的龄期将试件分为两组（28d和120d），研究了混凝土试件在20℃、0℃、-20℃和-40℃温度下的断裂性能[39]。实验结果表明，低温对混凝土的断裂性能影响很大，不同龄期的试件呈现出不同的实验结果。图8描述了起裂、失稳断裂韧度随温度的变化趋势，对于28d龄期混凝土，随着温度的降低起裂、失稳韧度都呈单调增长的趋势，试件强度明显增强；而对于120d龄期混凝土，随着温度的降低起裂韧度呈现先减小后增大的趋势，并在-20℃达到最小值，失稳韧度随温度的降低单调增长。

图 7　低温断裂测试系统

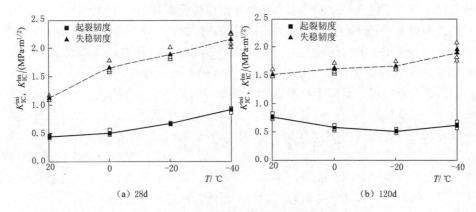

(a) 28d

(b) 120d

图 8　韧度随温度变化的趋势

　　混凝土断裂全过程是定量研究其破坏过程的有效方法，是预测其裂缝发展的重要手段，而裂缝扩展阻力 K_R 曲线模型是目前较为流行的，定量解释混凝土破坏过程中应力强度因子变化规律的方法。胡少伟等[40]基于实测的 P-CMOD 曲线计算了低温下混凝土的裂缝扩展阻力曲线，如图 9 所示。结果表明 28d 和 120d 的 K_R 曲线均随温度的降低而升高，但曲线的起点不同。对于 28d 龄期混凝土，K_R 曲线的起始点随着温度的降低而显著增加，而对于 120d 龄期混凝土，K_R 曲线的起始点随着温度的降低而轻微减小，且 0 ℃ 和 -20 ℃ 时的 K_R 曲线几乎一致。通过该方法可观测每一加载时刻的裂缝扩展阻力变化情况，定量解释在低温环境下混凝土断裂全过程中的变化规律，是评估结构的损伤破坏的有力依据。

　　数字图像相关方法（DIC）是 20 世纪 80 年代由 Yamaguchi[41]和美国南卡罗来纳大学的 Peters[42]、Chu 等[43]同时独立提出的一种新型光测力学方法。该方法通过对物体表面散斑图像的灰度进行分析，最终获得物体的运动和变形物理描述的测量方法。2011 年，吴智敏等[44]提出了将 DIC 方法用于混凝土断裂,并对不同跨度三点弯曲梁的断裂过程区长度进行了分析。随后,董伟等[45-47]通过 DIC 方法对岩石-混凝土交界面及长期荷载条件下混凝土的断裂过程区长度进行了研究,计算结果证明了 DIC 技术测量混凝土裂缝扩展的有效性。为了研究低温下混凝土的断裂过程区长度变化情况,将低温环境加载系统进行了改进,改进后的设备可利用 DIC 采集系统通过试验机的观测窗获取试件表面的位移场、应变场,如图 10 所示。通过 DIC 方法确定的 FPZ 扩展路径与试验最终测得试件的破坏路径进行对比,验证了改装后的设备在测量低温混凝土结构的断裂过程中 FPZ 扩展路径的准确性,这为真实环境下混凝土断裂试验设备提供了一种新的非接触式采集手段,解决了传统采集方法(夹式引伸计、应变片等)在低温环境下无法正常使用的技术难题。

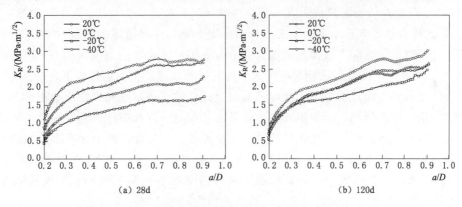

(a) 28d   (b) 120d

图 9　裂缝扩展阻力曲线随温度变化的趋势

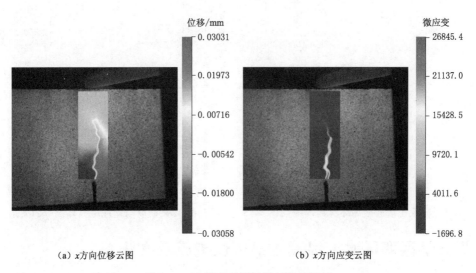

(a)x 方向位移云图   (b)x 方向应变云图

图 10　DIC 方法观测低温下裂缝扩展

3.3.2　盐冻融环境下混凝土断裂性能研究

在寒冷地区,冬季积雪经常会诱发交通事故,给道路交通安全带来不可估量的影响。含氯盐成分的融雪剂由于其成本低、易获取的特点,被广泛地用于道路除冰除雪。含氯盐融雪剂的融雪机理为降低积雪的冰点使其融化以便清除,这样一来在达到除雪目的的同时也会带来巨大的负面影响，氯盐溶于水且易与铁等金属发生化学反应，造成桥梁内钢筋锈蚀、混凝土冻融破坏、地下水污染等问题。在混凝土受冻融破坏时，氯盐的存在不仅加剧了混凝土的破坏水平，而且使混凝土的破坏提早发生。因此，研究混凝土在真实环境下盐冻融损伤后的断裂过程，对比分析水冻融与盐冻融环境对混凝土断裂性能影响的异同，为已有的水冻融下混凝土断裂力学性能的研究提供更接近于真实环境的修正，得到混凝土自然环境下的冻融破坏规律，将为后续混凝土抗冻融破坏研究提供有力的依据，对真实环境下混凝土断裂性能研究与服役能力评定具有重要的意义。

为研究真实盐冻融环境对混凝土断裂性能的影响，胡少伟等[48]设5组15根三点弯曲混凝土梁，试件长度为500 mm，截面宽度为100 mm，截面高度为100 mm，初始设计缝高比为0.4，对应的初始裂缝长为40 mm。冻融循环次数分别为0次、5次、10次、15次和20次。此外设计了3根水冻融下三点弯曲混凝土梁，冻融循环次数为10次，用于与盐冻融结果进行对比。冻融1次循环周期为48h，冷冻时试验箱内温度维持在－30℃，循环10个周期。降温过程在低温试验箱中完成，升温过程在试验室室温环境下进行。

实验结果表明当循环次数为5次时，混凝土试件的起裂荷载和失稳荷载相比于非冻融试件都有一定程度的提高，因为循环次数较低时，混凝土内孔隙还未发生明显破坏，而盐结晶充实了混凝土内缺陷与孔隙，导致试件断裂性能有所提高。随着循环次数的增大，起裂荷载和失稳荷载出现较大幅度的明显衰减，且起裂荷载与失稳荷载数值逐渐接近，如图11所示。起裂、失稳韧度均随着盐冻融次数的增加呈现与荷载相似的变化趋势，如图12所示。此外发现，盐冻融对混凝土造成的损伤较水冻融更为显著。

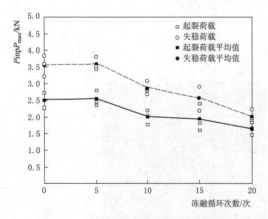

图11 荷载与盐冻融循环次数的关系

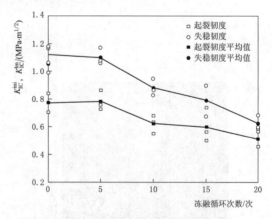

图12 韧度与盐冻融循环次数的关系

4 提高旱区寒区水工混凝土耐久性措施及方法

旱区寒区环境中水工混凝土比内陆地区更容易破坏，工程人员研究了多种方法来提高混凝土的耐久性。首先应严格控制原材料质量，如原材料应尽量采用早期水化热低的水泥，避免水化热过大引起的温度裂缝。此外，还应尽量选择线膨胀系数较小的粗骨料，并避免使用含泥量大的细砂，降低因骨料引起的收缩变形。

除此之外，在保证混凝土早期强度的前提下，可以通过掺加矿物掺合料来替代水泥，来改善混凝土的孔隙结构，使用的矿物掺合料有粉煤灰、矿粉、硅粉等。如秦子鹏[49]的研究结果表明，当水胶比在 0.35，粉煤灰掺量在 50％时，混凝土的力学性能、抗冻融性能和抗渗性能均较突出，能够较好地满足西北寒旱区水利工程建设的要求。同时也可以向混凝土中添加引气剂、减水剂等外加剂来提高混凝土的抗冻性能和抗侵蚀性能。如曹四伟等[50]通过向混凝土中加入引气剂、减水剂和粉煤灰，研制了适用于西北寒冷地区水工高抗冻性混凝土，能满足 C30F300 高抗冻混凝土的要求。还可以考虑在混凝土中掺用纤维材料，抑制混凝土裂缝的发展，可采用的纤维有聚合物纤维、钢纤维、碳纤维、玻璃纤维等。如赵庆等[51]以柳树沟面板坝为研究背景，向面板混凝土中掺入罗赛植物纤维和钢纤维的方法提高抗裂性能，研究结果表明，在旱区寒区环境下钢纤维以及罗赛植物纤维可以明显提高混凝土初裂强度和断裂韧性。

施工过程中，应采用先进的施工方法控制混凝土的塑性开裂。养护过程中，应避免风吹及太阳直射，做好保湿、保温措施。当环境温度过低时也可采用蒸汽、火炉等加热措施进行养护。如周立霞[52]从掺合料、集料、养护技术三个方面优化了西北戈壁地区高性能混凝土耐久性，研究结果表明，选用粉煤灰、矿粉、硅粉复掺，控制集料破碎面，采用保湿保温膜包裹养护等措施可以有效提高混凝土强度、抗渗性和抗裂性能。

5 旱区寒区水工混凝土修补材料与修补方法

旱区寒区水工混凝土容易开裂和遭受冻融破坏，目前针对旱区寒区水工混凝土破坏的修补方法主要有压力灌浆法和表面覆盖法，其修补材料分为注浆材料和涂层材料。由于旱区寒区环境的气温较低，采用的修补材料应具有良好的抗冻性能，且在低温环境下使用性能良好。此外，旱区寒区环境中含有大量的腐蚀介质，修补材料应具有高抗化学侵蚀性能、高耐久性能、高耐磨性能，并能够有效改善混凝土表面强度和孔隙结构。

常用的注浆材料有普通环氧树脂、水性环氧树脂、柔性环氧树脂、聚氨酯、聚浮超细复合水泥等。叶姣凤[53]将丁腈橡胶、沥青、糠醛/丙酮和聚氨酯改性的 $NH_2 - nano - SiO_2$ 粒子加入环氧树脂中，研制出高性能的环氧树脂修补材料，可以有效应对高寒高原地区由于风蚀和冻融等因素引起混凝土开裂问题。王子龙[54]开发了用于混凝土防护的湿固化型单组分聚氨酯防护涂层和用于混凝土裂缝修补用的聚氨酯改性环氧树脂材料，上述材料可以有效提高旱区寒区环境下混凝土的耐久性能。

常用的涂层材料有环氧树脂砂浆、丙乳砂浆、聚脲喷涂弹性体材料、水泥基渗透结晶型防水材料、EVA 树脂乳液涂料等。修补过程中还应根据水工建筑物的实际破坏情况及程度，选择合适的修补材料和方法。张浩[55]采用 SPC 聚合物砂浆对西藏地区八一水电站的溢流坝混凝土进行了修补，修补结果表明 SPC 聚合物砂浆具有良好的黏结性能、防渗性能和耐久性能。樊锐[56]以汉江上游的石泉大坝为修补对象，使用丙乳砂浆和聚脲喷涂相结合的技术对坝面混凝土进行了修复，经检测丙乳砂浆抗压强度达到 M30 以上等级、聚脲与基层黏结强度达到 4.25 MPa，取得了良好的修复效果。杜喜龙等[57]采用最新的纳米表面处理剂对西北高原某水电站水工混凝土进行了维护，试验研究结果表明，纳米表面处理剂对混凝土表面拉拔强度和回弹强度以及混凝土裂缝修补均有显著改善效果。

6　小结

现阶段旱区寒区水工混凝土的发展趋势主要有以下几个方面：

（1）从水工材料自身出发，通过原材料优选、配合比优化、严格的工程质量管理等措施提高水工混凝土的早期抗裂性。

（2）合理选择与添加外加剂、配合比优化、采用先进施工技术提升混凝土抗冻融性能和抗盐碱腐蚀性能。

（3）研发新型修补材料，针对旱区寒区水工混凝土破坏特性，对破坏的水工建筑物进行维护和修补。

（4）通过开展旱区寒区环境下混凝土断裂实验，探究断裂参数在不同环境因素作用下的变化规律，提出切实可行的结构安全评估方法。

（5）目前的试验研究只停留在单一环境荷载因素的影响，因此有必要研发一套满足各种真实环境的一体化实验设备，以期揭示水工混凝土材料在多因素复合作用下的劣化规律。

参　考　文　献

［1］　侯保荣，张盾，王鹏. 海洋腐蚀防护的现状与未来［J］. 中国科学院院刊，2016，31（12）：1326-1331.

［2］　中华人民共和国住房和城乡建设部. 混凝土结构耐久性设计规范：GB/T 50476—2008［S］. 北京：中国建筑工业出版社，2009.

［3］　张爽，谢剑. 新旧混凝土结构耐久性设计规范对比分析［J］. 水利水电技术，2010，41（10）：91-94.

［4］　CEB-FIP：Model Code 2010-First complete draft，Volume 1［S］. International Federation for Structural Concrete，2010.

［5］　康丽娟，巴特尔·巴克，罗那那，等. 1961—2013 年新疆气温和降水的时空变化特征分析［J］. 新疆农业科学，2018，55（1）：123-133.

［6］　蒋平江. 西北地区混凝土开裂原因分析及其防治技术应用研究［D］. 西安：长安大学，2010.

［7］　刘有志，张国新. 混凝土干缩开裂机理宏、细观力学分析研究进展［J］. 水力发电，2013，39（4）：25-28.

［8］　蒋林华. 混凝土材料学［M］. 南京：河海大学出版社，2006.

［9］　曹明莉，丁言兵，郑进炫，等. 混凝土碳化机理及预测模型研究进展［J］. 混凝土，2012（9）：35-38.

［10］　Browne F P，Cady P D. Deicing scaling mechanism in concrete［J］ ACI Special PublicationSP-47，1975：101-119.

［11］　Irassar E F，Maio A D，Batic O R. Sulfate attack on concrete with mineral admixtures［J］. Cement & Concrete Research，1996，26（1）：113-123.

［12］　吴福飞，侍克斌，董双快，等. 硫酸盐镁盐复合侵蚀后混凝土的微观形貌特征［J］. 农业工程学报，2015，31（9）：140-146.

［13］　丁铸，邢锋，殷慧. 酸腐蚀下混凝土性能的变化［J］. 工业建筑，2009，39（5）：96-100.

[14] REIS J M L. Fracture assessment of polymer concrete in chemical degradation solutions[J]. Construction and Building Materials, 2010, 24 (9): 1708 - 1712.

[15] WANG H L, Guo C L, Sun X Y. Effect of Calcium Dissolution on the Fracture Properties of Concrete Exposed to Nitric Acid Environment[J]. Advanced Materials Research, 2012: 374 - 377, 1974 - 1978.

[16] OKOCHI H. Deterioration of Concrete Structure by Acid Deposition[J]. Corrosion Engineering, 2009, 44 (12): 690 - 697.

[17] XIE S D, Qi L, Zhou D. Investigation of the effects of acid rain on the deterioration of cement concrete using accelerated tests established in laboratory[J]. Atmospheric Environment, 2004, 38 (27): 4457 - 4466.

[18] 周定, 谢绍东, 岳奇贤. 模拟酸雨对砂浆影响的研究[J]. 中国环境科学, 1996, 16 (1): 20 - 24.

[19] 胡晓波. 酸雨侵蚀混凝土的试验模拟分析[J]. 硅酸盐学报, 2008, 36 (1): 147 - 152.

[20] ZHANG Y Z, FAN Y F, ZHAO Y H. Theoretical model to determine the depth of reinforcement corrosion at concrete cover cracking[J]. Engineering Mechanics, 2010, 116 (2): 234 - 239.

[21] 张英姿, 范颖芳, 刘江林, 等. 模拟酸雨环境下 C40 混凝土抗压性能试验研究[J]. 建筑材料学报, 2010, 13 (1): 105 - 110.

[22] ZHANG Y Z, ZHAO Y H, FAN Y F. A theoretical model for assessing elastic modulus of concrete corroded by acid rain[J]. Engineering Mechanics, 2011, 28 (2): 175 - 180.

[23] 张英姿, 范颖芳, 李宏男, 等. 模拟酸雨环境下混凝土抗拉性能试验研究[J]. 建筑材料学报, 2012, 15 (6): 857 - 862.

[24] HU S W, CHEN Q, GONG N. Effect of acid corrosion on crack propagation of concrete beams[J]. Sādhanā 2018; 43 (2): 23.

[25] POWERS T C, HELMUTH R A. Theory of volume change in hardened Portland cement pastes during freezing[J]. Proceedings of the Highway Research Board, 1949 (32): 285 - 297.

[26] LITVAN G G. Frost action in cement paste[J]. Materials and Structure, 1973, 6 (34): 293 - 298.

[27] FAGERLUND G. The significance of critical degrees of saturation at freezing of porous and brittle materials[J]. Aci Structural Journal, 1975: 13 - 65.

[28] VALENZA J J, SCHERER G W. Mechanism for salt scaling of a cementitious surface[J]. Materials and Structures, 2006, 40 (3): 259 - 268.

[29] DU L, FOLLIARD K J. Mechanisms of air entrainment in concrete[J]. Cement & Concrete Research, 2005, 35 (8): 1463 - 1471.

[30] 黄文新, 殷素红, 李铁锋, 等. 杂散电流对广州地铁混凝土溶蚀性能影响的加速试验研究[J]. 混凝土, 2008 (8): 17 - 20.

[31] 耿健. 杂散电流与氯离子共存环境下钢筋混凝土劣化机理的研究[D]. 武汉: 武汉理工大学, 2008.

[32] 陈迅捷, 欧阳幼玲, 钱文勋, 等. 不同环境中杂散电流对钢筋混凝土腐蚀影响[J]. 水利水运工程学报, 2014 (2): 33 - 37.

[33] YAMANA S, KASAMI H, OKUNO T. Properties of concrete at very low temperatures[J]. Aci Special Publication, 1978; 55: 207 - 210.

[34] 时旭东, 居易, 郑建华, 等. 混凝土低温受压强度试验研究[J]. 建筑结构, 2014 (5): 29 - 33.

[35] 王传星, 谢剑, 李会杰. 低温环境下混凝土性能的试验研究[J]. 工程力学, 2011 (S2): 182 - 186.

[36] PLANAS J, MATURANA P, GUINEA GV, et al. Fracture energy of water saturated and partially dry concrete at room and at cryogenic temperatures[J]. Advances in Fracture Research. Oxford: Pergmon, 1989: 1809 - 1817.

[37]　MATURANA P，PLANAS J，ELICES M. Evolution of fracture behaviour of saturated concrete in the low temperature range[J]. Engineering Fracture Mechanics，1990，35（4）：827 – 834.

[38]　OHLSSON U，DAERGA PA，ELFGREN L. Fracture energy and fatigue strength of unreinforced concrete beams at normal and low temperatures[J]. Engineering Fracture Mechanics，1990：35（1 – 3）：195 – 203.

[39]　HU S W，Bing Fan. Study on the bilinear softening mode and fracture parameters of concrete in low temperature environments[J]. Engineering Fracture Mechanics，2019，211：1 – 16.

[40]　HU S W，BING Fan. Crack extension resistance of concrete at low temperatures[J]. Magazine of Concrete Research，2019. https：//doi. org/10. 1680/jmacr. 18. 00358.

[41]　YAMAGUCHI I. A laser – speckle strain gauge[J]. Journal of Physics，1981，14（5）：1270 – 1273.

[42]　Peters W H，Ranson W F. Digital imaging techniques in experimental stress analysis[J]. Optical Engineering，1982，21（3）：421 – 427.

[43]　CHU T C，RANSON W F，SUTTON M A，et al. Applications of digital – image – correlation techniques to experimental mechanics[J]. Experiment Mechanics，1985，25（3）：232 – 245.

[44]　WU Z M，RONG H，ZHENG J J，et al. An experimental investigation on the FPZ properties in concrete using digital image correlation technique[J]. Engineering Fracture Mechanics，2011，78（17）：2978 – 2990.

[45]　DONG W，WU Z，ZHOU X，et al. An experimental study on crack propagation at rock – concrete interface using digital image correlation technique[J]. Engineering Fracture Mechanics，2017，171：50 – 63.

[46]　DONG W，YANG D，ZHOU X，et al. Experimental and numerical investigations on fracture process zone of rock – concrete interface[J]. Fatigue & Fracture of Engineering Materials & Structures，2017，40（5）：820 – 835.

[47]　DONG W，RONG H，QIAO W，et al. Investigations on the FPZ evolution of concrete after sustained loading by means of the DIC technique[J]. Construction and Building Materials，2018，49 – 57.

[48]　胡少伟，王阳. 不同冻融方式下混凝土双 K 断裂韧度对比试验[J]. 水利水运工程学报，2018（2）：90 – 96.

[49]　秦子鹏，杜应吉，田艳. 寒旱区水利工程大掺量粉煤灰混凝土试验研究[J]. 长江科学院院报，2013，30（9）：101 – 105.

[50]　曹四伟，王正中，罗岚. 高抗冻混凝土的研究与应用[J]. 西北农林科技大学学报（自然科学版），2008，36（3）：223 – 227.

[51]　赵庆，苗喆，李学强. 高寒、高蒸发地区面板坝钢筋混凝土面板防裂抗裂技术探讨[J]. 西北水电，2014（4）：29 – 32.

[52]　周立霞. 西北戈壁地区高性能混凝土耐久性研究[D]. 兰州：兰州交通大学，2011.

[53]　叶姣凤. 混凝土裂缝修补用长效抗冻融环氧树脂开发研究[D]. 兰州：兰州交通大学，2013.

[54]　王子龙. 混凝土防护及修补用聚氨酯 – 环氧树脂材料的开发研究[D]. 兰州：兰州交通大学，2014.

[55]　张浩. SPC 聚合物砂浆在水工混凝土修补中的应用[J]. 西北水电，2010（5）：33 – 34.

[56]　樊锐. 喷涂聚脲在混凝土大坝坝面破损修复中的应用[J]. 西北水电，2017（1）：43 – 46.

[57]　杜喜龙，周虎，王黎军，等. 西北高原混凝土纳米表面处理剂应用试验研究[J]. 硅酸盐通报，2015，34（7）：2036 – 2041.

Research Progress on Durability and Damage Fracture Behavior of Hydraulic Concrete Materials in Cold and Arid Areas

Abstract: Hydraulic concrete in cold and arid regions of China is vulnerable to the threat of external environment because of the special service environment. The main problems are early cracking and freeze–thaw cycle damage under multi–factor coupling conditions. The effect of the external environment will induce the destruction of hydraulic concrete from outside to inside, resulting in the reduction of structural and material safety. It is significance to explore the failure mechanism of hydraulic concrete materials and the deterioration law of fracture properties in this area and to put forward a set of feasible structural safety assessment and repairing methods. In this paper, the erosion and failure mechanism of concrete materials in different service stages and service environments are analyzed, and the research progress of concrete material properties and fracture properties in cold and arid regions at domestic and overseas in recent years are reviewed, and the research results at present stage are summarized. Finally, the research direction and future development trend in this field are given.

水工渡槽结构运行状态监测技术研究进展

张建伟

摘要：渡槽在长期运行过程中，由于复杂因素的影响可导致结构性能降低，甚至引发结构安全问题。为了提高渡槽结构的运行管理水平，结合国内外先进技术监测渡槽结构安全状态非常必要，本文从振测传感器的优化布置、特征信息提取、多测点信息融合与运行状态监测等角度，阐述了渡槽结构运行状态监测方面的研究进展。首先介绍传感器的优化布置及振动特征信息提取，获得结构的真实振动特性；其次利用多测点信息融合将渡槽结构多测点信息动态融合，获取结构整体运行特征信息，弥补单测点信号易造成有效特征信息丢失的缺点；最后，提取动态敏感监测指标，构建敏感监测指标与结构不同运行状态之间的非线性映射关系，监测其动态变化过程，实现渡槽结构运行时的在线监测。

1 引言

渡槽作为一种跨越式的空间薄壁输水建筑物，广泛应用于农业灌溉工程和其他大型水利工程中，为缓解水资源时空分布不均这一问题发挥着积极作用[1]。渡槽在实际运行期间，由于环境因素及槽内水体作用的影响，会造成渡槽结构不同程度的破坏，甚至危及结构安全[2]。渡槽结构易产生表层混凝土剥蚀、蜂窝、钢筋外露、裂缝、渗漏、地基不均匀沉降、材料老化、整体或局部失稳、倒塌等病害症状[3-4]。对渡槽运行状态进行科学的监测有助于发现结构的早期病害，进行及时维护与加固，保证渡槽的结构性能，避免灾难性事故的发生。为保障渡槽结构的安全运行，从振测传感器的优化布置、特征信息提取、多测点信息融合与运行状态监测等视角，阐述了渡槽结构运行监测技术的研究进展。

2 传感器的优化布置

传感器的优化布置，即在结构关键位置布设有限数量的传感器，进而从被噪声污染的信号中获取到最有价值的振动信息。传感器的布设是个优化组合问题，优化方法的选择直接关系到计算的效率和结果的可靠性，当前已提出了诸多测点优化方法，大致分类如下。

2.1 传统的优化算法

传统的优化算法包括有效独立法、QR 分解法、模态置信准则及能量法等。当前应用最广泛的优化算法是有效独立法[5]，其本质是保留对模态向量线性无关贡献最大的测点，通过有限的传感器获得更多的模态信息，得到对模态的最佳估计。何龙军等[6]基于修正后的距离系数-有效独立法，有效缓解了大型空间结构测点之间的信息赘余问题；袁爱民等[7]结合 MAC 准则和有效独立法的优点，保障了桥梁信息向量的正交性和线性无关性；刘伟等[8]考虑了截断模态线性独立的同时，选择含有较高模态动能的测点，提出了具有较强抗噪能力的有效独立-模态动能法。李火坤等[9]提出基于 QR 分解和 MAC 准则的高拱坝传感器优化布置方法，结果表明该方法识别精度高。张建伟等[10]针对有效独立法布设测点能量较小的缺陷，提出基于有效独立-总位移法的传感器优化方法，将测点的总位移按权重的大小加入优化过程中，同时保留有效独立法的优点，最终得到独立性较好且满足能量要求的测点信息。

2.2　智能优化算法

智能优化算法主要包括遗传算法、神经网络法、模拟退火算法和蚁群算法等，此类算法具有较好的并行性和搜索全局性，但依然存在缺点，例如，迭代次数多、收敛速度慢。刘娟[11]提出了二重结构编码的遗传算法，证明了全局寻优遗传算法的优越性。高维成等[12]基于 QR 分解来提高收敛速度，并采用遗传算法中的强制变异规则避免测点重叠。Kirkpatrick 等[13]利用模拟退火算法对传感器优化布置，并取得较好的效果。这些智能算法相较于传统算法思想更为变通，力求全局最优值，然而其稳定性和搜索能力仍存在不足。

渡槽监测系统中传感器的主要任务是为渡槽损伤识别和状态评估系统提供可靠的响应数据。传统和单一的优化方法仍存在不足，这些算法还亟待进一步改善。

（1）将单一的优化理论优势互补形成新的结合算法，使其兼备两者的优点。例如将有效独立法和模态置信准则结合获得线性无关和正交的信号，正是两种算法优点结合的体现。

（2）实践研究表明，在结构损伤过程中应力、应变信息比位移更加敏感，应重视传感器在应力、应变信息采集方面的研究，应力、应变传感器在传感器优化方面具有广阔的前景。

3　振动特征信息提取

渡槽工作条件的复杂性，导致外界环境激励引发的噪声信号（水流脉动、大地脉动）融入结构真实信息，测试信号中的大量干扰噪声很大程度上掩盖了结构真实的振动特征信息，导致结构安全评价存在偏差。因此，为提高结构安全监测精度，需对实测信号滤除干扰噪声，提取反映结构特征的真实信息。

传统的特征信息提取方法如数字滤波、小波阈值[14]等在各个领域取得了较好的效果，理论和技术都已经很成熟，但均存在很大的局限性。数字滤波在数据长度较短时易造成信号的失真变形，滤波精度较低。小波阈值的降噪效果过度依赖小波基和阈值函数，且该方法在分析信号的过程中不具有自适应分解特性。奇异值分解（Singular Value Decomposition，SVD）降噪对高频噪声具有较强的滤波能力，当处理低频噪声时，其滤波能力将会大幅度地降低。近年来，经验模态分解（Empirical Mode Decomposition，EMD）[15]、集合经验模态分解[16]（Ensemble Empirical Mode Decomposition，EEMD）以及经验小波变换[17]（Empirical Wavelet Transform，EWT）等新型的特征信息提取技术被提出，并应用于各个领域。

3.1　经验模态分解

经验模态分解（Empirical Mode Decomposition，EMD）是由 Huang 等[18]提出的一种适用于处理非线性非平稳信号的时频分析方法，该方法根据信号的尺度特征自适应分解成一系列从高频到低频的物理意义不尽相同的固态模量（Intrinsic Mode Function，IMF），此方法已在多个领域信号研究中应用，具有很高的时频分辨率。EMD 分解流程如图 1 所示。EMD 方法克服了小波分析等信号处理方法依赖主观经验的缺点，不需要提前设定基函数，然而由于其计算理论的缺陷，在分解过程中容易出现模态混叠现象[19]。

3.2　集合经验模态分解

集合经验模态分解（Ensemble Empirical Mode Decomposition，EEMD）首先需要多次对原始信号 $x(t)$ 中施加白噪声，进而对其进行 EMD 分解，然后将多次 EMD 分解获得的各 IMF 分量进行平均得到最终的 IMF 分量，该方法是对 EMD 方法的改进，可以一定程度上改善模态混叠现象[20]。

EEMD 算法试图通过多次集成平均来抵消白噪声对分解结果的影响，但并不能完全消除；其重构误差的大小过度依赖集成次数，虽然可以通过增加集成次数来减少重构误差，但该过程无疑会增长计算耗时，严重影响计算效率。

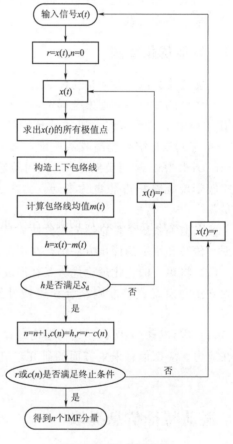

图 1　EMD 分解流程

3.3　经验小波变换

经验小波变换（Empirical Wavelet Transform，EWT）由 Gilles[21]提出，该方法综合了 EMD 和小波的优点，同时又克服了小波不能自适应分解的缺点，其计算量远小于 EMD 和 EEMD。EWT 的基本原理为：根据原信号的频谱特征将其分割为多个区间，每个区间中具有不同的带通滤波器，通过对原信号进行滤波处理，提取出各个调幅-调频分量，将信号自适应地分解。EWT 的主要步骤如图 2 所示。

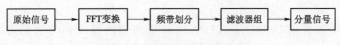

图 2　EWT 方法实现流程

EWT 虽然优于 EMD 及 EEMD 等方法，但该方法需要人为设定分解层数，并且抗噪性差，强背景噪声会大幅度降低其模态分量提取精度[22]。

3.4　变分模态分解及其改进算法

虽然 EMD、EEMD 及 EWT 等新型滤波方法明显优于传统方法，但都有各自的缺点。EEMD 工作量庞大，计算效率低。EWT 在噪声成分低时滤波精度较高，但噪声含量过大时其滤波精度大幅度地降低。变分模态分解[23]（Variational Mode Decomposition，VMD）是近年来新提出的方法，与 EMD、EWT 等方法相比，VMD 的分解过程收敛速度更快，计算精度更高。

VMD 是多分量信号自适应分解的新方法，该方法通过构造及求解变分问题，确定每个 IMF 分量，从而实现信号的有效分离。马增强等[24]通过构造含噪声的仿真信号，采用变分模态分解与奇异值分解联合的方法进行降噪，结果表明该方法可有效地消除噪声影响。付文龙等[25]提出基于增强 VMD 相关分析的摆渡信号降噪方法，通过仿真分析与实测信号降噪验证，证明了该方法具有较好的降噪性能。

VMD 算法中模态数 K 的确定至关重要[26]。K 值的选取极大影响结果的准确性，若 K 值太大会导致过分解，K 值太小时部分 IMF 不能被有效识别。Dragomiretskiy 等[23]通过判断各个模态之间是否正交或者频谱是否重叠确定 K 的取值，但该方法很难实施。Wang 等[27]利用 VMD 检测转子系统的碰磨故障，并通过数值仿真验证 VMD 算法在多特征提取方面较 EWT、EMD 和 EEMD 优越，但是其 K 的取值是根据经验进行选取的。唐贵基等[28]利用 PSO 算法自动确定 K 的取值，但该方法的优化结果依赖于适应度函数和各项参数的设置，如果参数选择不当，将无法保证分解结果的准确性。为此，张建伟等[29]提出了利用互信息法自适应地确定 K 值的 IVMD 方法，克服 VMD 盲目选取分解参数的缺点。

3.5　IVMD - SVD 联合滤波

IVMD 基于模态特征和互信息准则能够自动确定模态数，有效克服 VMD 盲目选取参数的缺点。此外，IVMD 具有较强的抗噪能力，能够去除低频及部分高频噪声，与 EMD、EEMD 等方法相比，IVMD 收敛快、计算效率高、鲁棒性强。但是 IVMD 对部分高频噪声的滤波能力有限，可能会造成部分高频噪声的残余，最终影响结构安全监测精度。因此，对 IVMD 滤波后的信号进一步处理，滤除残余的高频噪声至关重要，有利于进一步提高滤波精度。

SVD 降噪作为一种经典的正交化分解降噪方法，对信号中的高频随机噪声具有很强滤除能力。因此，本文充分结合 IVMD 和 SVD 的特点，提出了 IVMD - SVD 联合降噪方法。该方法可去除干扰噪声，提取结构的真实振动特性。IVMD - SVD 联合滤波流程如图

3所示。

　　以某渡槽为例，采用IVMD-SVD方法对采集到的振动信号进行降噪，为验证该方法的有效性，同时采用IVMD与SVD方法对渡槽振动信号分别进行处理，并进行对比分析，如图4所示。

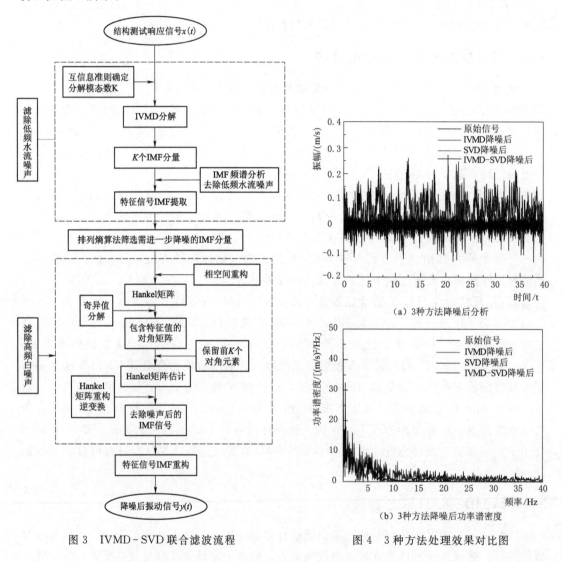

图3　IVMD-SVD联合滤波流程　　　　　图4　3种方法处理效果对比图

　　分析可知，IVMD-SVD方法不仅能够滤除噪声干扰，而且能更好地保留结构真实有效信息，对渡槽结构振动特征信息提取具有较好的实用性。

4　多测点信息融合

　　信息融合是指将结构的局部数据信息通过一定的组合方式得到一组更真实反映结构整体振动特性的新数据。结构的多测点信息融合，相当于利用传感器采集到的信号对同一结构的不同部位以及不同方面的特征信息进行融合。不同测点信息之间的关联性不同，不同测点含噪声成分比重也不同，有效特征信息所占的比例也不同。此外，不同测点的测试信号提取的特征频率也可能不同，但有一些互补信息。基于多元信息融合的渡槽结构安全运行监测研究，避免了常规的采用单一静态监测仪器进行"点"监测的缺点，而对各静态、动态监测效应量信息进行多级融合，可以更全面地反映渡槽结构整体的安全状态。

信息融合按照融合程度的高低可以分为三类。数据级融合是将获得的信息直接融合，精度最高，但计算量较大。特征级先提取信息的特征，再将特征进行融合，数据量减小，但精度有所降低。决策级融合是将各种子决策进行融合，其层次最高，误判风险低。

4.1 数据级信息融合

数据级融合方法具有精度高、数据损失少、细微信息丰富等优点，但也有一些缺点，例如计算时间长、代价高、要求同类传感器、容易受外界干扰等。由于精度较高，数据级融合应用较多。Ren 等[30]首次将一致性融合算法应用于多传感器测试数据的融合，并验证了方法的可行性。李学军等[31]提出了可自动筛选有效信息的方法（即互相关融合方法），该方法能够准确识别失效的传感器，提高信息融合的精度。张建伟和李火坤等[32-33]提出了基于方差贡献率的多测点信息融合方法，可有效将多测点监测数据融合为反映结构整体特性的信号。随着渡槽整体结构的复杂化，其安全监测问题越受关注。单一传感器只能反映结构局部特征，基于方差贡献率的数据级信息融合方法能在动态融合模式下兼顾传感器信号间的冗余性、互补性及相关性，使信号更真实反映渡槽整体振动特性[34]。

4.2 特征级信息融合

特征级信息融合的核心是先提取信息的特征，再将特征进行融合。该融合算法对数据进行了有效的压缩，计算效率提高，但部分有效信息损失，融合精度有所降低。特征级融合算法主要包括 Kalman 滤波、人工神经网络等。例如郭张军等[35]将 Kalman 滤波融合算法用于大坝坝基水平位移计算和分析，克服了单个监测点得到的计算结果不一致的问题，工程实用性较强。

4.3 决策级信息融合

决策级信息融合层次最高，该方法先对单一测试信息进行判断，从而得到多个子决策，最后将各种子决策融合得到总决策。由于数据量少，因此其精度与其他两种融合方法相比较低，但是它计算成本低、可用于异类传感器。决策级融合算法有 Bayes 推理、模糊积分、D-S 证据理论等。例如叶伟等[36]将加权优化的 D-S 证据理论方法应用于西溪大坝的安全评价，取得较好结果。He Jinping 等[37]将 Bayes 理论用于大坝多测点融合中，为大坝的状态评价和异常诊断奠定基础。

单点监测有效反映了监测点所处的局部行为，无法准确反映渡槽的整体结构行为。综上所述，信息融合的研究已成为热点和发展的主要方向，它有机连接多个监测点的监测数据，有效克服单点监测分析和建模分析的局限性。目前，多传感器信息融合技术日趋成熟，将信息融合技术应用于渡槽结构安全监测，对掌握渡槽整体结构性能具有实际意义。

5　渡槽结构在线运行监测

5.1　传统运行状态监测参数

通过振动测试对结构运行状态进行识别和判断应用较多，其成本低、易于操作。通过分析测试数据，获取能够反映结构振动特性的重要参数。参数的取值可有效反映结构的不同状态。应用较多的状态识别参数主要包括：固有频率、振型、应变等。

固有频率出现的时间较早，是结构重要的模态参数。固有频率的操作简单，根据频率的变化即可判断结构的运行状态，如 Penny 等[38]根据频率的变化识别结构的不同状况，并且利用数值仿真方法设置了三种运行工况，不同运行工况下频率的变化量不同，印证了利用频率进行运行状态识别的可行性。不同运行工况可能得到相同的频率变化量，当结构运行状态变化较小时，频率的识别结果也不明显。

与固有频率相比，振型对结构运行状态的识别较准确，但结构振型的提取较麻烦。沈文浩等[39]利用 MAC 和 COMAC 指标识别悬臂梁结构的损伤，结果表明这两个指标均能较好地识别结构的运行状态，与 MAC 相比，COMAC 的计算过程更烦琐，需要更多阶次的模态。振型指标用于模型的损伤识别精度较高，但对于实际的工程来说，该方法局限性较大。

应变是比位移对损伤更敏感的灵敏指标，且根据应变变化可实现对结构的损伤定位。范涛等[40]利用数值仿真说明了应变对结构的损伤位置和程度较敏感，并将分析结果与位移模态进行了对比，说明了应变模态的优越性。

除此之外，刚度在结构发生变化时也会随之改变，但研究表明刚度对结构初期变化识别不敏感，适用于结构发生较大变化的情况。

5.2　运行状态动态监测参数

频率、振型、应变等局部监测指标用于模型试验能够很好地识别结构状态，但对于运行条件较复杂的过流结构灵敏度较低，并且过流结构的振动信号含有大量的水流噪声及高频白噪声等背景噪声，上述指标的抗噪性能差，会严重影响最终的判断结果。

排列熵（Permutation Entropy，PE）由 Bandt 等[41]提出，与其他常用的方法相比具有计算效率高、抗噪性强、易于在线监测等特点，然而，PE 忽略了相同时间序模式之间的幅度差异，且丢失了关于信号幅值的信息。多尺度排列熵（Multiscale Permutation Entropy，MPE）和加权多尺度排列熵（Weighted Multiscale Permutation Entropy，WMPE）通过结合幅值信息来弥补 PE 在尺度上的限制[42]。WMPE 通常表现出规律性或在不同时间尺度上受到噪声影响的片段权重分配的复杂性，对结构运行状态监测具有一定优势。MPE 和 WMPE 适用于单通道时间序列的复杂性分析，单个通道单独分析会导致跨通道关联性的信息丢失，对于渡槽结构整体安全监测，需对各通道的运行状态进行融合分析。多通道加权多尺度排列熵（Multivariate Weighted Multiscale Permutation Entropy，MWMPE）本质是对不同时间尺度多通道信号的复杂性分析，MWMPE 不仅可以准确测量多通道数据的复杂性，还可以反映多变量时间序列中包含的更多信息，并且具有更好的鲁棒性。因此，与 WMPE 方法相比，

MWMPE 可以直接分析多通道数据，同时，它可以严格统一地处理数据通道的不同嵌入维数，时间滞后和幅度范围。

在某渡槽结构上布置 6 个测点，共 14 个通道。采用 MWMPE 方法对不同水位情况下的监测数据进行计算分析。如图 5 所示，MWMPE 方法将多通道信号融合为一条反映结构运行状态的熵值曲线，并能准确反映结构运行状态的变化情况。随着水位的升高 MWMPE 值变小，在水位变化节点处，熵值表现出明显的突变，当水位趋于稳定时，熵值也逐渐平稳。

水位越低，水的流速越大，监测信号复杂性越高，所以熵值也越大，在水位变化节点处，水流对渡槽结构的影响达到最大，使得熵值发

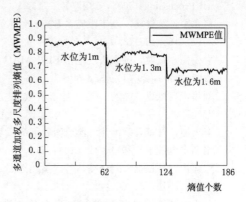

图 5 不同水位下 MWMPE 值

生突变，当水位趋于稳定时，振动信号的复杂性表现出同一水平，熵值曲线也随之平稳。因此，MWMPE 方法融合后的熵值变化曲线可反映结构的运行状态。

综上所述，熵值可有效地分析渡槽结构的运行状态，它能够捕捉时间序列的不确定性与无序性而不对理论概率分布施加约束。随着结构运行状态的变化，熵值也随之改变，熵值变化量的大小反映结构运行状态的变化程度。因此，熵值是对渡槽结构运行状态识别的敏感性动态指标，MWMPE 可以直接分析多通道数据，更加全面地反映渡槽结构整体的运行状态。

6 结语

(1) 渡槽结构的状态监测研究具有重要的现实意义，有助于发现渡槽结构的早期病害，及时维护与加固，确保渡槽结构安全运行，使其发挥最大效益。

(2) 针对渡槽结构的工作特点，本文从振测传感器优化布置、特征信息提取技术、多测点信息融合技术、敏感指标在线安全监测技术等方面，对渡槽结构的状态监测研究进展进行总结与评述。

参 考 文 献

［1］ 刘德仁，张东，张世民. 北方寒冷地区封闭渡槽粘贴聚氨酯板提高保温效果[J]. 农业工程学报，2013，29（9）：70 - 75.

［2］ 陈武，刘德仁，董元宏，等. 寒区封闭引水渡槽中水温变化预测分析[J]. 农业工程学报，2012，4：69 - 75.

［3］ CHONGYANG Z, HUI P, SHAOLIN L, et al. Application Research on the Temperature Control and Crack Prevention of the Large - scale Aqueduct in China′s South - to - North Water Diversion Project[J]. Procedia Engineering，2012，28：635 - 639.

［4］ 许晓会，刘斌. 黑河引水工程沣峪渡槽混凝土结构病害治理[J]. 水利与建筑工程学报，2010，8

(5)：63 - 65.

［5］ KAMMER D C. Sensor set expansion for modal vibration testing[J]. Mechanical Systems and Signal Processing，2005，19：700 - 713.

［6］ 何龙军，练继建. 基于距离系数-有效独立法的大型空间结构传感器优化布置[J]. 振动与冲击，2013，16：13 - 18.

［7］ 袁爱民，戴航，孙大松. 基于 EI 及 MAC 混合算法的斜拉桥传感器优化布置[J]. 振动、测试与诊断，2009，29（1）：55 - 59.

［8］ 刘伟，高维成，李惠，等. 基于有效独立的改进传感器优化布置方法研究[J]. 振动与冲击，2013，32：54 - 62.

［9］ 李火坤，马斌，练继建. 泄流激励下高拱坝原型动力测试的传感器优化布置与参数识别研究[J]. 水利水电技术，2011，42（10）：44 - 49.

［10］ 张建伟，暴振磊，刘晓亮，等. 适用于梯级泵站压力管道的传感器优化布置方法[J]. 农业工程学报，2016，32（4）：113 - 118.

［11］ 刘娟. 基于遗传算法的海洋平台传感器优化配置及损伤诊断研究[D]. 青岛：中国海洋大学，2003.

［12］ 高维成，徐敏建，刘伟. 基于遗传算法的传感器优化布置[J]. 哈尔滨工业大学学报，2008（1）：9 - 11.

［13］ KIRKPATRICK S, GELATT C D, VECCHI M P. Optimization by simulated annealing[J]. Science，1983，220（4598）：671 - 680.

［14］ GIAOURIS D, FINCTH J W. De - noising using wavelets on electric drive applications[J]. Electric Power Systems Research，2008（78）：559 - 565.

［15］ HUANG N E, SHEN Z, Steven R L. A new view of nonlinear water waves：The Hilbert Spectrum[J]. Annual Review of Fluid Mesh，1999，31（2）：417 - 457.

［16］ WU Z, HUANG N E. Ensemble empirical mode decomposition：a noise - assisted data analysis method[J]. Advances in adaptive data analysis，2009，1（1）：1 - 41.

［17］ GILLES J. Empirical wavelet transform[J]. IEEE transactions on signal processing，2013，61（16）：3999 - 4010.

［18］ HUANG N E, SHEN Z, LONG S R, et al. The empirical mode decomposition and the Hilbert spectrum for nonlinear and non - stationary time series analysis[J]. Proceedings of the Royal Society of London, Series A：Mathematical, Physical and Engineering Sciences，1998，454（3）：903 - 995.

［19］ GAI G H. The processing of rotor startup signals based on empirical mode decomposition[J]. Mechanical Systems and Signal Processing，2006，20：225 - 235.

［20］ 郑近德，程军圣，杨宇. 改进的 EEMD 算法及其应用研究[J]. 振动与冲击，2013，21：21 - 26.

［21］ GILLES J. Empirical wavelet transform[J]. IEEE transactions on signal processing，2013，61（16）：3999 - 4010.

［22］ KEDADOUCHE M, THOMAS M, TAHAN A. A comparative study between empirical wavelet transforms and empirical mode decomposition methods：Application to bearing defect diagnosis[J]. Mechanical Systems and Signal Processing，2016，81：88 - 107.

［23］ DRAGOMIRETSKIY K, ZOSSO D. Variational mode decomposition[J]. IEEE Transactions on Signal Processing，2014，62（3）：531 - 544.

［24］ 马增强，张俊甲，张安，等. 基于 VMD - SVD 联合降噪和频率切片小波变换的滚动轴承故障特征提取[J]. 振动与冲击，2019，37：210 - 217.

［25］ 付文龙，李雄，邹祖冰，等. 基于增强 VMD 相关分析的水电机组摆度信号降噪[J]. 水力发电学报，2018，37：112 - 120.

[26] AN X L, ZENG H T. Pressure fluctuation signal analysis of a hydraulic turbine based on variational mode decomposition[J]. Proceedings of the Institution of Mechanical Engineers, Part A: Journal of Power and Energy, 2015, 229 (8): 978 – 991.

[27] WANG Y X, Markert R, XIANG J W, et al. Research on variational mode decomposition and its application in detecting rub – impact fault of the rotor system[J]. Mechanical Systems and Signal Processing, 2015 (60): 243 – 251.

[28] 唐贵基, 王晓龙. 参数优化变分模态分解方法在滚动轴承早期故障诊断中的应用[J]. 西安交通大学学报, 2015, 49 (5): 73 – 81.

[29] 张建伟, 华薇薇, 侯鸽. IVMD 对泵站管道振动响应趋势的预测分析[J]. 振动、测试与诊断, 2019, 39 (3).

[30] REN C. LUO, Min – hsiung Lin, Ralph S S. Dynamic multi – sensor data fusion system for intelligent robots[J]. IEEE Journal of Robotics and Automation, 1988, 4 (4): 386 – 396.

[31] 李学军, 李萍, 褚福磊. 基于相关函数的多振动信号数据融合方法[J]. 振动、测试与诊断, 2009, 29 (2): 179 – 183.

[32] ZHANG J., HOU, G., et al. Operation conditions monitoring of flood discharge structure based on variance dedication rate and permutation entropy[J]. Nonlinear Dynamics, 2018, 93 (4): 2517 – 2531.

[33] 李火坤, 刘世立, 魏博文, 等. 基于方差贡献率的泄流结构多测点动态响应融合方法研究[J]. 振动与冲击, 2015, 34 (19): 181 – 191.

[34] 张建伟, 温嘉琦, 黄锦林, 等. 渡槽仿真参数确定及其非线性接触风振分析[J]. 华北水利水电大学学报 (自然科学版), 2019, 40 (2): 77 – 83.

[35] 郭张军, 徐建光, 刘佳佳. 基于 Kalman 滤波融合算法的某坝基水平位移综合信息提取[J]. 大坝与安全, 2010 (3): 30 – 34.

[36] 叶伟, 马福恒, 周海啸. 加权优化的 D – S 证据理论在大坝安全评价中的应用[J]. 水电能源科学, 2016, 34 (6): 96 – 99.

[37] HE Jinping, TU Yuanyuan, SHI Yuqun. Fusion model of multi monitoring points on dam based on Bayes theory[J]. Procedia Engineering, 2011, 15 (11): 2133 – 2138.

[38] PENNY J E T, WILSON D A L, FRISWELL M I. Damage location in structures using vibration data[J]. Proceedings of the 11th International Modal Analysis Conference, 1993: 861 – 867.

[39] 沈文浩, 张森文, 李长友, 等. 基于试验模态振型的结构损伤检测参数比较[J]. 暨南大学学报 (自然科学版), 2008, 29 (3): 268 – 271.

[40] 范涛, 曾春平, 马琨. 基于应变模态的直接损伤定位法[J]. 贵州大学学报 (自然科学版), 2015, 32 (1): 94 – 97.

[41] BANDT C, POMPE B. Permutation entropy: a natural complexity measure for time series[J]. Physical review letters, 2002, 88 (17): 174102.

[42] YIN Y, SHANG P. Weighted multiscale permutation entropy of financial time series[J]. Nonlinear Dynamics, 2014, 78 (4): 2921 – 2939.

Research Progress of Aqueduct Structure Operation Monitoring Technology

Abstract: In the long – term operation of aqueduct structure, the influence of complex factors can lead to the reduction of structural performance, and even lead to structural safety problems. In order to improve the level of operation and management of aqueduct structure, combined with the research status of aqueduct structure condition monitoring technology at home and abroad, this paper expounds the research progress of aqueduct structure operation condition monitoring from the perspective of optimal layout of vibration sensor, feature information extraction, multi – point information fusion and operation condition monitoring. Firstly, the method of optimizing the layout of measuring points is introduced, and the interference signal of strong background noise is filtered by advanced feature information extraction technology to extract the real vibration characteristics of the structure; secondly, the information fusion technology is used to dynamically fuse the multi – measuring points information of aqueduct structure to obtain the overall operation characteristic information of the structure and make up for the single measuring point signal. At last, the dynamic sensitive monitoring indicators are extracted, and the non – linear mapping relationship between the sensitive monitoring indicators and the different operation states of the structure is constructed to monitor the dynamic change process and realize the on – line monitoring of the aqueduct structure.

河湖生态治理底轴驱动式翻板闸门的关键技术及研究

严根华

摘要： 本文研究总结底轴驱动式翻板闸门工程设计和制造的若干关键技术问题及工程措施研究成果。首先阐述了该型闸门的受力和变形特性，提出了结构设计所关注的方向；随后讨论了闸门结构的不均匀沉降及底轴受力变形特性，指出了控制闸室底板不均匀沉降的重要性；此外对底轴驱动式翻板闸门的振动问题进行了试验研究，取得了泄流流态与动水压力特征、闸门结构振动加速度特征等数据资料，并对影响闸门结构动力安全的负压空腔和通气孔设置、门顶破水器设置等进行了专门研究，并提出了相关技术要求。根据底轴驱动式翻板闸门消能设计问题，结合闸下底板失稳试验结果，提出了确保消力池底板稳定的设计原则；最后讨论了该型闸门的泥沙淤积问题及其处理措施。本文成果可供类似工程水闸的设计和施工部门参考使用。

1 引言

底轴驱动式翻板闸门是我国目前广泛使用的特殊门型，在城市水环境和水生态整治建设中取得了很好效果。典型底轴驱动式翻板闸门效果如图1和图2所示。这种门型的最大优点是全开卧倒时可使河道通透，便于通航，不利之处是闸门在卧倒状态下门体容易产生淤积，增加启闭力等问题。另外该类闸门的设计和建设还受到底轴不均匀沉降等要求的制约[1]。鉴于该闸门属于门顶溢流，闸下空腔的负压震荡容易诱发闸门结构的强烈振动，因此通气孔设置和门顶破水器结构形式的选择也是涉及闸门结构运行安全的重要内容之一。此外闸下消力池底板的稳定也是该型闸门设计和施工建设中需要关注的问题[2]。显然，该类门型的安全使用需要解决一些关键技术问题。

图1　典型底轴驱动式翻板闸门工程效果

图 2　关闸挡水或卧倒状态

2　闸门的受力和变形特性

某挡潮闸为城市水环境整治工程的主体结构，采用单跨宽度 102m 的底轴驱动式翻板闸门（图 3）。根据工程运行调度要求，水闸需承担正向挡水（外江低潮位 0.24m、内河正常水位 3.50m）和反向挡潮（外江高潮位 6.26m，内河 2.80m）任务。

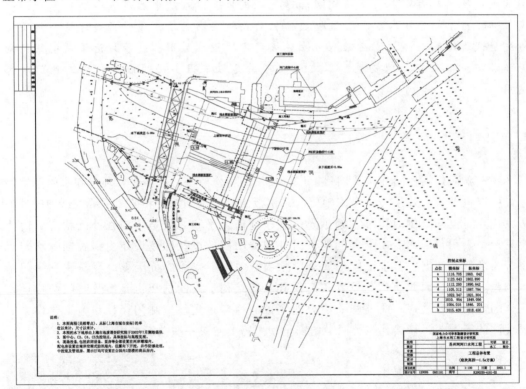

图 3　水闸枢纽布置

该水闸结构的门叶与底轴采用刚性连接，底轴上轴承座与河床基础固结，在底轴中部（河中央）采用软连接，以适应基础沉降变形可能带来的不利影响。液压启闭机布置在两岸，驱动底轴旋转进行水闸的启闭操作（图 4）。鉴于该水闸跨度大、且具有正反向挡水功能，因此需对基础变位等导致水闸结构产生不利影响等问题进行深入研究。

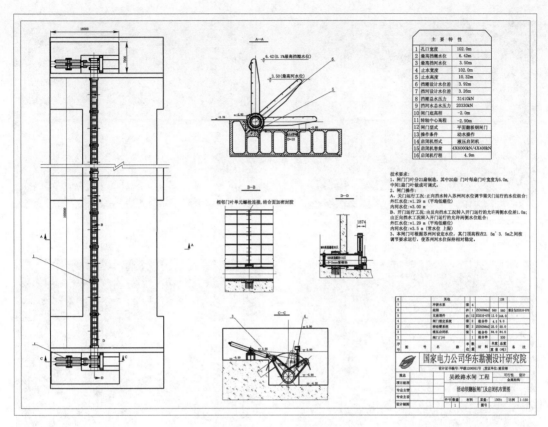

图 4　水闸结构布置

当水闸门处于挡水状态时，作用于门叶上的水压力（正向或反向）直接传递给底轴，并通过底轴向基础和两侧的固定端传递。分析结果指出，闸门的最大位移出现在河中央门叶上方，最大位移值为 221.5mm；从变形情况看，闸门整体变形为一扭斜面。图 5～图 10 绘出了闸门结构的位移和应力变化云图。由图可见，闸门结构较大应力值出现在底轴支座部位，近岸侧纵梁根部应力值为 178.5MPa。从总体上看，底轴的最大位移出现在门体中部，而最大应力出现在两侧固定端部，这种应力和变形特征符合结构受力特征。因此闸门结构的设计应分别考虑上部门叶与底轴两个主要部件的位移和应力问题。

图 5　半整体水闸有限元模型

图 6　其中一节闸门有限元模型

43

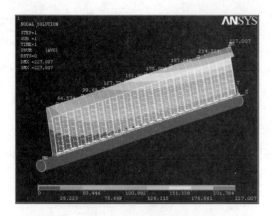

图7　闸门整体变形云图

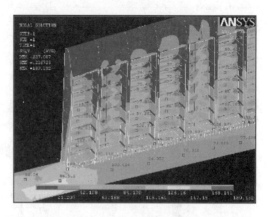

图8　闸门应力分布云图（局部放大）

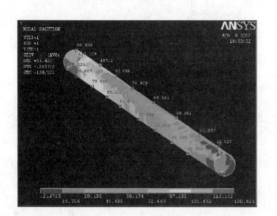

图9　闸门转轴上应力分布云图

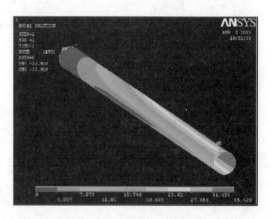

图10　闸门转轴上变形云图

　　分析结果指出，该类门型的最大变形出现在闸门门叶跨中部位，底轴最大扭转变形同样出现在门体中部；而最大应力出现在闸门两侧的固定端，符合结构的构造和力传递原理。这为底轴驱动翻板门的结构静动力设计提供了基本依据。

3　闸门结构的不均匀沉降及底轴受力变形特性

3.1　基础变位对水闸受力特征的影响

　　工程上水闸基础的沉降是普遍存在的，但闸门底轴的不均匀沉降量需要严格控制，过大的沉降量将对门体及底轴受力产生不利影响。某工程挡潮闸分析结果显示，水闸挡水工况时近岸侧门叶底座加劲板部位局部集中应力随沉降量的增加而加大（图11和图12）。表1和表2分别列出了底轴支铰不同沉降量的计算工况。底轴无沉降时的应力值为152MPa，但当底轴沉降量为1.5倍设计值时应力值上升至212.5MPa。基础沉降导致结构应力增加40%左右。

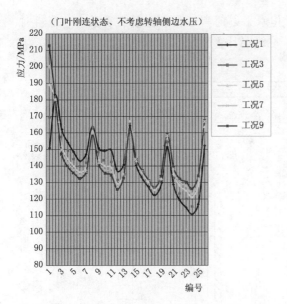

图 11 主纵梁根部应力变化
比较图（刚连状态）

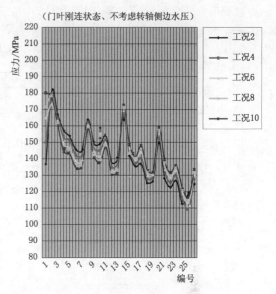

图 12 主纵梁根部应力变化
比较图（无连接状态）

表 1
底轴支座沉降量计算组次

相对 沉降量	支座 1	支座 2	支座 3	支座 4	支座 5	备　注
无沉降量	0	0	0	0	0	无沉降量
沉降量 1	0	−4	−7	−7.25	−6.5	给定相对沉降量的 50%
沉降量 2	0	−8	−14	−14.5	−13.0	给定相对沉降量
沉降量 3	0	−10	−17.5	−18.125	−16.25	给定相对沉降量的 125%
沉降量 4	0	−12	−21	−21.75	−19.5	给定相对沉降量的 150%

表 2
计　算　工　况

工况	支座沉降情况	门叶间 刚性连接	门叶间 无连接	工况	支座沉降情况	门叶间 刚性连接	门叶间 无连接
1	无沉降量	√		6	沉降量 2		√
2	无沉降量		√	7	沉降量 3	√	
3	沉降量 1	√		8	沉降量 3		√
4	沉降量 1		√	9	沉降量 4	√	
5	沉降量 2	√		10	沉降量 4		√

3.2 底轴沉降量对支座反力作用的影响

水闸反向挡潮或正向挡水时，水压力荷载将通过门叶和底轴向两岸固定端及启闭装置传递。5 个底轴轴承座（半江）（图 13）将承担水平方向和垂直方向的支承反力。分析时将底轴的每个支座划分为三个断面（图 14），主纵梁计算断面如图 15 所示。

图 13 整体计算简图（单位：mm）

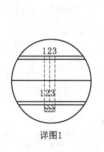

图 14 每个支座的三个计算断面   图 15 主纵梁计算断面尺寸（单位：mm）

分析计算针对反向挡潮工况，对底轴支座反力随支座沉降量变化进行分析。计算结果显示，各支座水平向的反力随沉降量变化影响不大（图 16），而沉降量对支座的垂向反力影响较大（图 17）。数据显示，支座垂向反力随底轴沉降量的加大而增加；随着沉降量的加大，支座的垂向反力明显加大。各支座的方向具有如下特征：1 号和 5 号支座反力方向向上，2～4 号支座反力方向向下。其中 1 号支座最大垂向反力值为 $5.9487\times10^6\mathrm{N}$，出现相对沉降量为 1.5 倍的设计值工况。

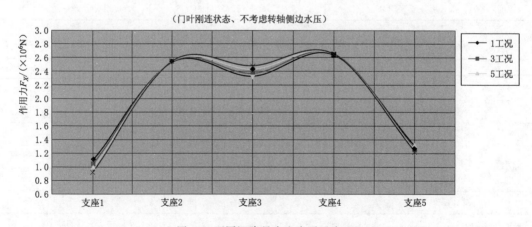

图 16 不同沉降量支座水平反力 F_X

从基础沉降量对底轴驱动翻板门的应力和支座反力两个方面考查，设计和施工部门控制闸门基础沉降量对水闸工程的安全具有重要作用和意义。

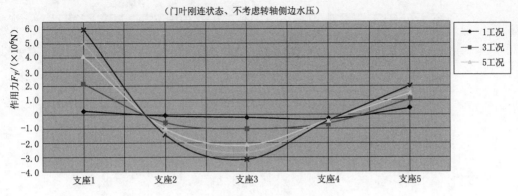

（门叶刚连状态、不考虑转轴侧边水压）

图17　不同沉降量支座垂向反力 F_Y

4　底轴驱动式翻板闸门的振动问题

4.1　工程案例概况

　　某工程水闸采用闸堰组合式结构布置（图18和图19），是一座用于城市水景观建设的重要水利工程。该工程采用固定溢流堰和底轴驱动翻板闸门结构联合构成，其中两个溢流堰边孔单孔宽度10m、主中孔宽度24m。主中孔采用底轴驱动翻板闸门结构形式。上部布置采用具有江南文化元素的廊桥结构，实现水闸工程的功能化、景观化和生态化要求。运行时形成的瀑布亦将成为自然景观，形成一道亮丽的水景观，增加城市活力。

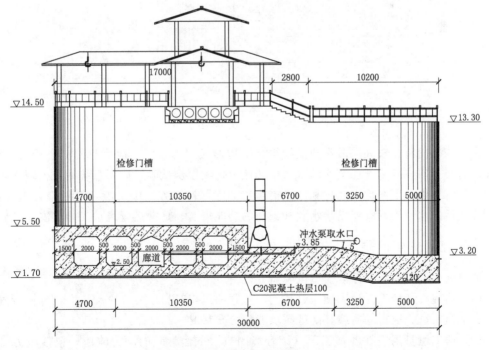

图18　闸室剖面布置（单位：mm）

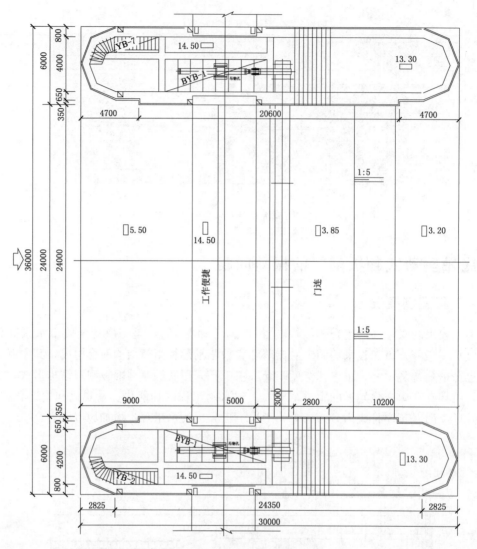

图 19 闸室平面布置（单位：mm）

由于该闸门跨径较大，泄水建筑物组合结构形式较为新颖，泄流时的流态较为复杂，因此，有必要对该水闸开展全面的水力学和流激振动模型试验，取得系统的数据资料，有针对性地对原设计方案提出优化和改进措施，消除原设计方案中可能存在的不合理因素，保证建成后的水闸工程既能满足水利和景观的功能需要，日常运行维护又能够安全可靠。

4.2 研究的主要问题

通过闸门结构水弹性振动模型试验研究解决以下问题：

（1）研究在各种工况动水操作过程闸门受到的水流时均压力、脉动压力，分析荷载量级及其能谱特征，取得动荷载高能区频域能量分布状况。

（2）研究测量闸门在各种工况（结合启闭机）下运行时的动力响应，包括应力、位移、加速度，给出振动参数的数字特征及其功率谱密度，明确振动类型、性质及其量级等，分析振动危害性。

（3）研究闸前进流和闸下出流流态与水流脉动荷载之间的关系，以及下游淹没水深对闸门强烈振动区的影响。

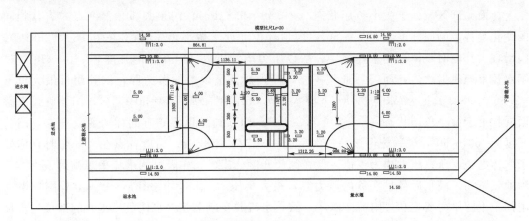

图20 模型设计布置（单位：mm）

（4）研究诱发闸门结构强烈振动的机理，包括门顶破水器形式对结构控振的影响。

（5）研究侧壁空腔通气设施布置方案，提出最佳通气孔尺寸和布置位置，确保闸门结构平稳安全运行。

（6）通过对闸门水动力荷载、结构静动力特性以及水弹性振动特性等成果的综合分析研究，提出结构抗振布置方案，确保工程长期安全运行。试验模型比尺1∶20，模型布置如图20和图21所示。图22为闸门不同开启角度时闸门顶部溢流水流流态（闸上9.5m）。

图21 模型水闸工作段

闸门开启e=20°

闸门开启e=30°

闸门开启e=50°

图22 闸门不同开启角度时闸门顶部溢流水流流态（闸上9.5m）

4.3 泄流流态与动水压力特征

试验在上游水位9.0m、下游水位7.0m、闸门开度 $e=30°\sim90°$；上游水位9.5m、下游水位7.5m、闸门开度 $e=10°\sim90°$ 等运行工况下进行。成果表明：闸门启闭过程中作用于门体上游面的动水时均压力随闸门开度变化而呈现一定的变化规律，总的趋势是小开度时的上游面压力最大，随开度增大上游各部位动水时均压力逐步降低，在同一开度底部压力大，上部压力小。顶部受较大的流速水头影响，其时均动水压力降低较快，门后各测点也具有同样的变化规律。上游水位 9.5m 下游水位 7.5m，闸门开度 $e=40°\sim60°$，门顶圆弧上游面局部区域处于微小负压状态（-0.99×9.8kPa）；门顶圆弧顶部测点亦有其相同的变化趋势，闸门开度 $e=30°\sim50°$，门顶部位亦处于微小负压状态（-0.88×9.8kPa）；门后在大开度时整体处于水体之中，所以压力均为正值，但在闸门开度 $e=10°\sim30°$，过闸水流呈现挑射跌流，而门后通气不畅，门顶后部呈现负的压力腔，试验测得最大负压 -2.86×9.8kPa。上游水位 9.0m 下游水位 7.0m，闸门开度 $e=50°\sim70°$，门顶圆弧上游面同样处于微小负压状态（-1.22×9.8kPa）；门顶圆弧顶部亦有同样的变化规律，闸门开度 $e=50°\sim60°$，试验测得该处最大负压 -1.272×9.8kPa；门后各点在大开度时整体处于水体之中，所以压力均为正值，但在闸门开度 $e\leqslant50°$，亦因过闸水流呈现挑射跌流，门后通气不畅，门顶后部呈现负的压力腔，最大负压 -2.258×9.8kPa。总体上看翻板平面闸门上下游压力变化和过闸流态基本一致，水流脱空或空腔内水柱负压提升的部位呈现负压，其他各点则呈现正压变化，其变化具有良好的规律性，门后设置通气孔补气后，空腔负压量减弱或消失，这对控制闸门振动有益。

作用于门体的脉动压力试验亦在上游水位 9.0m、下游水位 7.0m、闸门开度 $e=30°\sim90°$；上游水位 9.5m、下游水位 7.5m、闸门开度 $e=10°\sim90°$ 等运行工况下进行，各测点脉动压力均方根值随开度的变化关系绘于图 23。试验结果表明，作用于门体的最大脉动压力均方根值约为 3.383kPa，脉动压力的主能量位于 10Hz 以内，优势频率约 1Hz，10Hz 以上已无高频脉动能量。

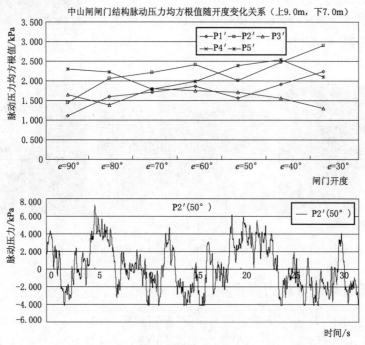

图 23（一）　闸门结构各测点脉动压力均方根值随开度变化关系
及典型测点时域过程与谱密度

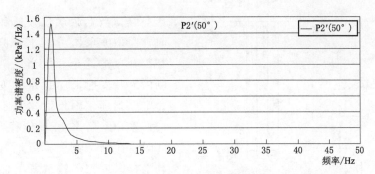

图 23（二）　闸门结构各测点脉动压力均方根值随开度变化关系
及典型测点时域过程与谱密度

4.4　闸门结构振动加速度特征

为了获取工作闸门运行过程中的流激振动特性，在特制的水弹性闸门模型上布置振动测点（图 24），分别测取顺水流向（x 向）、横向（y 向）及垂向（z 向）三个方向的振动量。通过随机振动数据处理方法进行信号处理，取得闸门结构流激振动数据的统计特征（包括频谱特征和数字特征），为振动分析提供基础资料。

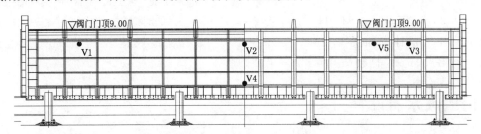

图 24　工作门振动测点布置

试验结果指出，闸门结构的振动量随闸门开度和下泄流量的减小而减小，由于在 $e=10°\sim40°$ 开度范围内闸门下游空腔出现不稳定负压气囊而使振动量增加，其他开度泄流时振动量迅速降低。由于该类闸门为门顶溢流，因此闸门结构振动量以顶部最大、靠近底轴位置振动量较小；此外闸门两侧振动量要大于门体中部。测试结果显示，闸门顶部最大振动加速度均方根值分别为 x 向 0.212 m/s²、y 向 0.132m/s²、z 向 0.520m/s²；闸门面板靠近底轴部位的振动量相对较小，三个方向振动量分别为 x 向 0.064 m/s²、y 向 0.132m/s²、z 向 0.048m/s²；闸门两侧最大振动均方根值为 0.520 m/s²，门叶中部为 0.132 m/s²。

此外，闸门结构的振动量随着上游水位升高、泄流量增大而增加。结构流激振动能量主要集中在 25Hz 频率范围以内。

水弹性振动试验结果指出，闸门结构的较大振动量与门顶射流下方的负压空腔密切相关，若要控制闸门的振动量，需要考虑破除负压空腔及输气问题[4]。

5　负压空腔和通气孔设置

某工程底轴驱动闸翻板门由全关开启至 55°范围内运行时，门后溢流水舌下方存在负

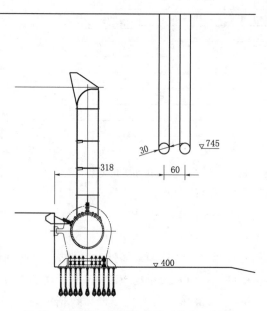

图 25　闸室门后通气孔布置（单位：cm）

压空腔，当上游水位较低和闸门小开度时，门顶破水器可将水舌撕开，形成向空腔补气的通道。但当上游水位较高或闸门大开度时，门顶水舌变厚，泄流水舌空腔封闭，因下泄水流不断带走空腔内部空气，导致出现不稳定负压空腔，此时需在闸墩侧壁设置通气孔向空腔内补气，保持腔体输气和泄流挟气动态平衡。因此在门后闸墩两侧各布置两个 $\phi30\mathrm{cm}$ 通气孔（图 25），可以取得较为满意的效果[5]。

试验结果表明，在闸门小开度（$e=0°\sim10°$）范围内，门顶破水器可以有效撕裂水舌，自行向空腔补气并破除门后负压空腔；在闸门开启至 $e=20°$ 左右时由前一道通气孔补气，空腔补气量为 $0.24\sim0.5\mathrm{m^3/s}$；在闸门开启至 $e=30°\sim50°$ 开度范围时，可通过后一道通气孔向空腔补气，补气量为 $0.34\sim1.2\mathrm{m^3/s}$。若按照规范风速控制值 $40\mathrm{m/s}$ 考虑，则两个直径 $\phi15\mathrm{cm}$ 的通气孔就可满足要求[6]。

6　门顶破水器设置

门顶破水器旨在解决门顶泄流时自动撕裂抛射水舌，实现向水舌下方空腔补气的目的。但原布置破水器（图 26），仅在库水位很低、门顶水深很小时才起作用，而在水位略高情况下水流流经破水器后即自动闭合，水舌下方空腔依然密闭。在闸门开度 $e=10°$，上游水位 9.5m 时破水器流态如图 27 所示。显然，原设计门顶破水器破水效果不佳，无法有效达到破除负压空腔目标。

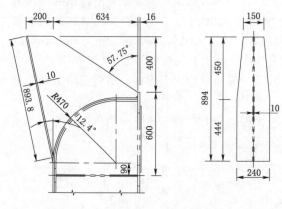

图 26　破水器原设计方案（单位：cm）

图 27　破水器原设计方案分割水流效果

为改善破水器分流效果，共进行了 5 个修改方案的研究，其中方案一～方案三仅在库水位很低时才起作用，在水位略高情况下破水器难以撕裂水舌，负压空腔依然存在。

门顶破水器优化方案四采用上游面为长轴 200cm，短轴 100cm 的"半椭圆"结构，后部为两个平行翼板式结构。试验表明此方案具有较好的水流撕裂效果，当库水位 8.5m、闸门开启至 42°及上游水位 9.5m、闸门全关时，破水器破水效果较好，输气通畅，且在门顶均匀布置 4 个破水器即可实现空腔输气稳定的要求。

优化方案五破水器结构采用上游面高 200cm、宽 200cm 的"三角形"结构，后部为两个平行翼板式结构（图 28）。试验表明此方案亦具有较好的水流撕裂效果，当上游水位 8.5m、闸门开度 42°及上游水位 9.5m、闸门全关时，水流流经破水器后溢流水舌被有效撕裂（图 29），门顶布置 4 个破水器就可解决水舌下方空腔的补气要求。

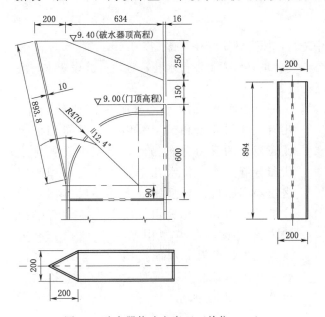

图 28　破水器修改方案五（单位：cm）

图 29　破水器修改方案五分割水流效果（闸门开度 42°）

因此门顶破水器优化方案四和优化方案五，在门顶溢流高度 50cm 以下时均有较好的撕裂水股向门后空腔掺气的功效，可根据实际情况选用[7]。

7　底轴驱动式翻板闸门消能设计

某工程底轴驱动翻板门在泄流运行中出现消力池底板掀起失事事故，这也是该类门型的设计和施工过程需要高度重视的问题。该工程的闸室底板与消力池布置如图 30 所示，闸室下游通过止水结构紧接设置消力池底板[8]。为搞清消力池底板失事原因，开展了闸下底板失稳试验。

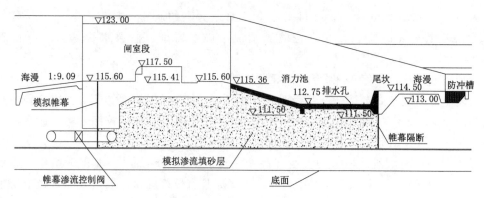

图 30 闸室与消力池底板布置

7.1 闸下底板失稳试验设计

该试验在 $Lr=20$ 的单孔整体模型中进行，原型钢筋混凝土底板厚 0.6m，宽 16.9m，长 22.0m，为了减轻扬压力，闸室中上游端设防渗墙，底板上设排水孔，板块分缝设止水，底板下设埋石混凝土和夯实抛填石或混凝土渣。

图 31 消力池稳定试验失稳掀起的板块位置

模型底板采用无色透明有机玻璃制作，几何尺寸与原型相似，采用质量分布相似保证底板块的重力分布相似，模型中设置排水孔和分缝止水，排水孔个数和单孔面积与原型相同和相似。模型底板下部垫层采用不同粒径的石渣和砂砾充填，闸室上游设有模拟的防渗装置，在模型中闸下斜坡段、消力池、尾坎、海漫等消能措施一一俱全，其体型尺寸均模拟相似，模型底板失稳上抬的试验模拟如图 31 所示[9]。

7.2 底板失稳动水时均压力荷载试验

该试验在 $Lr=20$ 的单孔整体模型中进行。经验表明，底板失稳通常在斜坡顶分缝止水失效，排水孔堵塞，防渗帷幕受损等情况下发生，按以下几种条件模拟底板失稳状况：①防渗帷幕完好，排水孔全部堵塞，止水完全失效；②防渗帷幕及二侧止水完好，顶止水失效，排水孔全部堵塞；③防渗帷幕及两侧止水完好，顶止水失效，排水孔部分堵塞；④防渗帷幕损坏。

根据流态观测分析，闸门开度 $e=30°$ 左右时门顶溢流水舌直接冲砸底板分缝止水，导致动水压力进入底板，使动水压力显著增加（图 32），引发消力池失稳的运行工况，试验还着重考察了以下各组合工况的消力池时均动荷载变化规律：①排水、止水正常；②排水正常、第一道止水损坏；③排水正常、第一道止水损坏、两侧止水损坏；④排水失效、第一道止水损坏；⑤排水失效、第一道止水损坏、两侧止水损坏 50%；⑥排水失效、第一道止水损坏、两侧止水损坏。试验结果指出，止水破坏引起的最大扬压力发生在闸门开度 $e＝30°\sim40°$；排水孔遭受封堵失效是促使底板扬压力增大的另一个原因[10]。

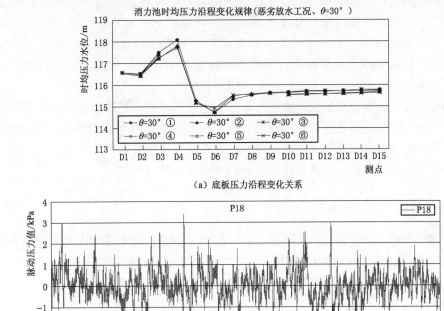

（a）底板压力沿程变化关系

（b）底板典型测点脉动压力时域过程

图 32　开度 $e＝30°$泄水、止水损坏底板压力沿程变化及典型测点脉动压力时域过程

7.3　消力池底板点面系数分析

通常以 $K＝\dfrac{直接测量的面脉动总荷载}{按试验点脉动推算的平均脉动总荷载}$ 来定义点、面脉动荷载系数，在获得消力池底板脉动总荷载和点脉动压力基础上，可以获得不同运行工况的系数 K，则可进行点、面脉动荷载的换算[11]。成果指出：

（1）排水孔封堵，第一道止水失效后的点面系数略有增大，即受下部扬压力脉动影响，总体底板块的点、面系数有增大趋势。

（2）闸门开度 $e\leqslant20°$，消力池水平段底板的系数 K 比倾斜段的大。

（3）闸门开度 $e\geqslant60°$，斜坡段底板的系数 K 比水平段的大。

（4）在计算取用水流脉动荷载时，应考虑脉动荷载大和点、面系数亦大的综合情况。

点面脉动系数 K 与各点脉动波形的空间相位关系密切，在理想条件下 K 以1和0为极值。一般规律是点脉动相位变化小，同步性大，则 K 值大。反之，K 值则小。K 值尚与试验块体面积大小有关，面积越大，点脉动不同相位可能性加大，故 K 值趋小，随机脉动而且当面积趋于无限大时，K 趋向为0，当测试面积趋于一个点时，点与面脉动基本接近相同，K 趋向为 1。

当闸门开度加大，水流砸向斜坡段，流态复杂，水流紊动加大，压力脉动随机性大，各点脉动波形相位差大，K 则小。第一道止水破坏，由分缝水流往下传递的动水压力受分缝制约，其扩散比较有规则，其压力波动空间相位相对比较简单，故其压力脉动虽较小，但系数 K 较大。第一道止水破坏，通过接缝上下连通的压力脉动，其面荷载与同样块体止水完好情况下的面荷载相比，作用面积相差 1 倍，面积加大，K 值偏小。由此可见底板下表面压力脉动对点面系数影响是互相消长的。

消力池底板的点面荷载影响系数还与水流流态密切相关。若闸顶溢流，水舌冲击部位表现为局部冲击作用，也是受力较大的区域；其他部位则是以水跃紊动产生的动水作用。本项试验按整块底板进行面荷载试验，因此底板块的点面荷载系数小于常规泄流的底流消力池点面脉动荷载系数值，荷载设计时应区别对待。

7.4　消力池底板的流激振动试验

与脉动压力特征试验类似，流激振动试验在前述规定的试验工况下进行，其中 1 号、5 号闸孔开启或关闭过程中消力池底板各测点振动加速度变化特征绘于图 33，从振动测试资料分析可知，消力池倾斜段前端受到过闸水流跌落冲击产生较大振动量，在扬压力过大情况下，受此影响消力池底板存在失稳可能[12]。闸门启闭过程中消力池底板振动最大量级出现在 $\theta \approx 30° \sim 50°$，其中消力池斜坡段振动量级明显大于水平段，且尤以斜坡前端最大，在整个启闭过程中，V1 测点振动加速度幅值接近 3.0m/s^2，均方根值亦接近 0.7 m/s^2。说明底板在泄流动荷载作用下产生振动的动力源位于水舌冲击点附近，此时若止水损坏，动水压力进入底板下部，就有可能引发底板抬升失事[13]。

此外，鉴于部分工程水闸泄洪时，下游防冲槽及下游河道近底流速 $v > 1.0 \text{m/s}$，因此也需要注意防冲槽下游水流淘刷及防冲安全。

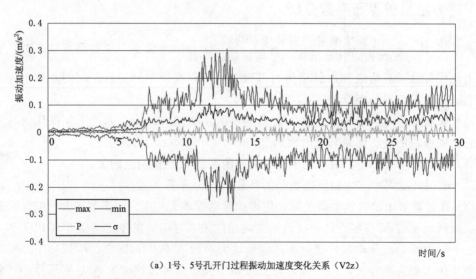

（a）1 号、5 号孔开门过程振动加速度变化关系（V2z）

图 33（一）　闸门启闭过程（1 号、5 号孔）消力池底板振动加速度变化特征

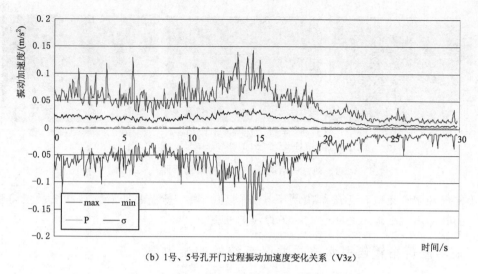

（b）1号、5号孔开门过程振动加速度变化关系（V3z）

图 33（二）　闸门启闭过程（1 号、5 号孔）消力池底板振动加速度变化特征

8　闸门的泥沙淤积问题及其处理措施

鉴于底轴驱动翻板式钢闸门易发生泥沙淤积导致闸门开启困难，因此需要做好泥沙淤积防治工作，确保水闸安全运行。

8.1　冲淤装置布置及冲淤效果试验

某水闸工程河段处于感潮河段，以悬移质的运动方式随潮流进入工程河段。当闸门关闭或处于某一开度状态时，在潮流等作用下，整个闸室下游及护坦段将遭受悬移质的淤积。同时由于闸室底板高程较护坦段低，闸门下部及其周围因水深较大、流速较弱，悬移质极易在该区域淤积，当悬移质淤积至一定高度将可能阻碍闸门开启和正常运行[14]。

闸门底部淤沙可能的危害主要从影响闸门启闭的两个方面：一是闸门在平卧过程中如果门下泥沙淤积过高，则可能导致闸门无法平卧；二是闸门在启门至全关过程中，由于泥沙淤积对于门体梁格增加了作用力，导致闸门启门困难。因此该工程设置了冲淤设备，并定时进行冲淤，确保闸门安全、灵活、简便地运行[15]。

在工程实际应用中，冲淤系统多为利用高压喷嘴冲击门前或流道内淤沙，扰动淤沙，减少泥沙对建筑物的黏滞作用，然后利用闸门启动后形成的水流排沙，或者利用喷嘴的高压水流喷射作用在河床上，使淤积的泥沙扬动悬浮，再利用河道的天然流速将其输送到下游河道，从而达到清淤的目的。该工程应用中所采用的冲淤系统布置如图 34 所示。由于冲淤管布置位置特殊，仅对门体下方的淤沙进行扰动，力图使之悬浮，但缺少天然的水流量进行输送，因而无法达到冲淤目标[16]。

该工程悬移质泥沙中值粒径约为 0.01mm，其淤积泥沙的干容重 $\gamma_0 = 686 \text{kg/m}^3$，淤泥的密度 $\gamma_s = 2650 \text{ kg/m}^3$。冲淤试验旨在解决以下两个主要问题：①论证冲淤装备的动力能否满足预定的冲淤要求；②力求冲淤系统配置，包括管径大小、喷嘴大小、个数和布置的疏密度等的合理性，以达到喷嘴的出水量、能量分布均衡。试验结果显示，原设计方

（a）冲淤前

（b）冲淤后(仅将喷嘴出口处的砂
冲出一个较小的凹坑或凹槽)

（c）冲淤状态局部放大图

图 34　一般高压冲淤管冲淤前后照片

案采用常规冲淤管无效，无法解决闸下淤积问题。50m 扬程的冲淤管在冲淤后仅将喷嘴出口处的砂冲出一个较小的凹坑或一条很浅的凹槽。

8.2　采用悬管布置自引水方式冲淤系统的冲淤效果

鉴于埋管方案存在管道淤积的可能性，因此采用悬管自引水方式进行冲淤试验。考虑利用每月 3～4 天的时间、内河和外江形成 2.5m 左右的水位差（潮差）进行冲淤，并采用三排冲淤系统的布置方式进行，按照每排长度 9m，按 20cm 等间距布置 45 孔 ϕ60mm 的出水孔，布置方式如图 35 所示，按 5cm 淤沙考虑，结合门顶溢流，利用潮差自引水冲淤的效果如图 36 所示。试验结果证明，通过调整冲淤管道离地高度、管嘴形式、管嘴布置等就可实现水闸冲淤的效果。采用该优化冲淤方案可以取得较好结果[17]。

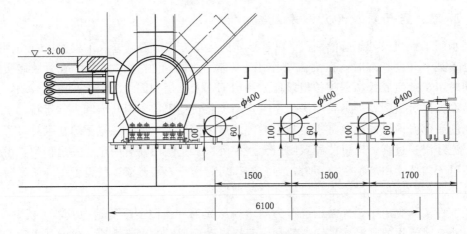
图 35　闸底板冲淤管布置（单位：mm）

图 36　组合冲淤效果

9 结语

底轴驱动式翻板闸门的工程应用给我国的城市水环境、水生态建设带来了技术进步和发展，但工程设计和施工中的一些关键技术问题需要认真对待和处理，尤其对于跨度大、感潮河段泥沙淤积较大区段的闸门结构特别需要加以重视和关注。通过本文研究可获得如下结论：

（1）由受力分析得知，该门型的闸门结构的设计因分别考虑上部门叶与底轴两个主要部件的位移和应力问题。

（2）鉴于基础沉降量对底轴驱动翻板门受力产生显著影响，因此设计和施工部门应严格控制闸门基础沉降量，防治沉降过大引起底轴支座受到挤压，导致应力集中问题的产生，损伤底轴和支座结构。

（3）水弹性振动试验结果指出，闸门结构的较大振动量与门顶射流下方的负压空腔密切相关，若要控制闸门的振动量，需要考虑破除负压空腔及输气问题。

（4）门后两侧边墙设置通气孔，并在门顶布置破水器可有效破除负压空腔，实现自行向负压空腔补气达到压力动态平衡的效果。

（5）底轴驱动翻板门在泄流运行中出现消力池底板掀起失事事故，也是该类门型的设计和施工过程需要高度重视的问题。底板振动试验结果显示，在泄流动荷载作用下产生振动的动力源位于水舌冲击点附近，此时若止水损坏，动水压力进入底板下部，就有可能引发底板抬升失事。因此工程设计时需要兼顾有效避开射流水舌击落点对底板分缝的直接冲击，也要做好防渗帷幕和底板排水的设计布置，确保消力池底板的稳定。

（6）鉴于部分工程水闸泄洪时，下游防冲槽及下游河道近底流速 $v>1.0\mathrm{m/s}$，因此也需要注意加强防冲槽下游水流淘刷及防冲安全。

（7）泥沙淤积是一个感潮河段水闸面临的又一棘手问题，需要慎重对待。设计阶段首先要做好泥沙淤积资料的收集和整理，包括沙粒构成、淤沙速度及板结力参数等，在此基础上采用有效冲淤防淤措施予以解决，确保工程安全可靠地运行。

参 考 文 献

［1］ 严根华. 我国大跨度闸门应用趋势与抗振对策[J]. 水利水运工程学报，2009（4）：134 - 142.

［2］ 卢新杰，石守津，韩晶，等. 苏州河河口水闸底轴驱动式翻板闸门设计[J]. 水利水电科技进展，2007（S1）：11 - 13，28.

［3］ 罗希，郭雷宁，谭丹，等. 底铰式钢闸门底横轴设计[J]. 水电能源科学，2012，30（5）：94 - 96，213.

［4］ 徐一民，赵伟，杨红宣，等. 掺气挑坎、水流佛氏数及坎后空腔负压对空腔积水的影响[J]. 水力发电学报，2010，29（2）：15 - 20.

［5］ 徐强，饶英定，徐礼锋. 底轴驱动翻板闸门在水闸工程中的应用[J]. 江西水利科技，2014，40（1）：17 - 20.

[6]　李昕，张建民，彭勇，等. 有压闸室通气孔布置优化研究[J]. 水电能源科学，2017，35（5）：120-123，163.

[7]　张高飞，王新杰. 某钢坝闸消力池底板失稳分析与修复[J]. 水利水电施工，2015（2）：17-19.

[8]　姜春宝. 底轴驱动式翻板闸门止水形式探讨[J]. 江苏水利，2013（3）：20-22.

[9]　黄智敏，陆汉柱，付波，等. 东山拦河闸下游消能工加固改造研究[J]. 水利与建筑工程学报，2014，12（6）：168-171.

[10]　李会平. 底流消力池水动力荷载特性研究[D]. 天津：天津大学，2014.

[11]　严根华. 苏州河河口水闸金属结构数学模型分析[J]. 水利水电科技进展，2007（S1）：67-72.

[12]　严根华. 淹没水跃作用下大宽高比闸门的流激振动试验研究[J]. 振动工程学报. 振动工程专集，2005，10.

[13]　蔡书鹏，唐川林，李大美. 弹性管的紊流减阻效果与流激振动特性的实验研究[J]. 水利与建筑工程学报，2005（3）：4-7.

[14]　王建中，范红霞，朱立俊，等. 象山港避风锚地工程潮流泥沙模型试验研究[J]. 海洋工程，2014，32（6）：68-75.

[15]　王世杰. 水力自控翻板闸门闸前淤沙试验研究[J]. 水利技术监督，2017，25（4）：64-66，98.

[16]　徐惠民，严根华，陈照. 中山河翻板闸门流激振动试验及优化设计[J]. 人民黄河，2018，40（7）：108-112.

[17]　尤宽山，杨文艳，张俊. 底轴驱动式翻板闸门冲淤系统介绍及深化设计[J]. 治淮，2014（8）：40-41.

[18]　严根华. 大跨度特型闸门流激振动及控振措施研究[J]. 水利与建筑工程学报，2018，16（5）：1-11.

[19]　国家能源局. 水电工程钢闸门设计规范：NB 35055—2015[S]. 北京：中国电力出版社，2016：3.

Research on Key Technologies and Engineering Measures of Bottom Axis Driven Turn-over Gate

Abstract：This paper studies and summarizes some key technical problems and research results of engineering measures in engineering design and manufacture of bottom-axle-driven tilting gate. Firstly, the force and deformation characteristics of this type of gate are expounded, and the direction of structural design is put forward. Then, the influence of the uneven settlement of gate structure, the stress and deformation characteristics of bottom axis and the settlement of bottom axis on the reaction force of support are discussed respectively, and the importance of controlling the uneven settlement of bottom plate of gate chamber is pointed out. Vibration problems of driven tilting gate are studied experimentally. Data such as discharge flow and dynamic water pressure characteristics, vibration acceleration characteristics of gate structure are obtained. Negative pressure cavity, ventilation hole arrangement and top water breaker configuration affecting dynamic safety of gate structure are specially studied, and the phase is put forward. According to the safety problems of energy dissipators in the bottom-axle-driven tilting gate, the test results of instability of the bottom – plate under the gate are given，and the design principles for ensuring the stability of the bottom – plate of stilling basin are put forward. Finally，the problem of sediment deposition of the gate and its treatment measures are discussed. The results of this paper can be used for reference by the design and construction departments of similar projects.

大型水工钢闸门的研究进展及发展趋势

王正中

摘要：随着国内外高坝大库的建设与发展，作为水利水电工程泄水建筑物调节咽喉的水工钢闸门正向着高水头、大孔口、大泄量的大型化和轻型化方向发展，其安全灵活地运行决定着整个枢纽工程和下游人民生命财产的安全。本文在全面分析国内外水工钢闸门研究进展及取得成果的基础上，指出了有待研究的主要问题及今后的发展方向。大型水工钢闸门研究中应关注：典型工况下水工钢闸门结构的合理布置，水工闸门结构计算理论与方法的发展，水工弧门动力稳定及振动控制，轻型稳定仿生树状水工弧门的结构创新，生态景观特型钢闸门结构及水力优化，全生命周期的水工钢闸门安全诊断与智能监测等关键科技问题开展研究，并对水工钢闸门的发展趋势进行探讨。

1 引言

随着水利水电事业的快速发展，截至 2012 年年底，我国已建各种水库 9.8 万余座，总库容 $8.166 \times 10^{11} \mathrm{m}^3$，已建或在建 200m 以上的超高坝达 20 多座，其中超过 300m 级的大坝已非常多见，我国已成为全球水库大坝最多的国家[1]。高坝大库的不断兴建和金属结构制造水平的不断提高，促使水工闸门向着高水头、大孔口、大泄量的方向发展。闸门承受的荷载及自重越来越大，如世界最大孔口尺寸 $63\mathrm{m} \times 17.5\mathrm{m}^2$ 的 Bureya 水电站弧门[2]，最大自重 702t 的溪洛渡弧形闸门，最高水头 181m 的 Inguri 弧形闸门，最大跨度 360m 的鹿特丹新水道挡潮闸门。表 1 给了世界大型及高水头闸门的基本情况。钢闸门是水工枢纽的重要构成部分，在水工建筑物总造价中一般占 $10\% \sim 30\%$，在江河治理工程上甚至达到 50% 以上[3]，其在很大程度上决定了整个水利枢纽和下游人民生命财产的安全。闸门中最常用的是弧形闸门、平面闸门及人字闸门，弧形闸门具有前后水流平顺和启闭灵活等优点；平面闸门具有结构简单，制造、安装和运输比较简便等优点，都广泛应用于泄水建筑物中，其门叶结构示意图分别如图 1 和图 2 所示。

表 1   大型及高水头闸门基本情况统计

序号	工程名称	国家	闸门名称	孔口尺寸 （宽×高—水头，m）	总水推力 /kN	闸门形式
1	鹿特丹新水道	荷兰	挡潮闸	360.0×22.0—17.0	700000	弧形闸门
2	天生桥一级	中国	事故闸门	6.8×9.0—120.0	73540	平面链轮
			工作闸门	6.4×7.5—120.0	87350	弧形闸门
3	Serre Poncon	法国	事故闸门	6.2×11.0—124.0	84300	平面链轮

序号	工程名称	国家	闸门名称	孔口尺寸 （宽×高—水头，m）	总水推力 /kN	闸门形式
4	拉西瓦	中国	事故闸门	4.0×9.0—132.0	48694	平面定轮
			工作闸门	4.0×6.0—132.0	46096	弧形闸门
5	锦屏一级	中国	事故闸门	5.0×12.0—133.0	87200	平面滑动
			工作闸门	5.0×6.0—133.0	52120	弧形闸门
6	Itaipu	巴西 巴拉圭	工作闸门	6.7×22.0—140.0	190150	平面定轮
7	Tarbela	巴基斯坦	工作闸门	4.1×13.7—141.0	75350	平面定轮
8	水布垭	中国	事故闸门	5.0×11.0—152.0	84530	平面定轮
			工作闸门	6.0×7.0—154.0	102200	弧形闸门
9	小湾	中国	事故闸门	5.0×12.0—160.0	106300	平面链轮
			工作闸门	5.0×7.0—163.0	110000	弧形闸门
10	Inguri	格鲁吉亚	泄洪底孔	φ4.35—181.0	32560	附环闸门

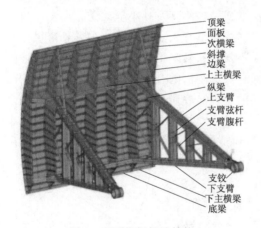

图 1　弧形闸门门叶结构

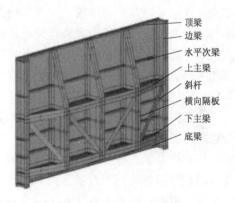

图 2　平面闸门门叶结构

18 世纪 80 年代第一座船闸在美国 Little Falls 运河建成，而最早为人熟知的弧形闸门是 19 世纪 30 年代坐落于巴黎塞纳河上的四扇 8.75m×1.0m（宽×高）钢闸门。美国在 1810 年制造了三曲杆式的木质弧形闸门，并安装有驱动链控制上游面板的启闭，德国在 1895 年左右使用了一扇 12.0m×1.87m（宽×高）的弧形闸门，同期在美国出版了专门描述密西西比河上弧门使用情况的文献。此后钢闸门进入了快速发展和广泛应用的阶段，出现了形式多样的各类闸门，如双拱形空间网架平面钢闸门，大宽高比的弧形闸门，立轴旋转闸门，大跨度底轴驱动翻板闸门，荷兰三角洲管桁式挡潮闸门和浙江奉化象山港铸钢节点船闸等。

从安全灵活运行出发确保钢闸门的轻型和稳定始终是研究者所追求的目标。新材料、新结构及新技术的层出不穷，为解决闸门设计制造及运行中的不少难题提供了思路，但不少老问题尚未彻底解决，且随着高坝大库和生态水利的不断发展，新的难题也不断涌现。

如因启闭机容量限制要求大型闸门的轻型化，高强钢的应用和管桁式结构创新虽可以实现水工钢闸门的轻型化，但易强化钢结构的局部及整体稳定问题，这又促使金属发泡内填充承压结构研究；同时，管桁式仿生结构复杂的节点构造，进一步促进了铸钢节点及胶焊新技术在闸门中应用的研究等一系列新进展和新挑战。

2 典型工况下水工闸门结构的合理布置

结构合理布置是闸门整体优化与安全运行的前提，必须与水工枢纽整体相协调相统一[4]。结构布置应确保在典型工况下的安全运行，特别是首先保障在控制工况下主体承载结构的稳定性。只有建立在合理结构布置基础上的优化才能实现闸门结构的全局最优，确保闸门整体结构经济和安全的统一。由于平面钢闸门与弧门的门叶结构相近，下面主要以弧门结构布置为代表进行探讨。

2.1 静力荷载作用下钢闸门的合理布置

弧形钢闸门空间主框架作为其关键承载结构其布置形式因孔口高宽比及水头不同采取主纵梁式、主横梁式及空间框架式。王正中[5]从增强结构刚度及减小框架受力出发，指出主梁布置宜采用井字梁结构，支臂直接支承在纵横主梁的交叉点上，纵横主梁悬臂尺寸应按其支座处截面角位移为零来布置，从而使主梁不发生扭转变形、支臂不受弯矩只受轴向力。刘计良等[6]以支臂材料用量最小为目标对深孔弧形闸门的合理布置进行了研究。下面在此基础上分别对主纵梁式框架和主横梁式框架的合理布置研究进行分析。

2.1.1 主纵梁式框架的合理布置

弧形闸门纵向框架布置的合理与否直接关系到整体结构的稳定与经济。王正中[5]、刘计良等[7]以支臂端部角位移为零，按结构力学法将纵向曲梁简化为直梁，提出了表孔及深孔弧门支臂结构的合理布置方法，但因其把曲梁简化为直梁产生较大误差。张雪才等[8]采用空间有限元法对其合理结构布置（即 α、β、γ 和 η 的取值，图3）进行研究，给出了使支臂为轴心受压的弧门二支臂和三支臂布置结果。

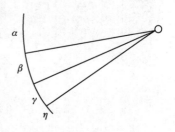

图3 三支臂闸门布置

2.1.2 主横梁式框架的合理布置

主横梁式弧门主框架的合理布置主要是支臂在主梁上的支点位置即悬臂长度的确定，虽然我国现行规范[9]和美国《水工钢结构设计》[10]、《溢洪道弧形闸门设计》[11]中都建议主横梁式闸门的主梁悬臂长度为其跨度的0.2倍，但仅考虑了全关闭工况主横梁的抗弯强度最大，没有考虑支臂端弯矩对稳定性的影响。李自冲[12]从瞬间开启工况考虑启门力影响确定出小湾电站弧门不考虑支臂端弯矩的主横梁最优悬臂长度为其跨度的0.18倍；朱军祚[13]采用拓扑优化方法考虑了正常蓄水位闸门全闭工况，对弧门横向框架进行了拓扑优化，得出了弧门主框架的合理悬臂长度。从主梁与支臂相对刚度来看，宋许成等[14]以弧门主框架和闸墩结构最经济为目标对悬臂长度为0.2倍主梁跨度的斜支臂弧门框架的单位刚度比进行了研究，王正中[15]从单位刚度比的定义出发，从理论上推出了带悬臂主横梁弧门框架单位刚度比的表达式。杜培文等[16]以启闭机造价为目标函数对表孔弧门液压启闭机进行了优化。张雪才等[17]采用多工况多目标动态优化方法对闸门和启闭机结构布置进行了全局优化并编制了应用软件，大幅减小了弧门结构控制内力及启闭机容量。上述研究成果中对多目标多工况弧门主框架悬臂长度、主框架单位刚度比、启闭机布置优化奠定了基础。

2.2　动力荷载作用下的钢闸门合理布置

闸门的振动往往导致闸门结构或焊缝的疲劳，降低闸门整体结构的低周疲劳寿命，造成闸门结构动力失稳及事故。此时静载下的合理布置已无法满足动载要求，需研究结构在动载作用下框架结构动刚度的空间分布及其对动力失稳和振动影响规律，据此提出合理空间结构布置形式，迄今为止对闸门结构进行动载下合理布置研究的相关报道较少见。

因此，应在静载下结构合理布置成果的基础上开展动载作用下结构布置优化研究，以保证闸门结构安全高效稳定运行。

3　钢闸门结构设计方法的发展

现行规范的容许应力法无法考虑各种因素的随机变异性，基于可靠度的概率极限状态设计方法充分考虑荷载、结构及材料等方面的随机性，在设计时使得各分项系数的选取有据可依，可靠度指标也可定量评价钢闸门结构的安全性。

3.1　基于可靠度的概率极限状态设计方法

钢闸门从设计、施工，特别是运行中各个阶段都包含着非确定性因素，为确保钢闸门的安全灵活运行、定量准确评价闸门的安全可靠性，各国规范广泛采用基于结构可靠度理论的设计方法，我国 GB 50017—2003《钢结构设计规范》[18]明确规定，除疲劳计算外，均采用基于概率理论的极限状态设计法。因此有必要在闸门设计中开展基于概率极限状态的设计方法研究。

许多学者对水工闸门可靠度开展了相关研究。范崇仁、周建方等[19-20]探讨了钢闸门设计规范的可靠度，王正中等[21]提出了弧门空间框架体系可靠度计算的串并联模型及计算方法，李典庆等[22]提出了基于可靠度理论的现役钢闸门结构构件寿命预测的方法，Li[23]基于贝叶斯定理对钢闸门疲劳可靠性进行了评价，严根华等[24]基于超越机制的结构动力可靠性提出了适于计算闸门流激振动动力可靠度的表达式。然而水工钢闸门荷载统计数据不足和失效准则不明确是概率极限状态法应用的瓶颈。这主要是由于水工钢闸门工作环境恶劣、运行工况复杂，破坏形式多变、机理复杂，很难准确计算其极限状态方程中的荷载与抗力两方面的可靠指标，致使目前水工钢闸门设计规范仍采用容许应力法。

概率极限状态设计法的基础是大量的统计参数。因此，需要加强对水工钢闸门原型观测，广泛采集各种工况下、各种闸门形式的流激荷载统计数据，确定荷载的概率统计特征参数及各分项系数；同时，深入研究泄流过程中闸门的参数振动及动力失稳机制，探明结构动力失效准则，为水工钢闸门概率极限状态法的应用奠定基础。

3.2　钢闸门结构的优化设计

闸门的传统设计是先根据工程类比初步确定参数，然后进行力学分析，最后进行各种工况下的安全验算，一般都要反复修改。传统设计方法无法保证设计成果最优，而且效率低、工作量大，人为影响大。随着优化算法及科技的发展和完善，结构优化设计在水工钢闸门设计中的应用非常普遍。

3.2.1　静力荷载作用下的钢闸门优化设计

刘世康等[25]采用自编程序对主横梁弧门结构进行了尺寸优化；刘礼华等[26]采用二次规划法对门叶和支臂结构进行了尺寸优化；蔡元奇等[27]利用 ANSYS 软件对弧形闸门进行了尺寸分析；刘计良等[7]对弧形闸门结构进行了结构布置与尺寸的一体化优化。

主梁是弧形闸门的主要承载构件，其梁高直接影响着整个结构的安全性及经济性，优化主梁高度非常必要。Kholopova 等[28]基于强度理论对闸门主横梁截面进行了尺寸优化，Azad[29] 和 Vachajitpan[30]根据结构优化理论，给出了闸门双轴对称工字形简支梁的经济梁高公式；窦国祯[31]给出了闸门双轴对称与不对称工字形简支梁经济梁高与最优梁高的计算公式；何运林[32]统计了近 200 个不等翼缘闸门主梁的梁高并给出了不等翼缘主梁的最优梁高计算公式；王正中[33]考虑剪力与弯矩耦合作用及构造因素对弧门双悬臂主梁破坏形式的影响，以主梁材料用量最小为目标，建立了优化模型，提出了弧门双悬臂式主梁最优梁高的计算公式；崔丽萍[34]基于此给出了弯曲型与剪切型主梁梁高优化计算公式。

基于上述研究成果，综合考虑主梁在弯矩和剪力复合作用下的强度、刚度和稳定性，建立简支与双悬臂两种形式不对称工字形梁截面优化模型，给出闸门最优主梁高度简明理论计算公式仍有必要。

3.2.2　动力荷载作用下的钢闸门优化设计

弧门的水流边界条件优化和结构优化是降低弧门流激振动的必要手段[35]。许多学者对弧门在动载下的结构优化进行了探究。阎诗武[36]在分析弧门构造特征及试验模态的基础上，用灵敏度分析的方法研究了动载下的结构布置；严根华等[37]利用模型试验和有限元法研究了涌潮荷载作用下的闸门振动特性，通过改变应力集中区域构件的尺寸实现了闸门结构的优化；吴杰芳等[38]采用在闸门主纵梁上开孔的方式来减小闸门小开度条件下的振动，但降低了闸门整体结构的强度。

上述对闸门结构在动载下的优化成果可应用于现役闸门的抗振加固和抗振优化设计，但在设计阶段就应优化水流条件和闸门结构，考虑动强度、刚度及动力稳定，以静载优化成果为动载优化的初始值，将流固耦合数值计算方法与优化设计原理结合进行动力优化，从而保证闸门安全高效稳定运行。

4　水工闸门结构计算理论与方法的发展

钢闸门结构布置及设计方法确定后，设计的核心任务是结构计算，这是整个结构安全的根本保证。钢闸门的结构计算方法主要有基于结构力学法的平面体系简化计算法和基于弹塑性力学的非线性三维有限元法。采用第一种方法虽无法考虑闸门结构空间协同工作特性及材料非线性、几何非线性和接触非线性，导致计算误差大，但应用上非常简单，广大设计人员易于掌握且实践经验非常丰富；而非线性有限元法可以弥补以上方法的不足对闸门整体结构进行准确的动静力仿真分析计算，但相对比较复杂烦琐、抽象，设计人员较难掌握。集中两者优点而克服其缺点是广大科研人员和设计人员不懈的追求。

4.1　空间体系的弹塑性力学有限元法

钢闸门在实际工作中是一个完整的空间结构体系，作用在闸门结构上的外力和荷载由整体结构共同承担，采用空间有限元法进行闸门结构的动静力数值分析已是基本趋势。钢闸门平面体系法作为三维结构有限元分析计算前结构尺寸初选的主要手段普遍采用。闸门结构按空间体系来分析在国内外设计单位和高校都已展开[39-40]。

从钢闸门三维有限元分析的几何建模以及结构形式优选和结构布置优化的需要出发，力学概念明确、方法简单的结构分析方法很受欢迎。因此，基于有限元法计算成果结合结构力学理论提出近似空间计算法就引起工程界的关注，王正中等[41]提出了更接近空间结构的双向平面简化法；虽然应用有限元法进行闸门结构静动力强度、刚度和稳定性分析方法已较成熟，但具体判别准则应与现行规范的容许应力法既有差别又要有效衔接，需要进一步的探究。

随着数模方法的持续完善特别是高级通用软件的广泛应用和科技的普及，许多有限元软件自带各种结构优化工具箱及二次开发开源平台，一方面为了简化几何建模及结构选型和布置优化，仍需要利用有限元法进一步完善双向平面简化法；另一方面，可利用这些软件将结构优化、结构可靠度分析与流固耦合分析有机结合，利用现代信息技术进一步将CAD/CAE及BIM技术有机融合成为以后主要发展方向。

4.2　大型水工钢闸门主要构件强度、刚度、稳定性计算的非线性方法

为了探明大型水工钢闸门结构静力失效机理，准确建立其极限状态方程及计算抗力可靠指标，水工建筑物设计规范要求对高水头大型水工结构的计算必须设专题研究，常见方法有模型试验法和有限元法，结构非线性有限元法是应用最广泛的方法。但如前所述，三维空间有限元非线性分析必须建立在弧门空间结构完整的几何模型基础上，对大型弧形钢闸门由于结构与构造的特殊性使其具有特殊力学模型，如对超大跨度的大挠度薄面板、高水头的厚面板、高水头的深主梁、大刚度框架的中柔度支臂等主要承载构件的力学模型均为非线性力学模型，既无丰富经验又无成熟理论计算方法。因此，需要针对大型水工钢闸门空间结构主要承载构件的特征，提出力学概念明确、方法简单的稳定性简捷计算方法，以便大型水工钢闸门结构三维有限元非线性分析。

4.2.1　钢闸门面板的非线性设计

闸门面板的工作性质比较复杂，它不仅作为挡水面板承受局部弯曲，而且作为梁格的受压翼缘参与整体弯曲。目前按照小挠度弹性薄板理论对面板进行设计，而事实上早在1976年河海大学俞良正等[42]通过原型实验及模型试验就指出当面板进入塑性阶段之后具有较大的强度储备，当荷载增加到弹性极限荷载的3.5～4.5倍时，面板局部才开始呈现出塑性变形。这一成果表明按照弹性薄板理论设计的面板仍有很大承载潜力。

范崇仁[43]从安全度出发建立了以塑铰线理论所确定的极限弯矩与按照弹性薄板理论所确定的最大弯矩之间的关系，给出了弹塑性调整系数 α 的取值。王正中等[44]利用不同的理论，对面板弹塑性承载力进行了研究，以小挠度弹性薄板理论确定四边固支钢面板的弹性极限荷载，利用塑铰线法根据结构塑性分析的塑性极限定理确定塑性极限荷载，给出了弹塑性极限承载力，结果与实验结果[42]相吻合；王正中等[45]进一步考虑面板参与梁格整体弯曲，根据弹塑性力学给出了 α 的准确计算式及复杂状态下面板厚度的直接计算方法，并通过实例验算[46]，发现在满足强度要求的条件下，此方法计算的面板较薄，计算简便准确。

总之，随着大跨度生态景观钢闸门及高水头水工钢闸门的广泛应用，基于大挠度理论及基于弹塑性理论的钢闸门面板非线性极限承载力理论计算仍有不少力学问题需要继续深入研究。

4.2.2　高水头水工闸门主梁强度刚度计算

目前钢闸门组合截面主梁仍采用细长梁理论对闸门主梁进行强度及刚度计算，但高水头钢闸门的主梁属于深梁，现行方法不仅误差大而且偏于危险。研究表明横力作用下组合截面深梁剪切效应影响已不能忽略，剪应力沿截面高度及翼缘的分布不均匀，使得横截面产生弯剪耦合现象，相邻截面之间的不同步翘曲及层间纤维挤压直接影响主梁的强度及刚度。为解决上述问题，王正中等[47-51]对闸门组合截面深梁的应力和挠度计算做过系统的探究，提出了均布荷载作用下高水头钢闸门主梁强度及刚度计算方法；王正中等[48]基于弹性力学半平面体受集中力的求解方法，给出了集中力作用下深梁应力计算公式；王正中等[50]通过合理假设工字形翼缘腹板剪应力传递形式，应用弹性力学半逆解法，推导了应力计算方法；刘计良等[51]还针对主横梁式弧门的三种框架形式分析了单位刚度比及框架形式对弧门主梁翘曲应力的影响规律。上述研究为高水头水工钢闸门主梁强度刚度的计算提供理论方法，也为高水头水工钢闸门结构三维有限元建模奠定了基础。

4.2.3　大刚度组合截面钢柱整体稳定简捷计算方法

大刚度中柔度支臂截面尺寸的初选需要简单近似的直接方法，中柔度组合截面轴心钢压杆的稳定性计算的简单直接方法具有重要的参考价值。钢压杆要满足强度、刚度和稳定的要求，而在截面尺寸和稳定系数均为未知量时支臂设计需要反复试算和稳定校核，非常复杂烦琐。为此赵显慧等[52]通过引入几个参数和系数推导了中小柔度钢压杆的稳定设计公式，但该研究中引入参数多且误差大；作者依据结构稳定理论提出了中柔度组合截面钢压杆非线性屈曲的稳定性直接方法[53]。何运林等[54]采用三维有限元法得到弧形钢闸门支臂的临界荷载数值解并可反求出空间支臂的有效长度系数。对主框架稳定探究中比较关键的是计算长度系数的确定，蒋英勇等[55]采用结构力学法分析了非对称弹性约束条件下弧形闸门主框架的稳定问题，考虑了弧门支座的非对称弹性约束的影响，导出了弧门支腿的弹性稳定临界条件及计算长度系数。但高水头大型弧门大刚度空间钢架的整体屈曲属于几何材料双重非线性问题，需要对大型弧门结构特征展开模型试验及数值仿真研究，基于几何材料双重非线性有限元法及结构稳定理论提出其结构稳定性分析的简明计算方法。

5　水工弧门动力稳定及振动控制

为突破水工钢闸门概率极限状态法应用的瓶颈，更需要探明闸门结构的动力失效机制，包括动力荷载特性及结构动力失效机理。

5.1　钢闸门振动研究进展

5.1.1　钢闸门振动概述

弧形钢闸门经常需要在动水中局部开启，运行条件复杂，泄流引起的闸门流激振动是导致弧形钢闸门动力失稳的主要原因。闸门流激振动的影响因素较多，振动机理非常复杂，理论上有待完善。当前国内外对弧形钢闸门振动问题的研究仍处于理论探索阶段，工程设计上也无规范的计算模式与判别标准，闸门的振动问题一直受到相关科研人员的广泛关注。

一般来说，当闸门的各部件具有足够的刚度和阻尼时，流固耦合形成的附加阻尼和刚度可以不计，此时闸门的振动可视为强迫振动；但当弧门结构低阶自振频率刚好处于高能泄流动力荷载频率区时，会造成低阻尼的闸门共振[36]；当闸门结构和泄流发生强烈的反馈形成流固耦合振动时，此时流固耦合的附加阻尼与附加刚度对振动影响很大，会使闸门的振动获得源源不断的能量补给而产生自激振动，使闸门发生严重的振动以致造成破坏[56]；对于局部开启泄流的弧形钢闸门，由于特殊的几何边界及水力条件，动水作用往往会形成某种周期性的激振力，当激振力的频率与闸门的振动频率存在特定关系时闸门会发生参数共振而引起动力破坏。

针对水工闸门流激振动问题，一般通过原型观测、水弹性模型实验、数值模拟或三者的组合测量其振动。

（1）原型观测。原型观测主要测量作用于弧形闸门上的脉动压力、振动加速度、动位移等，然后根据测量结果采取相应的措施来减轻闸门振动。近年来，应用先进的测量设备及数据处理手段，取得了很多已建弧形闸门振动的第一手资料，为闸门的安全运行提供了参考。如李世琴等[57]、严根华等[58]、胡木生等[59]结合工程，应用试验模态技术对弧门的流激振动及动特性实施了原型观测，获得了完整的结构模态信息，结合弧门结构振动特性物理量的数字特征，评价了弧门不同开度时的振动特性与安全性。

（2）水弹性模型实验。水弹性模型试验是模拟流激振动较为有效的方法，随着新材料的出现，相似率问题得到了解决。吴杰芳[60]根据水弹性相似率对模型材料的要求，研制出了完全水弹性材料。水弹性模型试验可以弥补流固耦合振动在理论上尚未解决的一些难题，由于水弹性模型试验周期长、成本较高且往往所测节点数量较少，因此，还无法实现真正完全水弹性相似模拟试验。

（3）数值模拟。自 20 世纪 60 年代以来，许多学者对于闸门振动采用数值分析方法进行了探究。Kolkman 采用数值方法考虑附加质量对弧门的振动特性进行了研究[61]；周建方等[62]把闸门整体的振动简化为主框架平面的振动，并用支臂的自振频率代替主框架的自振频率对闸门振动进行研究；古华等[63]采用 ANSYS 并考虑流固耦合作用对弧门的振动特性进行了计算；严根华等[64]根据微幅振动的流固耦合方程，提出了闸门水弹性耦合共振的三维边界有限元混合模型；Thang 等[65]采用空间有限元法对闸门结构的尺寸、水流动力及闸门开度比等因素与自振频率的关系进行了分析。Erdbrink、Farhang、练继建和郭捷山等[66-68]应用物模-数模联合预报方法预测了典型工程钢闸门的流激振动特性，取得了较为满意的结果，可为具体工程的安全运行提供参考。

Ishii 的团队对美国加州 Folsom 闸门的失事原因展开了全面系统研究：Ishii 等[69]指出弧门可能发生自激振动，并通过实验研究提出了弧门振动稳定的判别条件。Ishii[70]对闸门进行模态分析指出失事的闸门极易发生两种形式的振动：一为弧门整体绕支铰的旋转振动；二为低频的面板弯曲振动。在特殊条件下，在惯性力和水压力同时作用时，这两种振动形式很容易叠加在一起，引起闸门发生强烈的自激振动[71]；随后，Anami 等[72-73]分别针对 Folsom 坝的失事弧形闸门展开了系统的数值模拟和水工模型实验，摸清了该闸门振动的起因及发展规律。

随着对闸门振动及流固耦合问题研究的不断深入，以有限元软件的技术手段的数值模拟方法将成为研究闸门振动问题的最简捷的方法，将数值模拟结果与原型观测及水弹性实验结果有机结合，相互对照验证、互相补充，构建完善的物模-数模联合预报模型是以后重要的发展方向。

5.1.2　钢闸门动力稳定研究现状

针对闸门发生强迫振动及自激振动的研究较多，提出了控制闸门发生强烈振动的方法和途径主要有：通过优化弧门的动力特性使其固有振动的低频区远离动载的高能区的优势频率区，抑制其发生低阻尼的强迫共振；或通过采取措施使弧门和水流之间不产生反馈控制作用，从而抑制自激振动的发生。

水电部科研院首次报道了在弧形钢闸门振动原型观测中支臂发生参数共振的实例，随后章继光等[4]调查分析了我国 20 余座失事的低水头轻型弧门，指出闸门的破坏支臂在动荷载下发生失稳引起的；根据参数共振的发生条件，从模型试验的角度验证了弧形钢闸门支臂发生参数共振而导致动力失稳的必然性，探讨了支臂发生共振的影响因素，只要其频率与弧形钢闸门支臂的自振频率存在某种关系（一般为 2 倍关系）就会发生参数共振。阎诗武[36]指出即使闸门的整体性加强，支臂仍为中长受压杆，在动力荷载作用下的动力稳定性问题应该引起人们的注意，并根据参数共振理论初步讨论了支臂的稳定性。练继建等[74]探讨了闸门的振动源和稳定性的类型，提出了两种破坏形式。严根华[75]总结了易导致弧形钢闸门进入动力不稳定区的荷载，并评价闸门支臂结构的动力稳定性。

以上对弧形钢闸门支臂动力稳定性的研究虽揭示了一些规律，但研究对象多为低水头轻型弧形钢闸门，大多数研究将弧形钢闸门空间框架动力稳定简化为单个杆件的动力稳定问题，直接采用了单杆动力稳定的计算方法，分析模型过于简化偏差太大，不能精确反映弧形钢闸门尤其是高水头弧门较强的空间效应。对此类闸门需要分析主框架的动力稳定性，牛志国[76]建立了闸门空间框架体系的有限元模型，从弹性体的扰动方程出发，结合摄动理论用有限元法对弧门空间框架进行动力稳定性分析。刘计良[77]以提高计算精度和计算效率为目标，提出了弧门空间主框架精确高效的动力稳定性分析方法，实现了将弧门空间框架的一个杆件离散为一个单元即可得到精确数值解的目标，求解效率高，可以克服以低阶多项式作为形函数的有限元法求解精度差及求解效率低的问题。总之，弧形钢闸门空间结构因参数共振导致的动力稳定是大型水工弧门发生事故的主要原因，也是目前大型水工弧门研究的热点和难点，其中有不少基础理论问题有待攻克。

5.1.3　钢闸门振动研究发展方向

（1）弧形钢闸门的强迫振动及自激振动的研究成果较为成熟，因此利用现有的研究成果为弧形钢闸门的强迫振动及自激振动建立一套完整的动力计算方法并指导工程实践。

（2）弧形钢闸门参数振动问题的研究尚停留在理论分析和数值计算阶段，因此，对其动力失稳机理进行理论分析、原型观测及模型试验研究，以加强水工钢闸门参数振动的理论完善。

（3）弧形钢闸门的强迫振动、自激振动和参数振动有时是同时发生的，因此研究三者的耦合振动及共振触发机制更具实际意义和挑战。

5.2　严寒环境下水工钢闸门低温低周疲劳及防冰冻

钢结构的疲劳破坏是由循环载荷累积损伤造成构件或焊缝的裂纹萌生扩展而导致的。闸门在服役时长期受到激振力的作用，导致构件发生低周疲劳；极端气候的频发，对于处在严酷环境下运行的水工钢闸门焊缝还存在低温冷脆及结构冰冻问题，该问题经常出现中国的东北、华北、西北及青藏地区，特别是对于水电开发与江河生态治理工程建设密集的西部、北方寒区及"一带一路"沿线国家，极端严酷环境下水工钢闸门低温低周疲劳及冰冻害问题不可忽视。水工钢闸门在低温环境、应力集中、动载荷、焊接缺陷及残余应力的作用下变得容易脆性断裂，但这些影响因素中低温的影响最为明显[78]。针对钢结构低温低周疲劳破坏问题，虽然基于可靠度理论提出了随机疲劳、统计疲劳等方面的理论，但还没有对水工钢闸门的低温低周疲劳问题进行过相关探究[79-80]。因此，采用断裂力学与细观力学的相关理论，开展水工钢结构在严寒环境下的低周疲劳破坏机理及防冰冻技术研究非常必要。

5.3　钢闸门的振动控制

水工闸门振动控制的目的是要保证闸门在任意开度下都能安全高效稳定运行。20世纪50年代美国Pointe水电站首先采用偏心铰弧门，不仅降低了高水头闸门的启门力，而且提高了闸门的整体刚度，有效地减轻了闸门的振动。随着振动控制理论和新材料的进步，用主动和被动控制的方法解决闸门振动问题成为可能，这种方法只需在已建闸门基础上，增设阻尼器构件即可，将MR阻尼器（即磁流变阻尼器）放置于弧门结构中变形较大部位将起到减振的效果[81]。如瞿伟廉等[82]研究认为采用MR智能阻尼器能有效地控制弧门的振动，盛涛等[83]采用液体质量双调谐阻尼器（TLMD）技术对结构进行了振动控制。尽管MR智能阻尼器的原理还没形成可靠的理论，MR智能阻尼器在闸门中布置的最佳部位和各种参数的合理值确定等问题并没有得到解决，但采用MR智能阻尼器无疑可以有效减小闸门流激振动的幅值和加速度而成为闸门振动主动控制的有效途径，采用三维数值方法和全水弹模型试验相结合的方法来开展新型阻尼器性能研究与优化越来越受到同行关注。

6 轻型稳定仿生树状水工弧门的结构创新

对大型水工钢闸门由于跨度太大或门高太大或水头太高，都会导致水工钢闸门重量太大或结构刚度不足或支臂稳定性太差等一系列问题。因此，从大型水工钢闸门安全稳定灵活运行的需求出发，研制创新轻型稳定灵活的水工钢闸门是永恒的主题。

调查发现[4]各类闸门事故都是严重振动导致支臂失稳破坏，分析其原因主要是支臂刚度较弱所致。现行规范[9-10]对这类门高很大的大型弧门采用传统的三支臂或二支臂结构形式，三支臂结构的整体刚度虽然较大，但动力特性不尽合理，而二支臂结构在纵向平面内刚度太低。如何既保证闸门整体刚度大、稳定性高又自重轻、启闭灵活，只有集中少支臂及多支臂的优点克服其缺点，才能实现弧形闸门的安全性和经济性的统一，这就是目前大型弧形闸门结构创新的目标。

朱军祚[13]根据拓扑优化理论应用有限元软件对弧形闸门进行拓扑优化，得到了结构变形能最小（刚度最大）的最优材料分布模式，图 4 所示为拓扑优化的部分结果。

由图 4 可以知道弧门支臂结构呈树状柱形式。随后，Cao 等[84]在对弧形闸门支臂和纵横梁分步拓扑优化的基础上进行尺寸优化，减轻了闸门自重；赵春龙[85]指出弧门树状支臂是一种静动力优良的支臂形式。

树状柱结构是由德国学者 Otto 在 20 世纪 60 年代提出的一种仿生结构。国内外不少学者对树状柱结构的形状及力学性能展开了研究：Otto 首次把树状柱结构运用在 Stuttgart 机场候机大厅的建设中[86]；Allen 等[87]根据虚支座反力为零的原则确定了树状柱的结构形状；Hunt 等[88]基于自平衡原理，采用位移法确定树状结构的几何形状。马洪步等[89]探讨了钢管树状柱仿生结构的计算长度系数求解问题。但以上都是基于欧拉理论来研究树状结构在轻型或大跨度空间建筑结构中的应用，没有考虑大型弧门高承载高稳定要求和双重非线性的影响。此外曹娥江闸门、奉化象山港船闸也采用了管桁式新型结构形式及铸钢节点的新连接形式。

为此，本课题组对树状支臂结构在水工弧门上的应用进行深入系统研究，如图 5 所示为一种典型树状柱式水工弧门的空间结构。为了集中少支臂结构稳定性高和多支臂刚度大的优点、克服相应缺点，实现大型弧门大刚度、高稳定与轻型化的目标，一方面以结构刚

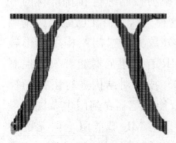
(a) 横向框架优化结果

(b) 空间框架优化结果

图 4 拓扑优化的部分结果

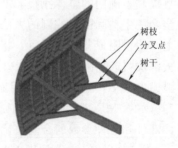
树枝
分叉点
树干

图 5 树状柱水工弧门的一种
典型空间结构

度最大为目标考虑弧门支臂稳定性对弧门结构框架空间构型进行拓扑优化;另一方面以弧门空间框架的稳定性最高为目标将有限元法与优化设计结合,对弧门空间框架结构进行数值优化。研究表明在静力荷载作用下 Y 形支臂结构比传统 V 形支臂结构整体稳定性高且重量轻。

对于这种树状仿生结构主要应研究节点复杂构造采用铸钢节点的可行性,同时应进一步考虑流固耦合作用并将结构动力稳定理论和拓扑优化相结合,重点研究该结构形式的弧门动力失稳机制及其动力刚度合理布置问题,以期提出一种比传统二支臂及三支臂结构更安全经济的新型弧门支臂结构形式。

7 生态景观特型钢闸门结构及水力优化

随着经济建设的快速发展,特别是沿海城市水环境整治及景观生态文明建设受到各级政府的重视。生态景观环保型特大型闸门作为水资源水环境的重要调控机关,已成为城市水环境整治基本组成,正在我国沿海城市乃至全国范围内应用。而此类闸门的最大特点是大跨度、低水头、景观化具有显著地社会经济效益。因此,营造城市景观生态的江河湖泊治理中特大型钢闸门将成为我国现代水工钢闸门的一个重要研究方向[90]。

这些大跨度特型闸门千差万别,目前尚无成熟设计规范及运行经验,因此必须通过试验、科学分析相结合进行研究,着重从以下途径确保工程安全高效运行:①提高闸门基频避开水流共振区;②创新结构形式,提高刚度控制缝隙激振。

8 全生命周期的水工钢闸门安全诊断与智能监测

目前正在运行的水工钢结构中有许多已达到了折旧年限,存在构件老化、锈蚀、结构强度降低等诸多健康问题,使得闸门结构存在着重大安全隐患。如何有效地对水工钢结构进行全生命周期的水工钢闸门安全诊断与智能监测引起了国内外科研人员的广泛关注。黄民水等[91]、何龙军等[92]、郑东健等[93]分别采用不同的方法对安全监测布置进行了优化,胡木生等[59]采用三维摄影测量系统对弧门结构的应力、位移和启闭力等进行了测量,胡木生等[94]采用改进随机子空间法解决了水工闸门模态参数测试过程中存在的计算误差及环境激励干扰导致的虚假模态等问题,盛旭军等[95]采用动态应变测试系统对闸门的动应力进行了测试,Surre 等[96]、Matta 等[97]采用感测光纤粘贴在钢结构表面对结构进行健康安全监测。

水工钢闸门由于结构特殊、运行环境复杂多变,其安全诊断及监测技术与方法与常规水工建筑物有着显著的差别。现在常用的检测和监测内容主要有[98]:①静态检测;②动态检测;③腐蚀检测;④启闭力检测;⑤无损探伤等。

随着技术的发展:一方面重点应创新研究针对水工金属结构及启闭机的新型智能化检测及远程监测技术与方法,推进水工金属结构设备原型观测试验专项技术标准的制定,同时应建立科学全面的安全评估方法及体系,确保实时准确诊断与监测水工钢结构的安全运行状况;另一方面,积极利用现代信息技术与人工智能,将 BIM (building information modeling）技术与 SQL（structured query language）数据库技术相结合[99]，为"智慧水利"建设提供基础保障。

9　水工钢闸门的发展趋势

闸门从诞生到现在一直随着经济社会的发展而发展，为满足高坝大库建设及城市江河景观生态治理工程建设的需要，水工钢闸门又不断向着大跨度、大门高、高水头的大型化、轻型化、美观化方向发展；从计算理论与方法上不断紧随现代计算技术与信息技术的融合，向着集结构计算、结构优化、结构设计、结构制造的 CAD/CAE/BIM 甚至 3D 打印于一体化的方向发展；积极与相关行业新技术有机融合，从水工钢闸门的材料、连接和结构三个方面发展来看，借鉴建筑行业中的超强钢、汽车工业中的胶焊接技术、结构仿生技术等先进技术很有前景。

超强钢及铸钢节点的使用。随着高坝大库等巨型工程的不断建设，大型或超大型水工钢闸门将承受巨大的水推力，如继续采用常规钢材将会造成闸门重量巨大而难以灵活启闭，同时制造、运输及安装都存在一定的困难。为了减轻自重特别是随着我国超强钢技术的不断完善和超强钢的工业化生产[100]，大型或超大型水工钢闸门采用超强钢将成为一种趋势。同时铸钢节点可以减少构件交会时的焊接量，降低焊接残余应力，并且铸钢节点可以工厂化整体浇注或 3D 打印，强度高整体性能较好[101]，已在奉化象山港船闸等水利工程中成功使用铸钢节点的新形式。联合应用超强钢和铸钢节点技术可解决新型闸门中的连接问题或高水头闸门的强度、刚度破坏问题。

胶焊接技术的使用。Chang 等研究认为超轻胶连接具有施工简便、无残余应力、大幅度减少应力集中、黏结强度高、异种材料连接性能可靠的特点，可增加结构的刚度、强度以及耐久性。王来永等[102]发明了一种黏钢用结构胶，具有良好的黏结性能，应力分布均匀，抗剪强度高，机械韧性好的特点。另外，胶焊连接技术同时具有胶接和焊接的优点，胶焊接头的抗疲劳性能好于焊接接头。随着胶焊连接技术的发展和成熟，在水工钢闸门结构的连接中使用这项新技术能够解决钢结构焊接和螺栓连接的许多难题。

结构仿生的应用。自然进化的趋势总是用最少的材料消耗来实现最强的功能，这与大型水工钢闸门设计目标——既轻型又稳定的要求是一致的。动植物结构约经过了 20 亿年的进化，具有最适应其生存环境和最充分发挥其奇妙和复杂功能的宏观和微观结构。观察研究动植物的形态和力学特性，利用其独特的结构形状和力学特性来解决大型水工钢闸门中的难题，为闸门的研究提供灵感和创新动力。如观察小麦茎秆结构会发现每一茎节都是中间较粗两端较细的变截面空心杆，其高度是壁厚的 200～300 倍，可支承比自身重几倍的麦穗及风雨荷载，其茎秆的内壁发泡充填的组织构造、节间的加强结节甚至其自然的弯曲，都有充满着丰富而深奥的力学规律；随着金属泡沫填充技术的发展，利用内部填充金属发泡沫材料[103]来提高闸门支臂的稳定性的研究已结合曹娥江闸门进行了探索；蜂窝夹层结构隔振轻巧且具有很高的强度、刚度和稳定性，将其应用于闸门面板隔断泄流激振的探索等都能够促进大型钢闸门轻型稳定大刚度总目标的实现。

10   结语

本节主要从水工钢闸门的发展历程，研究现状及存在的关键科学问题出发，从典型工况下大型弧门空间框架结构的合理布置，基于空间结构体系可靠度的结构优化设计方法，深梁、厚板、大刚度框架结构动计算理论与方法，流激振动作用下弧门空间框架动力稳定及振动控制，严寒环境下钢闸门低温低周疲劳破坏机理及防冰冻技术，轻型稳定仿生树状水工钢闸门结构创新，生态景观特型钢闸门结构及水力特性优化，全生命周期的水工钢闸门安全诊断与智能监测，超强钢材料及新胶焊连接技术开发应用等方面进行了论述。结论与展望如下：

（1）主要成果：①为确保水工闸门设计既安全经济又能与国际接轨，应加快基于可靠度的概率极限状态法在水工钢闸门设计中的应用研究，尽早将空间有限元法用于闸门设计中，并开展相应安全准则的研究；②结合大型弧门结构构造特征完善大型钢闸门的厚面板、深主梁、大刚度中长柱的特殊力学模型，建立相应的理论计算方法；③深入系统研究推进河海大学和南京水利科学研究院对闸门可靠度和流激振动研究成果在工程中的推广应用。

（2）亟待研究的问题：①基于流固耦合理论及水弹性实验深入研究大型钢闸门流激振动机理，创新减振技术；②深入研究弧形钢闸门参数共振动激发机制、触发条件，揭示其空间框架动力失稳机理；③基于动力可靠度理论的大型弧门优化；④研究极端寒冷环境下钢闸门低温低周疲劳破坏机理，创新水工金属结构安全诊断与监测新技术新方法。

（3）发展趋势：①随着经济社会全面发展，高坝大库及城市景观生态建设不断推动水工钢闸门向着轻型化、大型化、美观化、高稳定性、操作灵活的现代化管理方向发展；②超强钢、铸钢节点、胶焊连接等新技术和蜂窝隔振面板、金属发泡内填充增稳、空间树状支臂等仿生结构将在大型水工钢闸门中得到应用；③现代信息技术广泛应用于大型水工钢闸门的设计、施工、运行及全生命周期的安全监测，水工闸门的安全管理与效益发挥也将实现智能化自动化。

参 考 文 献

［1］ 水利部建设与管理司，水利部大坝安全管理中心．世界高坝大库 TOP100［M］．北京：中国水利水电出版社，2012．

［2］ 何运林．水工闸门动态［J］．水力发电学报，1993，12（3）：87－97．

［3］ 安徽省水利局勘测设计院．水工钢闸门设计［M］．北京：水利出版社，1980．

［4］ 章继光，刘恭忍．轻型弧形钢闸门事故分析研究［J］．水力发电学报，1992，11（3）：49－57．

［5］ 王正中．关于大中型弧形钢闸门合理结构布置及计算图式的探讨［J］．人民长江，1995，26（1）：54－58．

［6］ 刘计良，王正中，申永康，等．深孔弧形闸门支臂最优个数及截面优化设计［J］．水力发电学报，2010，29（5）：147－152．

［7］ 刘计良，王正中，贾仕开．基于合理布置的三支臂弧门主框架优化设计［J］．浙江大学学报（工

学版），2011，45（11）：1985-1990.

［8］　ZHANG X.，WANG Z. Z.，SUN D. Research on rational layout of strut arms of tainter gate in vertical frame［J］. Revista Internacional de Métodos Numéricos para Cálculo y Diseño en Ingeniería（2017）. https：//www. scipedia. com /public/Zhang _ et _al _ _2017a.

［9］　中华人民共和国水利部. 水利水电工程钢闸门设计规范：SL74—2013［S］. 北京：中国水利水电出版社，2013.

［10］　USACE. Design of hydraulic steel structures：CECW-CE Engineer Manual，1110-2-584［S］. US Army Corps of Engineers（USACE），Washington D C，2014.

［11］　USACE. Design of spillway tainter gates：CECW-ET Engineer Manual，1110-2-2702［S］. US Army Corps of Engineers（USACE），Washington D C，2000.

［12］　李自冲. 对小湾电站表孔弧门设计中几个问题的探讨［J］. 云南水力发电，2005，21（3）：70-74.

［13］　朱军祚. 大型水工弧形钢闸门的拓扑优化与分析［D］. 杨凌：西北农林科技大学，2007.

［14］　宋许成，李雪春. 弧形闸门实腹式主横梁与支臂单位刚度比的研究［J］. 水利学报，1987，32（6）：61-66.

［15］　王正中. 弧门主框架单位刚度比的分析计算［J］. 工程力学，1993（S1）：250-253.

［16］　杜培文，杨广杰. 表孔弧形闸门液压启闭机总体布置优化设计研究［J］. 水利学报，1998，29（8）：57-61.

［17］　张雪才，王正中，孙丹霞，等. 弧门主框架及启闭机系统结构布置的多工况多目标优化［J］. 工程科学与技术，2017，49（4）：37-45.

［18］　中华人民共和国建设部. 钢结构设计规范：GB 50017—2003［S］. 北京：中国计划出版社，2003.

［19］　范崇仁，徐德新. 水工钢闸门可靠度分析［J］. 水力发电，1992，18（8）：32-35.

［20］　周建方.《水利水电工程钢闸门设计规范》可靠度初校［J］. 水利学报，1995，26（11）：24-29.

［21］　王正中，李宗利，李亚林. 弧形钢闸门空间框架体系可靠度分析［J］. 西北农业大学学报，1998，26（4）：35-40.

［22］　李典庆，唐文勇，张圣坤. 现役水工钢闸门结构剩余寿命的预测［J］. 上海交通大学学报，2003，37（7）：1119-1122.

［23］　LI K.. Dynamic Performance of Water Seals and Fatigue Failure Probability Updating of a Hydraulic Steel Sluice Gate［J］. Journal of Performance of Constructed Facilities，2016，30（4）：04015082.

［24］　严根华，阎诗武，骆少泽，等. 高水头船闸阀门振动动力可靠度研究［J］. 振动、测试与诊断，1996，16（2）：36-43.

［25］　刘世康，张家瑞. 主横梁式弧形闸门的优化设计［J］. 水力发电，1984，31（6）：19-24.

［26］　刘礼华，曾又林，段克让. 表孔三支腿弧形闸门的优化分析和设计［J］. 水利学报，1996，41（7）：9-15.

［27］　蔡元奇，李建清，朱以文，等. 弧形钢闸门结构整体优化设计［J］. 武汉大学学报（工学版），2005，38（6）：20-23.

［28］　KHOLOPOVA I S，BALZANNIKOVA M I，ALPATOV V Y et al. Girders of hydraulic gates optimal design［J］. Procedia Engineering，2016，153：277-282.

［29］　AZAD A K. Economic Design of Homogeneous I-Beams［J］. Journal of the Structural Division，1978，104（4）：637-648.

［30］　VACHAJITPAN P，ROCKEY K C. Design Method for Optimum Unstiffened Girders［J］. Journal of the Structural Division，1978，104（1）：141-155.

［31］　窦国桢. 钢闸门最优梁高计算公式［J］. 水力发电学报，1991，10（1）：35-45.

［32］　何运林. 钢闸门不等翼缘钢梁的最优梁高［J］. 水力发电学报，1992，11（2）：39-51.

［33］　王正中. 弧门双悬臂主梁最优梁高［C］. 大连：大连海运学院出版社. 1993：109-115.

[34] 崔丽萍. 钢闸门主框架梁梁高优化设计 [J]. 水力发电学报, 2011, 30 (5): 175 - 177.

[35] 严根华. 水工闸门自激振动实例及其防治措施 [J]. 振动、测试与诊断, 2013, 33 (S2): 203 - 208.

[36] 阎诗武. 水工弧形闸门的动特性及其优化方法 [J]. 水利学报, 1990, 21 (6): 11 - 19.

[37] 严根华, 陈发展. 曹娥江大闸工作闸门流激振动及抗振优化研究 [J]. 固体力学学报, 2011, 32 (S1): 439 - 450.

[38] 吴杰芳, 张林让, 陈敏中, 等. 三峡大坝导流底孔闸门流激振动水弹性模型试验研究 [J]. 长江科学院院报, 2001, 18 (5): 76 - 79.

[39] 张玉林, 樊恒鑫. 水工钢闸门的有限元计算方法 [J]. 西北大学学报 (自然科学版), 1978, 22 (1): 27 - 35.

[40] CHRISTOPHER M, ABELA, P. E. Recommendations on Building and Evaluating Three - Dimensional Finite - Element Models for Tainter Gates [J]. Practice Periodical on Structural Design & Construction, 2017, 22 (1): 04016016.

[41] 王正中, 赵延风. 刘家峡水电站深孔弧门按双向平面主框架分析计算的探讨 [J]. 水力发电, 1992, 18 (7): 41 - 44.

[42] 俞良正, 陶碧霞. 钢闸门面板试验主要成果与建议 [J]. 水力发电, 1986, 12 (10): 32 - 42.

[43] 范崇仁. 对钢闸门面板计算中的弹塑性调整系数的确定 [J]. 武汉水利电力学院学报, 1980, 13 (1): 17 - 22.

[44] 王正中, 徐永前. 对四边固支矩形钢面板弹塑性调整系数理论值的探讨 [J]. 水力发电, 1989, 15 (5): 39 - 43.

[45] 王正中, 余小孔, 王慧阳. 基于钢闸门设计规范屈服状态的面板弹塑性调整系数 [J]. 水力发电学报, 2010, 29 (5): 141 - 146.

[46] 张雪才, 王正中, 孙丹霞, 等. 中美水工钢闸门设计规范的对比与评价 [J]. 水力发电学报, 2017, 36 (3): 78 - 89.

[47] 王正中, 沙际德. 深孔钢闸门主梁横力弯曲正应力与挠度计算 [J]. 水利学报, 1995, 26 (9): 40 - 46.

[48] 王正中, 朱军祚, 谌磊, 等. 集中力作用下深梁弯剪耦合变形应力计算方法 [J]. 工程力学, 2008, 25 (4): 115 - 120.

[49] 刘计良, 王正中, 陈立杰, 等. 均布荷载作用下悬臂深梁应力计算方法 [J]. 清华大学学报 (自然科学版), 2010, 50 (2): 316 - 320.

[50] 王正中, 刘计良, 牟声远, 等. 深孔平面钢闸门主梁应力计算方法研究 [J]. 水力发电学报, 2010, 29 (3): 170 - 176.

[51] 刘计良, 冷畅俭, 王正中. 弧门主框架形式及其单位刚度比对主梁翘曲应力影响的研究 [J]. 水力发电学报, 2010, 29 (4): 179 - 183.

[52] 赵显慧, 赵加祯. 中小柔度钢压杆稳定性设计的通用公式 [J]. 力学与实践, 1996, 18 (3): 68

[53] 王正中. 钢压杆稳定设计的直接计算法 [J]. 力学与实践, 1997, 19 (5): 30 - 31.

[54] 何运林, 黄振. 弧形钢闸门柱的有效长度 [J]. 水力发电学报, 1987, 6 (1): 46 - 60.

[55] 蒋英勇, 孙良伟, 范崇仁. 弧形钢闸门支腿的稳定分析和试验 [J]. 武汉水利电力学院学报, 1987, 20 (3): 38 - 47.

[56] ISHII N, NAUDUSCHER E. A design criterion for dynamic stability of tainter gates [J]. Journal of Fluids and Structures, 1992, 6 (1): 67 - 84.

[57] 李世琴, 吴一红, 谢省宗, 等. 五强溪水电站高水头船闸输水系统动水压力与反向弧门流激振动 [J]. 水利学报, 1998, 29 (12): 28 - 33.

[58] 严根华, 陈发展. 溢流坝表孔弧形闸门流激振动原型观测研究 [J]. 水力发电学报, 2012, 31 (2): 140 - 145.

[59]　胡木生，杨志泽，张兵，等. 蜀河水电站弧形闸门原型观测试验研究 [J]. 水力发电学报，2016，35（2）：90 - 100.

[60]　吴杰芳. 三峡船闸反弧门水弹性振动初步试验研究 [J]. 长江科学院院报，1995，12（1）：67 - 73.

[61]　KOLKMAN P A. A simple scheme for calculating the added mass of hydraulic gates [J]. Journal of Fluids and Structures，1988，2（4）：339 - 353.

[62]　周建方，李国瑞. 弧门主框架自振频率计算 [J]. 水利学报，1995，40（4）：49 - 55.

[63]　古华，严根华. 水工闸门流固耦合自振特性数值分析 [J]. 振动、测试与诊断，2008，28（3）：242 - 246.

[64]　严根华，阎诗武. 水工弧形闸门的水弹性耦合自振特性研究 [J]. 水利学报，1990，35（7）：49 - 55.

[65]　THANG N D，NAUDASCHER E. Vortex - excited Vibrations of Underflow gates [J]. Journal of Hydraulic Research，1986，24（2）：131 - 151.

[66]　ERDBRINK C D，KRZHIZHANOVSKAYA V V，SLOOT P M A. Reducing cross - flow vibrations of underflow gates：Experiments and numerical studies [J]. Journal of Fluids and Structures，2014，50（6）：25 - 48.

[67]　FARHANG D，SHAILENDRA K S，et al. Dynamic analysis of a gate - fluid system [J]. Journal of Engineering Mechanics，2004，130（12）：1458 - 1466.

[68]　练继建，郭捷山，刘昉. 泄洪低频声波诱发房屋卷帘门振动分析研究 [J]. 水利学报，2015，46（10）：1207 - 1212.

[69]　ISHII N，IMAICHI K，YAMASAKI M. Dynamic instability of tainter gates [C]//Sym on Practical Experiences with Flow - induced Vibrations，1980：452 - 460.

[70]　ISHII N. Folsom dam gate failure evaluation based on modal analysis and suggestion [R]. Report Submitted to USBR，1995.

[71]　ANAMI K，ISHII N. Flow - induced dynamic instability closely related to Folsom dam tainter gate failure in California [J]. Flow Induced Vibration，2000：205 - 212.

[72]　ANAMI K，ISHII N. Dynamic instability of Folsom dam tainter gate and its failure analysis [C]// Proceedings of Dynamics and Design Conference. Tokyo：Japan Science and Technology Agency，2002：1194 - 1199.

[73]　ANAMI K，ISHII N，KNISELY C W，et al. Hydrodynamic pressure load on Folsom dam tainter - gate at onset of failure due to flow - induced vibrations [C]//Proceedings of ASME Pressure Vessels and Piping Conference. Denver：ASME，2005：557 - 564.

[74]　练继建，彭新民，崔广涛，等. 水工闸门振动稳定性研究 [J]. 天津大学学报，1999，32（2）：171 - 176.

[75]　严根华. 水工闸门流激振动研究进展 [J]. 水利水运工程学报，2006，34（1）：66 - 73.

[76]　牛志国. 高水头弧形闸门设计准则若干问题研究 [D]. 南京：河海大学，2008.

[77]　刘计良. 高水头弧形钢闸门主框架强度及动力稳定性分析方法研究 [D]. 杨凌：西北农林科技大学，2015.

[78]　RIGHINIOTIS T D，CHRYSSANTHOPOULOS M K. Probabilistic fatigue analysis under constant amplitude loading [J]. Journal of Constructional Steel Research，2003，59（7）：867 - 886.

[79]　RICH T P，TRACY P G. Probability based fracture mechanics for impact penetration damage [J]. International Journal of Fracture，1997，13（4）：409 - 430.

[80]　武延民. 钢结构脆性断裂的力学机理及其工程设计方法研究 [D]. 北京：清华大学，2004.

[81]　杨世浩. 水工弧形闸门流激振动的 MR 智能半主动控制仿真研究 [D]. 武汉：武汉理工大学，2005.

［82］ 瞿伟廉，刘晶，王锦文，等．水工弧形闸门振动的智能半主动控制［J］．武汉理工大学学报，2006，28（10）：55－57.

［83］ 盛涛，金红亮，李京，等．液体质量双调谐阻尼器（TLMD）的设计方法研究［J］．振动与冲击，2017，36（8）：197－202.

［84］ CAO J，CAI K，WANG P F，et al．Multiple materials layout optimization in a layered structure［J］．Mechanics & Industry，2016，17（4）：404.

［85］ 赵春龙．大型水工弧门树状柱结构稳定及优化研究［D］．杨凌：西北农林科技大学，2013.

［86］ NERDINGER W．Frei otto complete works：Lightweight construction natural design［M］．Boston Berlin：Birkhäuser Basel，2005.

［87］ ALLEN E，ZALEWSKI W．Form and forces：Designing efficient，expressive structures［M］．New York：John Wiley & Sons，2009.

［88］ HUNT J，HAASE W，SOBEK W．A design tool for spatial tree structures［J］．Journal of the International Association for Shell and Spatial Structures，2009，50（1）：3－10.

［89］ 马洪步，沈莉，高博青，等．钢管树状仿生结构的稳定性设计［J］．建筑结构，2009，39（12）：97－99.

［90］ 陈发展，严根华．中国特性水闸关键技术研究［M］．南京：河海大学出版社，2015.

［91］ 黄民水，朱宏平，李炜明．基于改进遗传算法的桥梁结构传感器优化布置［J］．振动与冲击，2008，27（3）：82－86.

［92］ 何龙军，练继建，马斌．基于Moran′sI指标的水工结构传感器优化布置［J］．水力发电学报，2014，33（3）：246－252.

［93］ 郑东健，远近．水工建筑物安全监测布置优化方法研究［J］．水力发电学报，2012，31（5）：236－240.

［94］ 胡木生，杨志泽，徐俊，等．基于改进随机子空间法的弧形闸门模态参数辨识［J］．水电能源科学，2015，33（11）：164－167.

［95］ 盛旭军，胡木生，张兵，等．弧形闸门流激振动原型观测试验技术研究［J］．水利技术监督，2016，24（1）：7－11.

［96］ SURRE F，SUN T，Kenneth T．Fiber Optic Strain Monitoring for Long－Term Evaluation of a Concrete Footbridge Under Extended Test Conditions［J］．IEEE Sensors Journal，2013，13（3）：1036－1043.

［97］ MATTA F，FILIPPO B，NCSTORE G．Distributed strain measurement in steel bridge with fiber optic sensors：validation through diagnostic load test［J］．Journal of performance of constructed facilities，2008，22（4）：264－273.

［98］ 刘礼华，欧珠光，陈五一．水工钢闸门检测理论与实践［M］．武汉：武汉大学出版社，2008.

［99］ KAMAT V R，MARTINEZ J C．Visualizing Simulated Construction Operations in 3D［J］．Journal of computing in civil engineering，2001，15（4）：329－337.

［100］ HE B B，HU B，YEN H W，et al．High dislocation density－induced large ductility in deformed and partitioned steels［J］．Science 10.1126/science．aan0177（2017）.

［101］ 隋庆海，赵刚．关于未来铸钢节点发展趋势与出路的探讨［J］．建筑钢结构进展，2012，14（5）：29－34.

［102］ 王来永，庞志华，李承昌，等．一种粘钢用结构胶［P］：CN101921566B.

［103］ 卢子兴，赵亚斌，陈伟，等．金属泡沫填充薄壁圆管的轴压载荷-位移关系［J］．力学学报，2010，42（6）：1211－1218.

［104］ 张琳．双拱空间钢管结构体型优化及泡沫填充构件研究［D］．杭州：浙江大学，2008.

Research Progress and Development Trend of Large Hydraulic Steel Gate

Abstract: With the construction and development of high dams and large reservoirs, the water head, orifice, and discharge of the large scale and light hydraulic steel gate in water conservancy and hydropower engineering drainage building become higher or larger. The safety and flexible operation of hydraulic steel gate ensures the whole dam and downstream people's life and property security. On the basis of a comprehensive analysis of the research progress and achievements of hydraulic steel gate at domestic and overseas, the main problems to be studied and the future development direction are pointed out. The research of large hydraulic steel gate mainly focus on the following key scientific and technological problems: reasonable layout of large radial gate space frame structure under the comprehensive conditions, optimization design method based on spatial structure system reliability, calculation theory and method of deep beam, plate, rigid frame structure, radial gate space frame dynamic stability and vibration control under flow induced vibration, failure mechanism of low cycle fatigue under cold environment, structure innovation of light stable bionic tree of hydraulic steel gate, structure and hydraulic characteristics optimization of ecological landscape of special type steel gate, whole life cycle of hydraulic steel gate safety intelligent monitoring and diagnosis, super steel material and glue welding and other new technology development and application.

旱区寒区输水渠道防渗抗冻胀
研究进展与前沿

王正中

摘要：渠道在农业灌溉和长距离调水工程中作为首选输水形式发挥着重要的作用。但因旱区寒区输水渠道渗漏与冻胀互为因果形成恶性循环，导致渠道渗漏、冻胀、隆起、架空、失稳滑塌等冻融老化破坏普遍且严重，直接影响工程输水效率及渠道的安全运行与效益发挥。该文着重从探究渠道冻融破坏机理而进行的室内试验和现场原型监测、工程力学模型、水-热-力耦合数值模型及防渗抗冻胀技术等方面论述了旱区寒区输水渠道防渗抗冻胀的研究进展；在此基础上，指出了太阳辐射、冻融、盐渍化等复杂环境及冬季输水、水位骤降等运行工况下的渠道多场耦合破坏机理及相应的多场耦合数值模型、衬砌-冻土相互作用模型、失效准则与设计方法、防渗抗冻胀措施标准化及渠道灾变过程与防控技术等渠道防渗抗冻胀有待研究的问题和难点；探讨了完善和提升旱区寒区渠道防渗抗冻胀的设计理论与方法、建立全生命周期内的灾变链动态演变预警模型等未来发展方向及趋势，为旱区寒区输水渠道工程科学设计与安全高效运行提供指导。

1 引言

长距离调水工程和灌区建设是缓解中国北方旱区水资源紧缺、发展灌溉农业的主要手段[1-4]，渠道输水因造价低、输水效率高、施工简单、易于管理等优点，已成为其主要输水方式[4]。截至 2017 年年底，中国灌区的灌溉面积达到 7395 万 hm^2，居世界首位，万亩以上灌区数量达 7839 处，干支渠道总长度超过 80 万 $km^{[5]}$；调水工程里程亦居世界首位，输水干渠长度超过 1.38 万 km，年调水总量逾 900 亿 $m^{3[6]}$。南水北调东、中、西线组成的"三纵四横、南北调配、东西互济"大水网形成了中国合理调配水资源的大动脉。在此基础上延伸出的各类斗、农、毛渠及配水管网构成了水资源配送的"毛细血管"，对中国经济社会的持续发展奠定了坚实的水资源基础。

但是，中国北方旱区大多分布于季节性冻土区（以下称旱寒区），其低温达 $-10\sim-40℃$，高频短周期突变温差达 $10\sim50℃$，且广泛存在膨胀土、分散性土、湿陷性黄土、溶陷性土等特殊土[7]。该区修建的输水渠道在渗漏与冻融耦合作用下形成的渗-冻互馈恶性循环破坏机制，导致工程冻胀破坏普遍且严重，常出现鼓胀、隆起、翘起、架空、失稳滑塌等破坏形式。据统计，黑龙江省某大型灌区支渠以上渠系的 83% 以上的工程[8]、吉林省某大型灌区的 39.4% 工程[9]、新疆的北疆渠道半数以上的干支渠、青海万亩以上灌区的 $50\%\sim60\%^{[10]}$ 以及内蒙古、宁夏、陕西、甘肃、山东等地均存在严重的冻害问题。因冻害导致渗漏产生的水损失占总引水量的 $30\%\sim60\%$，渠系水利用系数平均不到 0.5，加之灌区未衬砌渠道约占总渠道长度的 70%～80%，使得每年损失水量占农业总用水量的近50%[1,11]。因此，对水资源极缺并依靠调水维持生产和生活的旱区寒区而言，渠道的渗漏和冻害问题已成为旱区寒区灌区健康发展和调水工程安全高效运行的瓶颈之一。

寒区渠道的渗漏和冻胀破坏是基土水-热-力耦合冻胀及其与衬砌板不协调变形作用的结果，受太阳辐射、空气热对流、降水、蒸发等外界环境及基土性质、含水率、地下水位、断面形式和衬砌结构等共同影响。早期吕鸿兴等[12-13]指出了中国寒区修建的衬砌渠道存在严重的冻胀渗漏问题，初步探讨了冻害发生原因及防治措施。在渠道冻胀破坏机理研究方面，Taber[14]初步探讨了冻土的水-热-力耦合冻胀机理，李安国等[15-16]结合现场监测和室内渠道模型试验得到了基土冻胀和衬砌板变形等基础数据，阐述了渠道冻胀破坏机理，为深入研究渠道冻胀破坏的定量模型和防控措施选择奠定了基础；在渠道冻胀破坏工程力学模型方面，王希尧[13]初步给出了衬砌板受到的冻胀力和冻结力分布，王正中[17]基于极限平衡法建立了衬砌结构的计算简图及内力计算方法，给出了衬砌结构冻胀力和冻结力的依存关系，为寒区渠道定量设计提供简明方法；在渠道冻胀数值模拟方面，Harlan[18]提出的水动力学模型为冻土冻胀多场耦合模拟提供参考，安维东等[19]提出的水-热-力耦合和王正中等[20]提出的热力耦合渠道冻胀模型，为寒区渠道设计提供了指导；在防渗抗冻胀措施方面，提出了保温板、渠基土换填、土工膜防渗、基土排水及设缝和断面优化或厚板结构等适应或抵抗变形的衬砌结构[21]，初步形成了旱寒区渠道防渗抗冻胀理论与技术体系。

日本、俄罗斯、欧美等国对冻土冻胀机理及其数值模型有着深入研究，寒区输水渠道防渗抗冻胀主要采用钢筋混凝土矩形渠槽＋换填土的复合形式或混凝土厚板等以抵抗为主的措施，加之在寒区调水工程中多采用隧洞或在多年平均冻深以下布置涵管或压力管道的方式，渠道或其他建筑物冻胀破坏轻，但整体造价高，输水能耗大[21-22]；同时这些国家水资源相对充沛，调水工程较为发达。而中国旱区寒区地域广大且水资源极缺，调水及灌区建设需求很大，仍需优先选择经济可行、建管方便的渠道工程。

目前，中国旱区寒区大型灌区和调水工程得到快速发展，输水渠道规模逐渐由中小型向大型过渡，原有渠道渗漏、冻胀破坏、老化失修严重，加之气温骤变、暴雨洪水、盐碱化等极端条件频发，对渠道防渗抗冻胀理论技术提出了更高的要求。本文系统分析了基于室内外试验探究的渠道冻融破坏机理、工程力学模型、数值模型和防渗抗冻胀技术等方面的进展、前沿难点问题及整体理论技术的发展趋势，旨在为旱寒区渠道防渗抗冻胀设计理论提升和预警模型构建从理论走向实际、从工程经验走向科学体系奠定基础。

2 渠道冻融破坏机理研究进展

旱区寒区干湿冻融交变环境下渠基冻土与衬砌相互作用复杂，基土与衬砌材料性能随光热、水分、土性及结构形式演变剧烈。开展室内与现场试验研究是明晰渠道冻融破坏机理的重要手段。

2.1 土体冻融变形机理的单元试验

单向冻结试验始于 100 多年前，用于模拟半无限基础的单向冻结过程。Taber 等[14,23]通过该试验观察到了分凝冰的存在，探明了水分迁移和聚集成冰是土体冻胀的主要原因，指出了土质、含水率和冻结速率是影响土体冻胀的主要因素，由此冻土研究由简单的水冰相变问题逐渐提升到包含了热量传递、水分迁移、冰水相变、土体和结构约束变形的水、热、力三场耦合冻胀问题。其中针对冻土内水分迁移规律和分凝冰形成机理两大难题展开了系统研究。

20 世纪 80 年代前主要为冻土冻胀理论的建立阶段，Everett[24]基于毛细理论，以冰水界面处弯液面形成的压力差作为水分迁移的主要驱动力，结合冰水界面热力学平衡方程，建立了毛细管理论，即第一冻胀理论。后续试验证明了此公式对单分散颗粒组成的土样的适用性，但会过低估计级配土的冻胀性，其迁移水量过大，且无法解释分凝冰的形成机制[25]。针对此问题，Miller[26]认为在冻结锋面与冰透镜体暖端间存在低含水率、低导湿率和无冻胀的冻结缘，在 Harlan 水热耦合方程[18]基础上，提出了冻结缘内有效应力表达式[27]，对冰透镜体的萌发及位置进行了量化，建立了冻结缘理论，即第二冻胀理论。因这一时期试验设备差，制约了冻胀理论的进一步发展。

20 世纪 80 年代后，单向冻结试验向细观化、清晰化、实时化发展，CT 扫描成像[28]、核磁共振[29]、电镜扫描[30]等微观测试技术得到快速发展，试样冷生结构发展、颗粒变形过程和未冻水含量、水分迁移可进行实时无损检测，同时可观察到冰透镜体的形成、冰水界面和结构特征；基于热容量测量的基质势传感器 pF meter[31]，可实时测量土体未冻、正冻、冻结过程中基质势的实时变化规律；基于非饱和土的渗透系数试验[32]，建立了与土体温度或与含冰量有关的渗透系数模型。基于上述试验，可进一步理解冻土中的水分迁移及分凝冰的形成规律。

针对冻土应力变形特性，多采用单轴、三轴压缩试验，分析温度、围压、加载速率、冻融循环次数和土质等因素对冻土强度和应力-应变曲线的影响，提出了横观各向同性、非线性弹性、弹塑性、黏弹塑性等冻土本构[33-37]及横观各向同性冻胀本构[34]。当前试验研究集中于宏观力学的描述，有必要进一步将细微观机理与冻土宏观研究成果相结合来阐述冻土的破坏过程，形成较为统一的冻土本构理论体系。

2.2　渠道冻融破坏机理的现场监测

对于由衬砌、垫层、基土、水分等多种介质组成，且具有水流、光热和力学时空变化特征的输水渠道系统而言，开展真实环境下渠道系统水、热、力各参数的现场原型监测是探索其冻胀破坏机理的重要手段。在李安国[15]总结的气温、降水量、地温、水分及冻胀量和冻胀力的现场观测技术和观测数据基础之上，众多学者[8,38-41]相继分析了外界环境作用下渠道基土内温度场、水分场和衬砌板变形场等变量的发展变化过程，对比了采用保温板、复合衬砌和防渗毯等措施下的上述变量变化过程，并对其效果进行评价。

然而，现场环境恶劣，监测费用巨大，并且数据稀少。特别是衬砌结构与断面、地下水、土质、气象、水文地质等空间变异性大，传感器易损坏，监测数据的准确性和稳定性难以保证。因此，应加强高新技术应用和典型地区现代化原型观测站的建设。

2.3　渠道冻融破坏机理的室内模型试验

相比于原型监测，低温实验可精确控制复杂的外界环境，模拟渠道系统的冻融破坏过程，通过单、多因素分析比较研究冻胀破坏机理和防冻胀措施的效果等[42-45]。结合上述现场监测结果，综合做出如图 1 所示的渠道冻融破坏机理图，即渠水渗漏与基土冻胀的

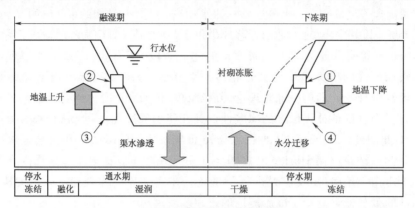

(a) 渠道湿-干-冻-融演变过程

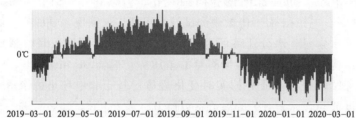

(b) 典型季节性冻土区年均温度变化

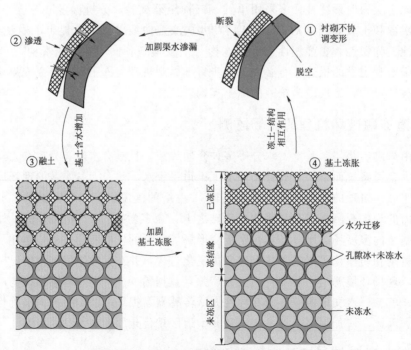

(c) 渠道渗-冻互馈破坏过程及机理，对应图(a)中关键点

图 1　渠水渗漏与基土冻胀的渗-冻互馈机制

渗-冻互馈机制。其中，渠道冻融破坏是由基土水-热-力耦合冻胀及其与衬砌相互作用所致，基土的冻胀受温度梯度、冻结速率、初始含水和地下水的共同制约。干冻期，渠道基土内的水分在毛细作用和温度梯度作用下迁移集聚于冻结深度范围内并分凝成冰，使基土产生冻胀，最大变形常发生在 $1/4 \sim 1/3$ 渠坡位置和渠底中心处；同时基土与衬砌间通过冻结的冰层来传递冻结力和冻胀力，二者不协调变形作用下可能产生衬砌与土体的脱空和衬砌的偏心受拉，导致冻胀破坏，产生裂缝；融湿期，基土内的冰层融化产生融沉，基土强度降低，基土与衬砌间冰层融化，可能导致基土与衬砌脱离滑塌或整体滑坡现象。同时渠道内行水位下的水分沿着衬砌板裂缝渗漏到基土内，增加了基土的含水率，这会导致在干冻期的基土冻胀现象加剧，渠道冻胀破坏严重，进一步引发融湿期渠道的渗漏加剧，二者恶行循环往复，这是渠道冻融破坏的机理。

基于渠道冻胀破坏机理的防冻胀措施效果验证方面，Li 等[43-45]分别研究了土工袋换填、铰接式浅隙排水膜袋、保温板等措施，为寒区渠道防冻胀设计提供指导。然而，室内模型试验相似律不够完备，无法反映出渠道冻胀过程中水、热、力等因素的尺寸效应和时间效应。学者结合土工离心模型试验设备与低温模拟系统开发了低温离心模型试验系统[46-47]，进行了渠道冻融过程的离心试验，效果较好[48]，但仍存在传统对流降温方式慢、分凝冰演化过程及水分迁移的相似理论和传感器的尺寸效应等问题。

需要强调的是，旱区寒区渠道渠水渗漏蒸发强烈，伴随产生严重的土壤盐碱化，目前已对含盐冻土的强度变形特性、水盐迁移规律进行了大量研究[49-50]，但渠道盐冻胀破坏机理研究较少；同时渠坡的冻融滑塌和冬季输水渠道破坏机理亦不清晰，有待研究。

3 渠道冻胀破坏工程力学模型研究进展

基于室内、室外试验揭示的渠道冻胀破坏机理及规律，以衬砌结构为研究对象，建立不同类型衬砌渠道的冻胀破坏力学模型，对渠道冻胀变形规律、破坏位置和程度进行分析判断，可有效指导工程设计。

3.1 材料力学模型

王正中[17]根据渠道冻胀变形分布规律，将衬砌板简化为承受法向冻胀力、法向及切向冻结力、衬砌间相互约束的两端简支梁。其中法向冻胀力和切向冻结力沿衬砌线性分布，法向冻胀力在坡顶为 0，坡底最大（q_0），底板两端与临近坡脚相等；底板上抬产生的顶推力（N）与坡板产生切向冻结力平衡，坡顶为 0，坡脚最大（f_0），底板忽略切向冻结力，各力间维持静力平衡极限状态，如图 2 所示。

针对水力和抗冻胀性能优良的弧底梯形渠道（图 3），根据其冻胀变形特征和分布规律，建立了通用的曲线形渠道冻胀力学模型[51]。

上述模型的建立主要基于工程力学理论，依据极限平衡法建立衬砌结构的整体受力平衡方程，建立了法向冻胀力与法向、切向冻结力及约束反力之间的依存关系，进一步计算出衬砌板上任一点的弯矩、轴力及剪力值。依据最大拉应变准则建立衬砌板的拉裂破坏判据，提出了渠道抗冻胀设计与强度复核的定量方法[17]。基于对上述力学模型的完善，申

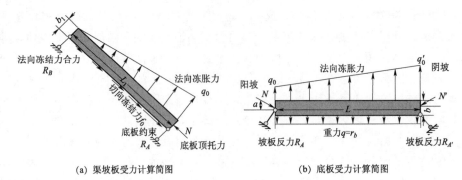

(a) 渠坡板受力计算简图　　　　　　　　　　　(b) 底板受力计算简图

图 2　梯形渠道衬砌板受力计算

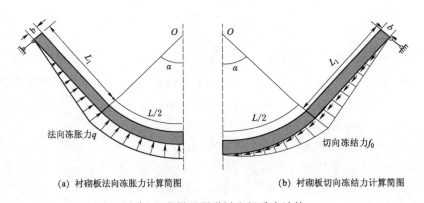

(a) 衬砌板法向冻胀力计算简图　　　　　　　(b) 衬砌板切向冻结力计算简图

图 3　弧底梯形渠道衬砌板受力计算

［注：L、L_1 分别为坡板和弧底板长度，m；α 为坡板的坡角，（°）；

法向冻胀力和切向冻结力沿中心线对称，仅画一半。］

向东等[52]建立了预制混凝土衬砌梯形渠道的力学模型；孙杲辰等[53]基于断裂力学推导了衬砌渠道冻胀破坏的断裂力学模型；宋玲等[54]引入桩的抗冻拔验算方法，建立了冬季无冰盖输水渠道的力学模型。上述力学模型不仅使寒区渠道有了量化的设计方法，而且揭示了宽浅式渠道抗冻胀的机理和解除冻结约束可减小法向冻胀力和冻胀破坏的机理，为后续研究奠定了理论基础。

3.2　弹性力学模型

材料力学模型提供了简明实用的工程设计方法，但不能反映出衬砌与冻土相互作用动态变形协调的本质。针对此，肖旻等[55]假设渠基冻土为 Winkler 弹性地基，建立了法向冻胀力与地下水埋深、冻胀强度的关系式，考虑了大型渠道法向和切向冻胀强度差异及衬砌板的冻缩应力[56]，分析了有、无冰盖作用的衬砌渠道应力变形规律[55-57]。随后，视冻土为预压缩的 Winkler 弹簧地基，其自由冻胀被衬砌约束而产生的冻胀力与冻结力、衬砌板与冻土地基的变形协调及渠基土与衬砌受力平衡，可得到考虑二者相互作用的冻胀力和冻胀变形分布，从而引入冻胀位移这一稳定性评价指标，建立了渠道冻胀破坏的弹性地基梁模型[58]。然而该模型仍采用简支梁支撑，弱化了冻土与衬砌板的相互作用。为此，李宗利等[59]将切向冻结力也视为平行于衬砌板的弹簧，结合规范中基土的自由冻胀量，采用短梁理论构建了弹性地基梁模型。但切向冻结力对弹性地基梁计算的影响及其与法向冻胀力的关系、冻土与衬砌间的地基系数以及边界约束条件的选取仍有待于进一步研究。

4 渠道冻胀多场耦合数值模型研究进展

渠道冻胀破坏是基土与衬砌结构在水-热-力多场耦合下相互作用的结果，相比工程力学模型，数值模型机理清晰，可计算复杂环境下全寿命周期内的渠道冻胀力学动态响应。

4.1 冻土冻胀的多场耦合数值模型

20世纪70年代，Harlan[18]首次提出水热耦合的水动力学模型，将土水势融入达西定律的驱动项，将水-冰相变潜热融入土体等效热容，可预测水分分布及冻结锋面的推进过程。随后Taylor等[60]根据未冻水含量与土水势间单值函数来确定水分迁移的驱动力，以土体内含冰量临界值作为土体冻胀的条件，使水热耦合模型具有了实际应用价值。20世纪80年代，Konrad提出的分凝势模型[61]和Miller提出的刚性冰模型[62]影响较大。前者将水分迁移率视为冻结锋面附近的分凝势与其温度梯度之积，依赖试验测定，属于半经验性模型；后者假设冻结缘中的冰与正生长的冰透镜体紧密连在一起，以水分迁移速度作为土体冻胀速度，但参数较多影响了实际应用。Shen等[63]将水动力学模型与力学模型相结合，视冻胀为体积应变，提出了考虑蠕变的水-热-力耦合模型，模拟效果较好。20世纪90年代，基于质量、动量、能量平衡定律提出了热力学模型[64]，但仅能描述冻胀定性机理，实际应用局限性较大；同时期王正中等[20]基于有限元法视冻土与结构于一体，提出了冻土与结构相互作用的"冷胀热缩"热力耦合模型，物理力学概念明确、软件通用、结果合理且计算成本低；随后众多学者广泛开展了渠道冻胀的水-热-力耦合模型研究。

4.1.1 "冷胀热缩"热力耦合模型

因渠基土体冻结缓慢，假设为稳态热传导问题；暂不考虑水分迁移这一复杂过程，将水、热、力耦合作用下的冻土简化为具有正交各向异性冻胀特征的冷胀热缩材料，各向冻胀系数依靠冻胀变形、冻深和温度监测值来确定。基于此模型，分析了温度、土质、断面形式、地下水位等因素对渠道冻胀的影响[21]，探究了太阳辐射[65]和昼夜温差[66]等作用下渠道的冻胀破坏机理，计算了保温板[67]、阻排水[21]、换填土[68]及自适应结构[69-71]等措施的削减冻胀效果，该模型在水-热-力耦合模型不成熟且计算机性能有限的条件下发挥了重要作用，对渠道冻胀规律的掌握起到重要作用，也为寒区渠道冻胀设计起到指导作用。

4.1.2 水-热-力耦合冻胀模型

水-热-力耦合冻胀模型可考虑水分迁移和冰水相变等特征，科学解释冻土的冻胀变形特性，减少对现场监测的依赖，并预测水热环境变化下的冻土冻胀发展过程，广泛应用于煤炭开采、桩基、路基和渠道等工程的设计校核中[72-74]，本节重点对渠道工程的水-热-力耦合模型的发展进行综述。

Li等[8-10,19,75]利用自编程序对渠道冻胀进行了三场耦合分析，但因自编程序及前、后处理复杂，受众不广，难以在工程上推广使用。Liu等[76]采用COMSOL多物理场耦合软件建立了水-热-力耦合模型；基于此王文杰[77]在 COMSOL 中构建了渠道冻胀的三场耦合模型；但因模型收敛较慢，刘月等[78]采用相变区间及光滑函数分析冰水相变潜热，采用达西定律和 Clapeyron 方程描述饱和基土内的水分迁移，收敛性提高，但该模型依赖冻胀量的监测结果。为克服此弊端，王正中等[79-81]根据原位水和迁移水的结冰量，以总含水率大于基土孔隙率时开始冻胀[63]，修正了沿温度梯度方向的主冻胀；王羿等[82]依据设计规范[83]中不同种类土体的冻胀率与冻深值和地下水位的关系，修正了冻胀量计算公式。上述两种冻胀量修正方法可依据水热耦合结果中的含冰量、冻深或地下水位来计算渠道冻胀量，摆脱了对现场监测值的依赖性。但上述模型主要针对饱和土，且假定迁移水完全冻结，为此，Liu 等[34]采用 Richards 方程，考虑层状分凝冰的冷生构造对应力变形的影响，推导出了冰透镜体-土层理想结合条件下的冻土横观各向同性弹塑性力学本构，进一步建立了非饱和土的横观各向同性冻土冻胀模型，使模型的普适性和精确性得到全面提高，但上述模型并未考虑融沉，数值模型有待进一步发展。值得注意的是，灌区盐碱化日益严重，水-热-力-盐耦合盐冻胀模型得到快速发展[84-85]，有待进一步结合析晶成冰准则和盐冻胀互馈机制修正模型。

4.2　渠道基土-衬砌相互作用模型

渠基土与衬砌间冰、水含量随温度变化，冻结力与冻胀力随之变化且规律复杂，是渠道衬砌冻胀破坏的本质原因。目前，冻土与混凝土界面间的接触力学特性主要通过室内低温直剪试验完成，冻土的初始含水率、冻结温度、法向压力、土质等因素对界面间相互作用力及其应力-应变关系和冻结强度具有重要影响[86-90]。应力-应变曲线呈现出应变软化现象，采用摩尔-库伦强度理论将界面间峰值强度分解为残余强度和冰胶结强度，其中残余强度由结构-基土间的黏聚力和摩擦力组成，冰胶结强度主要与界面形成的分凝冰层有关；冷季时分凝冰层形成并传递作用力，暖季时融化而造成渠坡失稳。

基于试验，陈良致等[91]建立了峰值强度前的龚帕兹三参数本构模型来反映弱 S 形趋势。董盛时等[92]建立了应力-位移-温度双曲线本构模型。李爽等[93]建立了衬砌-冻土相互作用的双曲线接触数值模型。Zhang 等[94]采用侧阻软化模型描述胶结冰剪断后的应变软化过程，拟合精度提高。基于此，Liu 等[95]采用 COMSOL 软件建立了考虑含水率、温度和法向压力的接触面模型。江浩源等[81]采用 COMSOL 软件中的弹性薄层单元来模拟渠道衬砌-冻土间接触行为，结合基土水-热-力耦合模型，可较好地反映出分凝冰层对界面力学特性的影响，至此已初步形成考虑基土冻胀和界面接触的渠道三场耦合冻胀模型。王羿等[82]进一步模拟了渠道衬砌-土工膜-冻土间相互作用，建立了复合衬砌渠道冻胀的接触模拟方法。

5　渠道防渗抗冻胀技术及措施研究进展

寒区渠道冻胀破坏是由"温-水-土-结构"相互作用所致，需从这 4 个因素着手来回避、适应、削减或消除冻胀，保障渠道安全。目前已进行了较多渠道防渗抗冻胀措施的探索、论证、现场示范及工程应用，可总结为如图 4 所示 4 类技术来简述进展。

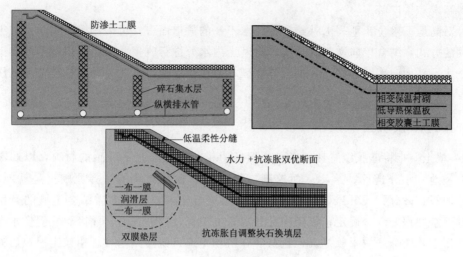

图 4　渠道防渗抗冻胀措施

5.1　渠道"保蓄温"技术

低温冻结是渠道冻胀破坏的首要原因,"保蓄温"技术是渠道防冻胀的有效技术,具体是指在衬砌板下方铺设低导热系数保温板,对渠道基土进行蓄热保温,以避免基土冻结或减少冻深,削减冻胀。保温材料、厚度、铺设方式已得到较多研究[38-39,45,67],在内蒙古河套灌区[38]、宁夏引黄灌区[39]进行了大规模试验和使用,防冻胀效果显著。目前,常用的保温材料有模塑聚苯乙烯苯板(Expanded PolyStyrene)、挤塑板(eXtruded PolyStyrene)等,具有质轻、耐压、保温等优良性能。采用保温板时允许渠道下存在部分冻深,但需保证冻胀量满足设计标准,其厚度选择至关重要。过薄易存在极低温环境下的保温失效问题,过厚则增加工程费用。值得注意的是,在水分补给充足的渠道中,保温板会降低土体冻结速率,使冻深发展缓慢但水分迁移总量增加,反而会加大冻胀变形,因此需根据环境温度及含水率情况,谨慎设计保温板厚度。同时亦可采用高热容相变保温板或相变胶囊土工膜[96],利用其相变能调蓄热量,进一步提高保温效果。但各种保温材料的耐久性特别是在干湿冻融循环作用下的热力学和力学性能老化问题值得关注。

5.2　渠道防渗与排水技术

渠道渗-冻互馈破坏引发渗漏水损失严重,是产生冻胀的主要原因,可通过合理控制基土含水率,减少因水分集聚产生的冻胀破坏,以提高渠系水利用系数[97]。其中,防渗材料、排水措施的选择至关重要。

防渗材料的选择原则是就地取材,因地制宜。主要包括混凝土、沥青、砌石和复合土工膜等传统防渗材料,以及膜袋混凝土、膨润土防渗毯、土工织物复合材料、聚合物纤维混凝土等新型材料,同时还有以化学改良、纳米改性为手段对传统材料进行性能提升,如土壤固化剂和纳米改性材料等。实践表明混凝土与土工膜的复合衬砌防渗效果耐久可靠,是工程普遍采用的复合防渗抗冻胀措施,而新型再生混凝土、纤维涂层、环保防渗耐久等新材料开发前景广阔。

　　针对高地下水位、地表水补给多或排水不畅的渠道而言，可采用碎石集水层和纵横排水管网的方式，结合单向逆止阀系统，将基土内水分进行收集并排走，以减少衬砌渠道由于地下水不断地向冻结锋面迁移加剧冻胀破坏，防止快速退水时衬砌结构整体因扬压力过大而发生水胀破坏。

5.3　渠道"换填土"技术

　　"换填土"指将冻胀敏感性的细粒土置换为粗粒土等冻胀不敏感的材料，以切断毛管水上升和地下水分迁移补给，从而控制冻胀量[68]。换填材料的选择原则也是就地取材，常采用卵石、砂砾石或纤维砂袋等弱冻胀性土进行换填，其厚度需结合土壤的类别、冻深、地下水埋深等综合确定，该措施在甘肃景电工程、内蒙古河套灌区、北疆供水等工程中广泛使用，防冻胀效果较好。但近些年在机场跑道、铁路路基发现粗粒土换填后亦存在冻胀破坏问题：一是因为细粒土的筛选不严格；二是因为地表冷板"锅盖效应"作用下使粗粒土中水气迁移凝霜而造成冻胀[98]。鉴于此，有待进一步采用粗细分层复合压实处理来切断水、气迁移聚集；或采用化学材料改性渠基土，使土中冰点降低或增强土的憎水性，以改进传统的换填土措施。

5.4　渠道"释放力"技术

　　"释放力"是指通过调整渠道断面形状或衬砌结构形式，协调基土与衬砌间变形及相互作用，增强衬砌适应基土冻胀变形的能力，以削减冻胀破坏。相较于梯形渠道而言，弧底梯形渠道、弧形坡脚梯形渠道、U形渠道因梯形脚弧形化而使冻胀力分布均匀化，适应变形能力增强而得到广泛应用；同时亦出现了一些新型衬砌形式，通过在冻胀较强的部位加厚衬砌来抵抗冻胀，如肋形平板、楔形板或中部加厚板[21]。为使渠道过水流量大且冻胀变形小，王正中等[21,80]提出了"水力＋抗冻胀"双优断面的设计方法，得到了相应环境下的最优断面形式。摒弃以"抗"为主而采用"抗适协调"的思路，王正中等[69-71,81-82]提出了双膜垫层及"适变断面"等自适应结构来协调衬砌与渠基冻胀变形，主要创新思路如图5所示。其中，双膜垫层即在衬砌板和渠基土间利用2层土工膜的相对滑动来减少冻结力约束，从而削减和调整衬砌板受到的冻胀力及其分布；"适变断面"是采用弧形脚替换梯形脚或采用合适的柔性缝来吸收衬砌板的挤压变形，适当释放冻胀变形而

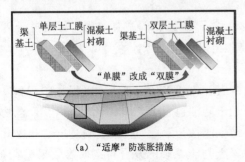

(a)"适摩"防冻胀措施

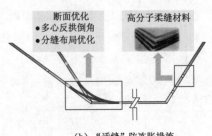

(b)"适缝"防冻胀措施

图5　"自适应结构"防冻胀措施

减少冻胀力。目前数值仿真确定出了适应冻胀变形的合理双膜布置方式和纵缝的位置、宽度、个数及其组合方案，防冻胀效果显著。这些精确控制双膜间摩擦力的"适摩"和合理设置纵缝的"适缝"技术的实践效果，有待进一步的现场试验验证。

6 渠道防渗抗冻胀研究前沿和难点

随着中国旱区寒区大型灌区、调水工程及各类灌区升级改造的发展，渠道工程建设逐渐向大型化、现代化、标准化发展。在强太阳辐射、极端寒冷与土地盐碱化等严酷环境影响下，渠道面临的冬季输水、冰期输水、水位骤降及行水-停水-冻胀-融沉等运行工况更加复杂，其渗漏与冻融破坏形式多样，机理复杂，这对渠道防渗抗冻胀理论和技术提出了更高要求和挑战。目前形成的旱寒区渠道防渗抗冻胀理论和技术体系仍需在工程实践中不断提升，最终建立：①旱寒区输水渠道科学设计及安全校核的设计理论、方法与规范；②旱寒区渠道全生命周期风险科学预警模型和评价体系。

6.1 复杂环境工况下的渠道破坏机理

渠道运行环境和工况复杂，其在太阳辐射、春融、盐渍化等外界环境以及冬季输水、水位骤降等运行工况作用下发生复杂的多场耦合作用，其破坏机理尚未完全明晰，有待进一步发展。具体包括：

（1）太阳辐射作用下渠道阴、阳坡发生水、热、力的不均匀、不对称、不同步变化，冻胀破坏存在差异，未来需结合室内外试验探索太阳辐射对渠基冻土水、热、力分布的影响规律，揭示高寒强辐射区太阳辐射对渠道冻胀破坏的影响规律和冻胀破坏机理。

（2）春季渠道的融沉滑塌现象明显，但其破坏机制尚不清楚。未来有必要结合室内模型试验，动态监测春融期间的水、热、力变化规律，辅以电镜扫描、核磁共振等微观手段，明晰渠道的冻融劣化机理。

（3）咸寒区渠道盐冻胀破坏突出，基土冻结条件下水盐迁移规律和盐冻胀耦合互馈关系尚不明晰，未来有必要结合试验分析冻土中水、热、盐的变化规律，探明析晶-成冰规律，突破盐胀-冻胀的耦合互馈关系，揭示渠道破坏的水-热-力-盐耦合机制。

（4）冬季输水无冰盖运行工况，气候环境、渠水渗漏、水体温度综合影响基土的水、热、力耦合作用，虽水体具有一定的保温作用，但渠水渗漏会加大基土的含水率，加大低温区冻胀变形量，尤其在水面附近不均匀冻胀变形较大，产生破坏；而针对冰盖运行工况，除上述因素影响外，冰盖生消、冰盖的厚度、静冰压力的发展、水位变幅波动产生的冰盖与衬砌板相互作用，导致冰-冻胀耦合破坏。未来可结合模型试验手段，明晰冬季输水渠道的破坏机制。

（5）渠道水位骤降时，渠坡反渗压力过大引起渠道产生水胀（扬压力）破坏，但具体作用机理不够清晰。未来需结合试验分析基土、衬砌板、土工膜渗透系数及渠道降水方式等对衬砌板底部扬压力的影响，以明晰渠道水位下降时的渠道水胀破坏机制。

6.2　渠道破坏的多场耦合数值模拟

基于复杂环境工况下的渠道破坏机理，建立并完善描述渠基土冻融、渗漏、盐冻胀过程与衬砌结构应力变形响应的多物理场耦合模型，是提升旱寒区渠道设计理论的基础，仍存在以下难点问题需解决：

（1）渠道热边界的准确性是决定渠道温度场计算合理性的先决条件，宜考虑不同走向渠道太阳辐射的周期变化及昼夜冻融循环影响，为此需进一步研究渠道太阳辐射模型，确定太阳辐射参数和下垫面的合理取值；同时研究风场作用下渠道断面形状、衬砌材料物理特性与表面吸热及风速分布的对流换热模型，建立准确的渠道热边界条件，以实现考虑阴、阳坡及断面形状影响的渠道温度场的准确计算。

（2）冻融作用下渠基土的水-热-力动态耦合模型是渠道冻融破坏分析的核心部分，目前以水热全耦合与应力场单向耦合构成的多场耦合模型来分析渠基土的冻胀弹性变形较为成熟，而力学参数与水热参数间全耦合冻胀、融沉模型和冻融循环下的弹塑性损伤模型研究仍是难点。有必要通过单轴和三轴冻土加载试验，结合基质势、水分、温度等传感器，研究应力场参数与土水特征曲线、冻结曲线等水热参数的耦合关系；研究不同荷载下基土的温度、水分分布与融沉系数的关系，综合建立渠道的冻胀-融沉模型；研究冻融循环过程中基土传热系数、土水特征曲线、冻结曲线等水、热、力参数的变化规律，建立各参数的动态预测模型；建立冻土的冻融劣化本构数值模型，以建立完善的冻土水-热-力耦合冻融劣化数值模型，以分析渠基土的冻融劣化、剥蚀与滑塌过程。

（3）在水-热-力耦合模型基础上，研究盐分对各场参数的影响规律，如冻结曲线、土水特征曲线、渗透系数、力学参数等，建立统一预测模型，结合咸寒区渠道盐冻胀破坏机制，建立相应的水-热-力-盐四场耦合数值仿真模型，为咸寒区工程设计和建筑物盐冻胀破坏防治提供理论指导。

（4）寒区渠道衬砌板在冻土冻胀融沉作用下发生破坏，以往的衬砌-冻土相互作用研究中多限于单次冻结状态下研究含水率、温度、法向压力等因素对接触面力学特性的影响，仅建立了数学拟合关系，物理意义不明确且精度较差，导致数值计算的衬砌板应力变形大于试验监测值而失真。如何反映冻土与结构界面反复冻结融化循环过程中相互作用的物理本质，建立正确的接触模型及其参数是当前面临的难题。探究在长期反复多次冻融循环下衬砌-分凝冰-冻土的界面强度和应力应变特性，分析界面间冻胀力、冻结力的发展演化过程及接触面的性能退化演变规律；理论上建立接触面黏塑性损伤模型，从损伤状态变量、损伤模型参数、蠕变参数与温度、含水率、冻融循环次数等变量的关联出发来建立接触面间力学本构模型，结合冻土耦合模型，实现界面间应力变形特性与冰、水含量的动态分析，最后建立旱区寒区基土与衬砌相互作用的渠道冻融破坏模型，综合分析衬砌的冻胀、融沉、鼓胀、错动、脱空和滑塌等破坏。

6.3　失效准则与设计方法

失效准则是旱区寒区渠道防渗抗冻胀量化设计的阈值指标，包括强度、刚度、稳定性等。目前规范仅采用不可恢复的法向最大冻胀量这单一失效准则，无法反映渠道冻融破坏的多种类型，且设计方法也仅是定性判断及工程类比，无法满足复杂环境下高标准、大规模渠道工程建设的需要。目前虽面向渠道衬砌结构抗冻胀设计提出了材料力学和弹性力学等工程力学模型，但仅采用了拉应力或最大变形等单一失效准则，多种破坏类型的系统失效准则以及模型中假设衬砌受到的冻胀力和冻结力分布规律有待修正。因此，未来仍需结合大型工程原型试验和水-热-力耦合数值模拟手段，以气候气象、渠道走向、温度、基土含水率、地下水位、土质、断面及结构形式、渠道规模等为基本变量，探究渠道的冻融破坏形式及其所对应的工程力学模型，并结合模型求解量，推导获得反映结构破坏临界状态的强度、刚度和稳定性等指标量的不等式关系，提出系统性的渠道冻融破坏失效准则。在此基础上，结合诸如"防渗抗冻胀与适应冻胀协调""水力＋抗冻胀"双优化等设计理念，对渠道断面尺寸和衬砌尺寸、接缝等参数进行量化设计，并可结合数值模型对上述渠道进行验算，形成工程力学模型设计、数值模型校核的旱寒区渠道结构防冻融破坏的设计方法及标准，指导实际工程设计。

6.4 防渗抗冻胀措施定量化设计

设计规范中多以控制临界冻深和冻胀量的原则选取渠道的防渗抗冻胀措施，但条例较模糊，无明确的定量化指标可供参考。如高地下水位区或渗漏区的纵横排水管和排水井的联合布置形式、保温板的厚度、换填层的粒径要求和换填深度、梯形脚弧形化的结构尺寸等无定量化设计标准，以及"适摩""适缝"措施的工程效果等均未知。未来有必要结合室内模型试验和大量现场实测分析排水管和抽排水井的布置方式、尺寸和抽排效率对渠基土渗流场和地下水位的影响规律；探究考虑太阳辐射影响的保温板厚度对冻土水、热、变形等综合指标量的影响规律；分析换填层的土料级配、不同压实度下的冻胀量变化规律及换填深度对渠道冻胀变形的影响机理；研究不同梯形脚转化的弧度和结构尺寸下的衬砌板应力变形分布，最终辅以数值模拟手段，确定出不同区域、气温、土质、地下水位和基土含水率、渠道走向等影响下的防冻胀措施选取依据及定量化设计方案，并结合现场监测修正上述措施，编制标准化规范化的数字化设计软件，最终形成不同因素影响下的防渗抗冻胀技术体系。

6.5 全生命周期渠道工程安全灾害链动态式预警模型

输水渠道常年经历着行水、停水、冻结、融化等多种工况的周期往复作用，老化损伤长期累积，时间效应强，超出一定阈值后产生的衬砌鼓胀、裂缝、错动、渠坡滑塌等破坏形式并非单一存在，而是相互关联、同源转化，短期静态的安全评价不能满足全生命周期安全高效运行的需求。未来需在大量监测试验数据、数值模拟结果形成的数据库之上，基于灾害链理论，将导致渠道破坏的环境因素、运行工况、渠基土质、渠道结构形式及灾害形式等变量进行定性分类，并采用神经网络等多种算法建立各变量间关系，以建立灾害链动态预警模型。该模型需要更加全面、准确的现场监测手段以获得渠道内部信息的实时动态变化。目前，传统渠道监测手段以常规温度、水分、位移传感器及水准仪等静态观测为主，能全面反映渠基土内冻胀力、渗漏量、地下水、热流量及外部辐射、风、蒸发量等动态灾害因子变化的监测手段将成为寒区渠道灾害链分析的重要信息源，继而可通过监测数据并结合渠道水-热-力耦合冻胀模型分析灾害链的驱动过程,以有针对性地采取防控措施及时预警、及时修复,为保障工程全生命周期的安全与健康运行提供理论与技术支撑。

7　结语

中国有关旱区寒区输水渠道冻胀破坏机理试验、工程力学模型、数值模型及防渗抗冻胀技术等研究已取得长足发展,从早期的小比尺粗糙试验逐渐过渡到大型低温实验室内精确测量的大比尺试验,以及加装降温系统的冻土模型离心装置,使模型试验具有了较好的时空效应;由早期凭经验进行渠道的防冻设计,逐渐过渡到依据简明的工程力学设计方法,提升了渠道防冻胀设计理论;从早期的水-热耦合或热-力耦合模型发展到考虑冰水相变、水分迁移及横观各向同性冻胀特征的水-热-力耦合冻胀模型,更加符合冻土冻胀本质。同时,渠道防渗抗冻胀研究仍然面临着诸多理论与技术难题有待解决,如特殊土地区的冻胀、盐胀、冰盖下输水渠道的冰胀、应急快速退水导致的水胀等问题。随着中国西部旱区寒区灌区建设和调水工程的大规模发展,建立复杂环境下不同规模旱区寒区渠道环境荷载响应分析、安全设计、灾害防治和全寿命周期安全预警与评价的一整套具有中国特色的渠道安全理论体系是必然趋势。

参　考　文　献

[1] 张楚汉,王光谦.我国水安全和水利科技热点与前沿 [J].中国科学:技术科学,2015,45 (10):1007-1012.

[2] 杨开林.长距离输水水力控制的研究进展与前沿科学问题 [J].水利学报,2016,47 (3):424-435.

[3] 高占义.我国灌区建设及管理技术发展成就与展望 [J].水利学报,2019,50 (1):88-96.

[4] 邓铭江.中国西北"水三线"空间格局与水资源配置方略 [J].地理学报,2018,73 (7):1189-1203.

[5] 中华人民共和国水利部.中国水利统计年鉴 (2018) [M].北京:中国水利水电出版社,2018:59-61.

[6] JIA J S. A technical review of hydro-project development in China [J]. Engineering,2016,3:88-109.

[7] 邢义川.特殊土渠道的稳定性 [J].水力发电学报,2013,32 (1):254-262.

[8] LI S Y, ZHANG M Y, TIAN Y B, et al. Experimental and numerical investigations on frost damage mechanism of a canal in cold regions [J]. Cold Regions Sci Tech,2015,116:1-11.

[9] LI S Y, LAI Y M, PEI W S, et al. Moisture-temperature changes of freeze-thaw hazards on a canal in seasonally frozen regions [J]. Nat Hazards,2014,72 (2):287-308.

[10] LI S Y, LAI Y M, ZHANG M Y, et al. Centrifuge and numerical modeling of the frost heave mechanism of a cold-region canal [J]. Acta Geotech,2019,14 (4):1113-1128.

[11] 叶知晖,吴建东.浅析我国农田灌溉渠道防渗技术研究进展 [J].水利规划与设计,2020 (6):113-115,167.

[12] 吕鸿兴.混凝土冻害及防止措施问题的初步探讨 [J].农田水利与水土保持利,1965 (1):

18 –23.

[13] 王希尧.关于渠道衬砌冻害的初步分析 [J].水利水电技术,1979 (9):39 –42.

[14] TABER S. The Mechanics of Frost Heaving [J]. J Geol,1930,38 (4):303 –317.

[15] 李安国.大 U 形混凝土渠道冻胀试验 [J].人民黄河,1987 (4):39 –43.

[16] 李安国,陈瑞杰,杜应吉,等.渠道冻胀模拟试验及衬砌结构受力分析 [J].水利与建筑工程学报,2000,6 (1):5 –16.

[17] 王正中.梯形渠道砼衬砌冻胀破坏的力学模型研究 [J].农业工程学报,2004,20 (3):24 –29.

[18] HARLAN R L. Analysis of coupled heat – fluid transport in partially frozen soil [J]. Water Resour Res,1973,9 (5):1314 –1323.

[19] 安维东,吴紫汪,马巍.冻土的温度水分应力及其相互作用 [M].兰州:兰州大学出版社,1989.

[20] 王正中,沙际德,蒋允静,等.正交各向异性冻土与建筑物相互作用的非线性有限元分析 [J].土木工程学报,1999,32 (3):55 –60.

[21] 李甲林,王正中.渠道衬砌冻胀破坏力学模型及防冻胀结构 [M].北京:中国水利水电出版社,2013.

[22] U. S. Department of the Interior Bureau of Reclamation. Guidelines for performing foundation investigation for miscellaneous structure [R]. Denver:Technical Service Center,2004.

[23] Beskow G. Soil freezing and frost heaving with special application to roads and railroads [C]. The Swedish Geological Society Year Book No. 3. Chicago:Northwestern University,1935.

[24] EVERETT D H. The thermodynamics of frost damage to porous solids [J]. Trans Faraday Soc,1961,57:1541 –1551.

[25] JACKSON K A. Frost heave in soils [J]. J Appl Phys,1966,37 (2):848.

[26] MILLER R D. Freezing and heaving of saturated and unsaturated soils [J]. Highw Res Rec,1972,393:1 –11.

[27] MILLER R D. Lens initiation in secondary heaving [C]. Proceedings of the International Symposium on Frost Action in Soils. Sweden:Luleå Alltryck AB,1977:68 –74.

[28] CAI C,MA W,ZHOU Z W,et al. Laboratory investigation on strengthening behavior of frozen China standard sand [J]. Acta Geotech,2019,14 (1):179 –192.

[29] TIAN H H,WEI C F,LAI Y M,et al. Quantification of water content during freeze – thaw cycles:A nuclear magnetic resonance based method [J]. Vadose Zone J,2018,17 (1):1 –12.

[30] ZHOU J,TANG Y. Experimental inference on dual – porosity aggravation of soft clay after freeze – thaw by fractal and probability analysis [J]. Cold Regions Sci Tech,2018,153 (9):181 –196.

[31] HU D,YU W B,et al. Experimental study on unfrozen water and soil matric suction of the aeolian sand sampled from Tibet Plateau [J]. Cold Regions Sci Tech,2019,164:1027 –1084.

[32] WATANABC K,OSADA Y. Comparison of hydraulic conductivity in frozen saturated and unfrozen unsaturated soils [J/OL]. Vadose Zone J,2016. 2020 – 01 – 10. Doi:10. 2136/vzj2015. 11. 0154.

[33] 王正中,袁驷,陈涛.冻土横观各向同性非线性本构模型的实验研究 [J].岩土工程学报,2007,29 (8):1215 –1218.

[34] LIU Q H,WANG Z Z,LI Z C,et al. Transversely isotropic frost heave modeling with heat – moisture – deformation coupling [J]. Acta Geotech,2020,15 (5):1273 –1287.

[35] ROTTA LORIA A F,FRIGO B,CHIAIA B. A non – linear constitutive model for describing the mechanical behaviour of frozen ground and permafrost [J]. Cold Regions Sci Tech,2017,133:63 –69.

[36] LIU E L,LAI Y M. Thermo – poromechanics – based viscoplastic damage constitutive model for sat-

urated frozen soil [J]. Int J Plasticity, 2020, 128: 1026 - 1083.

[37] CHANG D, LAI Y M, YU F. An elastoplastic constitutive model for frozen saline coarse sandy soil undergoing particle breakage [J]. Acta Geotech, 2019, 14 (6): 1757 - 1783.

[38] 银英姿, 张栋, 冯超, 等. 内蒙古临河地区渠道衬砌工程保温防冻胀试验研究 [J]. 排灌机械工程学报, 2016, 34 (10): 867 - 871, 877.

[39] 武慧芳, 陆立国, 顾靖超. 宁夏引黄灌区典型渠段苯板防冻胀试验研究 [J]. 人民黄河, 2018, 40 (6): 155 - 159.

[40] 姜海波, 田艳. 季节冻土区刚柔混合衬砌梯形渠道冻胀机理试验 [J]. 农业工程学报, 2015, 31 (16): 145 - 151.

[41] 冯有亭, 陆立国. 膨润土防渗毯渠道衬砌防冻胀试验研究 [J]. 水利水电技术, 2016, 47 (12): 87 - 92.

[42] 王羿, 王正中, 刘铨鸿, 等. 寒区输水渠道衬砌与冻土相互作用的冻胀破坏试验研究 [J]. 岩土工程学报, 2018, 40 (10): 1799 - 1808.

[43] LI Z, LIU S, WANG L J, et al. Experimental study on the effect frost heave prevention using soilbags [J]. Cold Regions Sci Tech, 2013, 85: 109 - 116.

[44] 孙亚东, 周继元. 铰接式潜隙排水模袋研究 [J]. 东北水利水电, 2016, 34 (12): 41 - 43, 71.

[45] XU J, WANG Q Z, DING J L, et al. Frost Heave of Irrigation Canals in Seasonal Frozen Regions [J]. Advances in Civil Engineering, 2019.

[46] LANGHORNE P J, ROBINSON W H. Effect of acceleration on sea ice growth [J]. Nature, 1983, 305 (5936): 695 - 698.

[47] 陈湘生, 濮家骝, 殷昆亭, 等. 地基冻-融循环离心模型试验研究 [J]. 清华大学学报: 自然科学版, 2002, 42 (4): 531 - 534.

[48] 张晨, 蔡正银, 黄英豪, 等. 输水渠道冻胀离心模拟试验 [J]. 岩土工程学报, 2016, 38 (1): 109 - 117.

[49] XU J, LAN W, LI Y F, et al. Heat, water and solute transfer in saline loess under uniaxial freezing condition [J]. Comput Geotech, 2020, 118: 1019 - 1033.

[50] CHANG D, LAI Y M, YU F. An elastoplastic constitutive model for frozen saline coarse sandy soil undergoing particle breakage [J]. Acta Geotech, 2019, 14 (6): 1757 - 1783.

[51] 王正中, 李甲林, 陈涛, 等. 弧底梯形渠道砼衬砌冻胀破坏的力学模型研究 [J]. 农业工程学报, 2008, 24 (1): 18 - 23.

[52] 申向东, 张玉佩, 王丽萍. 混凝土预制板衬砌梯形断面渠道的冻胀破坏受力分析 [J]. 农业工程学报, 2012, 28 (16): 80 - 85.

[53] 孙杲辰, 王正中, 王文杰, 等. 梯形渠道砼衬砌体冻胀破坏断裂力学模型及应用 [J]. 农业工程学报, 2013, 29 (8): 108 - 114.

[54] 宋玲, 欧阳辉, 余书超. 混凝土防渗渠道冬季输水运行中冻胀与抗冻胀力验算 [J]. 农业工程学报, 2015, 31 (18): 114 - 120.

[55] 肖旻, 王正中, 刘铨鸿, 等. 开放系统预制混凝土梯形渠道冻胀破坏力学模型及验证 [J]. 农业工程学报, 2016, 32 (19): 100 - 105.

[56] 肖旻, 王正中, 刘铨鸿, 等. 考虑冻土双向冻胀与衬砌板冻缩的大型渠道冻胀力学模型 [J]. 农业工程学报, 2018, 34 (8): 100 - 108.

[57] 葛建锐, 王正中, 牛永红, 等. 冰盖输水衬砌渠道冰冻破坏统一力学模型 [J]. 农业工程学报, 2020, 36 (1): 90 - 98.

[58] 肖旻, 王正中, 刘铨鸿, 等. 考虑冻土与结构相互作用的梯形渠道冻胀破坏弹性地基梁模型 [J]. 水利学报, 2017, 48 (10): 1229 - 1239.

[59] 李宗利，姚希望，杨乐，等．基于弹性地基梁理论的梯形渠道混凝土衬砌冻胀力学模型［J］．农业工程学报，2019，35（15）：110-118.

[60] TAYLOR G S，LUTHIN J N．A model for coupled heat and moisture transfer during soil freezing［J］．Can Geotech J，1978，15（4）：548-555.

[61] KONRAD J M，MORGENSTERN N R．The segregation potential of a freezing soil［J］．Can Geotech J，1981，18（4）：482-491.

[62] O'Neill K，MILLER R D．Exploration of a rigid ice model of frost heave［J］．Water Resour Res，1985，21（3）：281-296.

[63] SHEN M，BRANKO L．Modelling of coupled heat，moisture and stress filed in freezing soil［J］．Cold Regions Sci Tech，1987，14：237-246.

[64] FREMOND M，MIKKOLA M．Thermomechanical modeling of freezing soil［J］．Ground Freezing，1991，91：17-24.

[65] 王正中，芦琴，郭利霞．考虑太阳热辐射的混凝土衬砌渠道冻胀数值模拟［J］．排灌机械工程学报，2010，28（5）：455-460.

[66] 王正中，芦琴，郭利霞，等．基于昼夜温度变化的混凝土衬砌渠道冻胀有限元分析［J］．农业工程学报，2009，25（7）：1-7.

[67] 郭瑞，王正中，牛永红，等．基于 TCR 传热原理的混凝土复合保温衬砌渠道防冻胀效果研究［J］．农业工程学报，2015，31（20）：101-106.

[68] 刘月，王正中，李甲林，等．景电工程干渠块石换填措施抗冻融效果评价［J］．人民黄河，2018，40（4）：147-149，156.

[69] 王正中，刘旭东，陈立杰，等．刚性衬砌渠道不同纵缝削减冻胀效果的数值模拟［J］．农业工程学报，2009，25（11）：1-7.

[70] 刘旭东，王正中，闫长城，等．基于数值模拟的"适变断面"衬砌渠道抗冻胀机理探讨［J］．农业工程学报，2010，26（12）：6-12.

[71] 刘旭东，王正中，闫长城，等．基于数值模拟的双层薄膜防渗衬砌渠道抗冻胀机理探讨［J］．农业工程学报，2011，27（1）：29-35.

[72] TOUNSI H，ROUABHI A，TIJANI M，et al．Thermo-Hydro-Mechanical modeling of artificial ground freezing：Application in mining engineering［J］．Rock Mech Rock Eng，2019，52（10）：3889-3907.

[73] BEKELE Y W，KYOKAWA H，KVARVING A M，et al．Isogeometric analysis of THM coupled processes in ground freezing［J］．Comput Geotech，2017，88：129-145.

[74] NA S H，SUN W C．Computational thermo-hydro-mechanics for multiphase freezing and thawing porous media in the finite deformation range［J］．Comput Method Appl M，2017，318：667-700.

[75] 刘雄，宁建国，马巍，等．冻土地区水渠的温度场和应力场数值分析［J］．冰川冻土，2005，27（6）：932-938.

[76] LIU Z，YU X．Coupled thermo-hydro-mechanical model for porous materials under frost action：Theory and implementation［J］．Acta Geotech，2011，6（2）：51-65.

[77] 王文杰．冻土水热力三场耦合的衬砌渠道冻胀数值模拟研究［D］．杨凌：西北农林科技大学，2013.

[78] 刘月，王正中，王羿，等．考虑水分迁移及相变对温度场影响的渠道冻胀模型［J］．农业工程学报，2016，32（17）：83-88.

[79] 王正中，刘少军，王羿，等．寒区弧底梯形衬砌渠道冻胀破坏的尺寸效应研究［J］．水利学报，2018，49（7）：803-813.

[80] 王羿，刘瑾程，刘铨鸿，等．温-水-土-结构耦合作用下寒区梯形衬砌渠道结构形体优化［J］．清

华大学学报：自然科学版，2019，59（8）：645－654.

[81]　江浩源，王正中，王羿，等. 大型弧底梯形渠道"适缝"防冻胀机理及应用研究 [J]. 水利学报，2019，50（8）：947－959.

[82]　王羿，王正中，刘铨鸿，等. 基于弹性薄层接触模型研究衬砌渠道双膜防冻胀布设 [J]. 农业工程学报，2019，35（12）：133－141.

[83]　中国人民共和国水利部. 渠系工程防冻胀设计规范：SL 23—2006 [S]. 北京：中国水利水电出版社，2006.

[84]　TOUNSI H，ROUABHI A，JAHANGIR E. Thermo－hydro－mechanical modeling of artificial ground freezing taking into account the salinity of the saturating fluid [J]. Comput Geotech，2020，119：1133－1182.

[85]　ZHANG J，LAI Y M，LI J F，et al. Study on the influence of hydro－thermal－salt－mechanical interaction in saturated frozen sulfate saline soil based on crystallization kinetics [J]. Int J Heat Mass Tran，2020，146：1168－1188.

[86]　LIU J K，LV P，CUI Y H，et al. Experimental study on direct shear behavior of frozen soil－concrete interface [J]. Cold Regions Sci Tech，2014，104：1－6.

[87]　ZHAO L Z，YANG P，ZHANG L C，et al. Cyclic direct shear behaviors of an artificial frozen soil－structure interface under constant normal stress and sub－zero temperature [J]. Cold Regions Sci Tech，2017，133：70－81.

[88]　ZHAO L Z，YANG P，WANG J G，et al. Cyclic direct shear behaviors of frozen soil－structure interface under constant normal stiffness condition [J]. Cold Regions Sci Tech，2014，102：52－62.

[89]　WANG T L，WANG H H，HU T F，et al. Experimental study on the mechanical properties of soil－structure interface under frozen conditions using an improved roughness algorithm [J]. Cold Regions Sci Tech，2018，158：62－68.

[90]　HE P F，MU Y H，YANG Z H，et al. Freeze－thaw cycling impact on the shear behavior of frozen soil－concrete interface [J]. Cold Regions Sci Tech，2020，173，1024－1030.

[91]　陈良致，温智，董盛时，等. 青藏冻结粉土与玻璃钢接触面本构模型研究 [J]. 冰川冻土，2016，38（2）：402－408.

[92]　董盛时，董兰凤，温智，等. 青藏冻结粉土与混凝土基础接触面本构关系研究 [J]. 岩土力学，2014，35（6）：1629－1633.

[93]　李爽，王正中，高兰兰，等. 考虑混凝土衬砌板与冻土接触非线性的渠道冻胀数值模拟 [J]. 水利学报，2014，45（4）：497－503.

[94]　ZHANG Q Q，ZHANG Z M. A simplified nonlinear approach for single pile settlement analysis [J]. Can Geotech J，2012，49（11）：1256－1266.

[95]　LIU J K，WANG T F，TAI B W，et al. A method for frost jacking prediction of single pile in permafrost [J]. Acta Geotech，2020，15（2）：455－470.

[96]　HAGHI N T，HASHEMIAN L，BAYAT A. Effects of Seasonal Variation on the Load－Bearing Capacity of Pavements Composed of Insulation Layers [J]. Transport Res Rec，2016：87－95.

[97]　何武全，刘群昌，邢义川，等. 渠道衬砌与防渗工程技术 [M]. 北京：中国水利水电出版社，2015.

[98]　YAO Y P，WANG L. Double pot cover effect in unsaturated soils [J]. Acta Geotech，2019，14（4）：1037－1047.

Research Progresses and Frontiers on Anti – seepage and Anti – frost Heave of Canals in Cold – arid Regions

Abstract：Canals，as the preferred form of water conveyance，play an important role in the agricultural irrigation and long – distance water diversion projects in arid regions. However，the arid regions are mainly distributed in the seasonal permafrost regions in China，namely arid – cold regions. Due to the interaction between the canal seepage and frost heave，the freeze – thaw aging damages are more severe and common. The field investigation shows that the failure forms of canals include seepage，swelling，uplift，overhead，instability and collapse，and limit the safe operation and performance of canals seriously. In this study，the research progresses of the theories and technologies of anti – seepage and anti – frost heave for canals in arid – cold areas were summarized. Firstly，the mechanism of freeze – thaw failure and failure mode for canals was analyzed by indoor unit experiments，model experiments and field monitoring. Secondly，the engineering mechanical models of canal frost heaving failure were introduced based on limit equilibrium theory，such as material mechanics model and elastic mechanics model. Thirdly，multi – field coupling numerical models were developed including coupled heat – mechanics model，heat – water – mechanics model and the interaction model between frozen soil and canal lining. Lastly，the development processes of anti – seepage and anti – frost heave technologies for canals were expounded from four aspects：1）the thermal insulation and preservation technologies against the external low temperature on soil and heat loss；2）the anti – seepage and drainage technologies to reduce water content and water migration in soil；3）soil replacement with sand or gravel technologies；4）force release technologies by section structure optimization. With the increase of canal scale and upgrading demand for disrepair canals in harsh environment，the frost heaving failure mode was complex. The research frontiers and technical difficulties in this study mainly included：1）the multi – field coupling failure mechanism and failure mode in the complex environment，such as solar radiation，freeze – thaw cycles and salinization，and operation conditions，such as water conveyance in winter with or without ice cover and water level dropping；2）further development of multi – field coupling simulation model based on coupled heat – water – mechanics model covered the following aspects：canal thermal boundary with solar radiation and convective heat transfer model considering section form；canal damage model of freeze – thaw deterioration considering frost heaving and thawing of soil to analyze canal slope collapse；visco- plastic damage model for contact surface according to experiment on interfacial strength and stress – strain characteristics of lining – separated ice – frozen soil under freeze – thaw cycles；effects of salt on parameters of moisture field，thermal field and mechanical field and coupled heat – water – mechanics – salt model；3）the canal failure criterion determination including strength，stiffness and stability of structures combined with field monitoring and numerical model，then modified the engineering mechanical model from the aspects of frost heaving force and adfreezing force distribution and foundation coefficient，and eventually formed a set of design method using engineering mechanical model to design and numerical model to check；4）moisture，temperature and displacement changes under different anti – seepage and anti – frost heave measures of canals and standardization design combined with experiments，failure criterion and numerical model；5）the dynamic disaster process and prevention and control technologies of canals determination by the following methods：classified variables such as environmental factors，operating conditions，section forms and failure forms of canals based on the field monitoring data and numerical simulation results，and then established the relationship between the variables by neural network and other algorithms. Finally，the future research directions were discussed and included：1）complement of the design theory and method for anti – seepage and anti – frost heave；2）establishment of dynamic evolution forecasting model for disaster chain in the whole life cycle. These may help to provide guidance to scientific design and efficient operation of water conveyance canals in arid – cold areas.

第2部分

旱区水文水资源
研究进展

西北旱区水文水资源科技进展与发展趋势

黄 强

摘要： 西北旱区水资源短缺，生态环境脆弱，严重制约了社会经济可持续发展和生态环境良性循环。尤其是在变化环境下，全球气候变暖加快了冰川融化速率，西北旱区的水文要素和水资源都发生了剧烈变化。因此，综述西北旱区水文水资源科技进展与发展趋势具有重要的意义。本文在大量查阅国内外水文和水资源科技研究文献的基础上，简述了西北旱区水文水资源特点和存在问题，对水文水资源科技进展进行了较系统总结；同时，指出了旱区水文水资源科技的发展趋势，可为进一步研究旱区水文水资源关键学科问题和关键技术提供有益参考。

1 概述

我国西北干旱区位于东经 73°～106°和北纬 35°～50°，包括新疆全境、宁夏和内蒙古的绝大部分，甘肃河西走廊、青海柴达木盆地，以及山西、河北和陕西等省的部分地区[1]。

西北旱区大部分地区平均降水量在 400mm 以下，自东向西由 400mm 以下一直减少到 50mm 以下。蒸发量高达 1000～2800mm，降水少而蒸发大，使得西北地区具有水资源稀缺的特点。西北干旱区的水资源量为 1303 亿 m^3，约占全国总量的 5.7%，土地面积约为全国总面积的 35.9%，每平方千米水资源仅为 7.36 万 m^3，约为全国平均水平的 1/5。

西北旱区水文水资源特点主要包括水资源时空分布极其不均，年际、年内变化大，7—9 月径流量占年径流量的 70%以上，且丰、枯水年水量相差悬殊，通常两者比值达 5～10 倍，个别水文站的比值高达几十倍[2]。旱区水文水资源系统特征主要表现在：

（1）水系、降雨特征。绝大多数水系发源于高山地区，然后向盆地汇集，形成"向心式"水系。内陆干旱区地处欧亚大陆腹地，远离海洋，气候干燥，蒸发强烈，造成水资源极度匮乏；山区降雨多、平原区降水稀少，使得水资源分布极不均匀，给水资源开发利用带来困难。因此，在揭示水文水资源基本规律的基础上，进行水文预测、预报，利用水利工程合理调配水资源是一项宏观战略。

（2）水循环特征。山区是产流区，98%的水资源形成于山区降水；平原区产流较少，年平均降水量在 150mm 以下，是水资源主要扩散区与消耗区，地下水 80%来自地表水转化补给。因此，研究三水转化规律是首要任务。

（3）农业经济特征。农业以灌溉为主、耗水量大，形成了独特的"灌溉农业，荒漠绿洲"模式。因此，水利不仅是农业也是国民经济的命脉，研究水资源高效利用已成为热点。

（4）生态系统特征。由于水资源短缺，所以大部分地区生态环境十分脆弱。干旱区内陆河流域生态呈现干湿交替带、农牧交错带、森林边缘带，以及沙漠边缘带等多种形式的生态环境脆弱带，生态系统极度脆弱性，使其对水土资源开发响应强烈。因此，在变化环境下，识别旱区内陆河流域生态水文过变化，考虑生态的水资源合理配置是研究的难点问题。

西北干旱区水文及水资源系统主要存在的问题主要有：水资源匮乏且时空分布严重失衡、水资源利用效率低、节水意识和措施不到位、生态环境恶化、人工绿洲与天然绿洲结构严重失调，跨界河流水资源开发利用失控，干旱和洪水并存的水安全问题突出等。

同时，西北干旱区是对全球气候变化响应最敏感的地区之一[3]。多种模型模拟结果显示，如果 CO_2 的排放量以每年 1% 的速度递增，中亚干旱区平均温度的上升将超过全球平均上升水平的 40%[4]。在全球变暖的大背景下，西北干旱区以冰雪融水为基础的水资源系统变得更加脆弱。随着人口压力的不断增加和不合理的水资源开发活动的不断扩大，西北干旱区绿洲经济与荒漠生态两大系统的水资源供需矛盾也将更加尖锐[5]。

综上所述，研究干旱区的水文水资源问题和关键技术是十分迫切，也是十分必要的，对支撑社会经济可持续发展、生态环境良性循环具有重要意义。

2　水文科技进展

变化环境下，大气和陆面水循环发生了明显变化，西北干旱区的降水趋势也发生了变化，极端降水事件出现的概率增大，洪水的风险增加，干旱的发生概率也在增加。同时，气候变化也导致了水文系统出现变异现象，水文一致性假设不复存在。因此，亟待研究变化环境下水文基础学科问题。在中国科学院及中国自然科学基金的支持下，已经开展了"黑河重大计划""变化环境下工程水文计算的理论与方法""中国气候与海面变化及其趋势和影响研究"重大项目等，并取得了丰富的研究成果[6]。

水循环系统是气候系统的重要组成部分，气候变化必然引起水资源的时空变化，尤其是西北干旱地区流域，径流对气候的微小变化和波动非常敏感。中国西北干旱区生态系统十分脆弱，稳定性不高，容易受到各种自然因素和人为因素的影响，对全球变化极为敏感。在区域气候暖湿化背景下，西北旱区以山区降水和冰雪融水补给为主的水资源系统更为脆弱。气温升高加速了山区冰川消融和退缩，改变了水资源的构成，加剧了水资源的波动性和不确定性。在气候变化的作用下，西北干旱区独特的水文过程也发生了明显变化。研究表明，1961 年以来西北干旱区呈现明显暖湿化趋势，其中冬季增温最快，夏季降水增加速率最大。如新疆的伊犁河谷、塔城等地区增温趋势最大，北疆降水量增加最多。受气候变暖导致冰雪快速消融和山区降水增加的影响，西北干旱区西部的黑河、疏勒河、塔里木河出山口径流量显著增加；而东部河的流石羊河、渭河径流的补给主要靠降水，降水的减少导致径流呈现下降趋势[7]。

IPCC 第五次气候变化评估报告指出：过去半个多世纪以来，全球几乎所有地区都经历了升温过程[8]，变暖最快的区域为北半球中纬度地区包括中国西北干旱区[9]。西北干旱区径流主要来源于山区降水和冰雪融水，河川径流对冰川（积雪）的依赖性较强，气温升高加速了冰川融化使冰川水资源变得复杂，冰雪水文模型能够更好地研究变化环境下冰雪径流的变化情况。Murray 等[10]在 1995 年提出了一个低阶的非线性差分方程来描述冰川下部汇流过程，随后，Corne 等[11]用人工智能方法（遗传算法、神经网络、模糊数学等）改进了 Murray 和 Clarke 提出的模型算法。Fountain 等将一种类似电路分析的概念性集总模型应用到冰川融化汇流计算中。Arnold 等[12]把美国环保局开发的雨洪管理模型 SWMM（Storm Water Management Model）中的管网汇流子系统引入分布式冰川模型中。Luo 等[13]提出了模拟冰川面积变化的动态 HRU（Hydrological Response Unit）的概念，并利用 HRU 模拟了冰川面积渐变的过程和冰川物质积累、消融和蒸发的过程。同时，Luo 等[14]提出了"双库"基流算法，模拟雪冰补给河流丰水期快速消退，枯水期保持长时间相对稳定的径流过程形态，模拟效果显著提高，实现了西北干旱区内陆河流域包含雨、雪、冰三个元素的产流过程的分布模拟。中国冰雪水文模型发展较晚，较国外的理论和模型都有所欠缺，目前还没有开发出被国际认可的冰雪水文模型，冰川产流模块研究成为西北干旱区水文模型中不可或缺的一部分[15]。我国西北旱区冰雪模型开发重点应一方面集中在冰川和降雪数据基础数据的收集和积累；另一方面，结合遥感技术和 GIS 手段进行尺度转换，加强冰川内部水热耦合理论研究和水分迁移理论研究，构建适合西北干旱区的分布式冰雪水文模型。

旱灾是制约中国西北地区社会经济发展、农业生产和生态文明建设的重要自然灾害，而且随着气候变暖西北地区极端干旱事件发生频率和强度均呈增加趋势，影响不断加重[15]。随着西北地区社会经济的发展和生态文明建设的不断推进，该地区对干旱预警能力的依赖性日益增加，提高西北旱区干旱预测能力以有效应对干旱危害，已经成为变化环境下西北旱区亟待解决的重要科学问题。干旱预测研究的基础是干旱指数，在干旱指数研究方面，通常利用气象、径流和土壤湿度等资料，或用卫星遥感资料来建立不同的干旱指数。据世界气象组织统计，常用的干旱指数多达 55 种，如降水距平百分率、Palmer 干旱指数（Palmer Drought Severity Index，PDSI）、标准化降水指数（Standardized Precipitation Index，SPI）、标准化降水蒸散指数（Standardized Precipitation Evapotranspiration Index，SPEI）、相对湿润度指数、综合气象干旱指数（Compound Index，CI）等。Mo 等[16]利用多模型集成的方法对全球 SPI 进行了预测研究。Madadgar 等[17]构建了一种统计动力混合模型对美国西南的气象干旱进行了预测研究。杨肖丽等[18]利用统计降尺度和 SPI 对黄河流域气象干旱进行了预测研究。西北旱区干旱预测研究起步较晚，但干旱相关理论的研究已经比较完备，为干旱预测研究提供了有力的理论支撑。西北旱区的干旱预测研究的重点一方面应继续研究西北旱区干旱特征构建精准的干旱指标；另一方面应借鉴径流预测相关理论，构建适合西北旱区的干旱预测模型。

洪水灾害是一种不容忽视的自然灾害。变化环境下，西北干旱区极端降水事件出现的概率增大，洪水的风险增加，提高西北旱区洪水预报能力能够有效减少因洪灾引起的经济损失。洪水预报的理论基础是洪水演算和汇流理论。初期的洪水预报以"经验相关线"为典型代表，此方法简单实用，但预报精度不稳定，预报精度因人而异[19]。随着对水文过程认识的加深，开发了基于水文概念的物理模型，如中国的"新安江模型"、美国的"斯坦福模型"及"萨克拉门托模型"等[20-21]。此类模型参数较多,对数据的依赖性较强,精度不能满足实际精度要求,因此在实践中很难进行推广[22]。20 世纪 80 年代初,日本提出了一种纯数学模型"坦克模型",它通过多个线性水箱的串并联来模拟径流的运动,但此模型仍属于线性模型且在功能结构设计方面比较欠缺,难以准确、全面地模拟复杂的降雨径流形成过程,如对季节性气候变化强的流域以及人类活动干扰明显的流域的洪水预报就存在一定的问题[23]。随后具有物理意义的分布式水文模型被提出并得到了发展。丹麦、法国和英国的水文学者们联合开发并改进了 SHE 模型,开启了分布式水文模型研究的先河[24]。然后,SWAT 模型、THALES 模型、HEC 模型,VIC 模型等大批分布式水文模型相继被开发出来,为洪水预报提供了新的研究空间。随着计算机技术的高速发展,人工智能算法也为洪水预报提供了新的空间,BP、SVM、ARMA 等也被广泛应用到西北旱区的洪水预报[25]。变化环境下,西北旱区洪水预报研究重点一方面应尝试将水文模型与气象模型耦合,利用雷达观测降雨分布,对未来段时间的降雨进行预报,结合降雨预报利用水文模型进行洪水预报;另一方面应尝试先进的机器学习算法进行洪水预报。同时,洪水调度、洪水资源化、水库的旱限水位等已成为研究的热点问题。

生态水文过程是指水文过程与生物动力过程之间的功能关系[26],它是揭示生态格局和生态过程变化水文机理的关键[27]。不同于传统水文学,生态水文过程研究更重视不同生态系统及其变化与水文过程间相互关系的探讨。生态水文过程主要包括生态水文物理过程、化学过程及其生态效应。生态水文物理过程主要是指植被覆盖和土地利用对降雨、流域产汇流、蒸发、径流等水文要素的影响;生态水文化学过程主要指水质及水污染研究,生态效应研究主要包括植被生长和分布受水文要素的影响研究。西北干旱区具有明显的特点,高山冰川、森林草原、平原绿洲和戈壁荒漠构成了一个干旱区复合生态系统,生态系统要素之间相互依存,相互制约,水资源是维持该复合生态系统的纽带。此外,在旱区人类活动引起的荒漠化和绿洲化同时发生。因此,西北旱区生态水文过程具有特殊复杂性[28]。干旱区生态水文过程已初步开展研究,在水文方面已经基本掌握了内陆河流域黑河和塔里木河的生态水文循环过程的时空分布和变化规律[29],在干旱区植物水分生理方面对主要植物的耐旱性和林地的土壤水分已有较为清楚的认识[30]。西北旱区生态水文过程的研究,应加强干旱区天然植被格局及其生态水文学机制、具有水力提升功能的植物识别、确定植物吸收的水分来源、计算不同尺度的生态需水量,以及主要植被类型的生态地下水位等方面的研究[31]。

西北旱区国际河流众多,它们均位于新疆全境。北疆拥有中国唯一属于北冰洋水系的额尔齐斯河,它与哈萨克斯坦及俄罗斯相连;乌伦古河上游部分河水来自蒙古;额敏河水流入哈萨克斯坦的阿拉湖;发源于新疆的伊犁河流入哈萨克斯坦的巴尔哈什湖;其支流霍尔果斯河为界河。南疆也有很多国际河流,其中阿克苏河上游支流昆马力克河与托什干河的上游部分径流来自吉尔吉斯斯坦;克孜河上游部分水量也来自吉尔吉斯斯坦;帕米尔阿克苏河流入吉尔吉斯斯坦。虽然西北旱区拥有较多的国际河流,但主要的国际河流只有额尔齐斯河、伊犁河和阿克苏河。这三条国际河流的径流补给来源呈多样化,除了雨水、地下水补给,还包括高山冰雪融水和季节积雪融水。国际河流开发应坚持可持续发展的战略,对三个流域的水资源要保护和利用同时进行,以保证水资源的永续利用和发展[32]。

水、能源和粮食均是人类生存发展必不可少的资源，三者相互依存，联系紧密[33]。在人口增长、环境恶化、资源短缺、气候变化影响加剧的背景下，西北干旱地区水-能源-粮食之间的相互关系显得日益重要，如何保障水安全、能源安全和粮食安全是复杂的系统性问题[34]。当前，国内外在水-能源-粮食协同优化领域的研究尚处于起步阶段，主要成果包括：揭示了能源和粮食生产与水资源消耗之间的关联关系与反馈机制[35-39]，构建了水-能源-粮食的分析框架[40-42]，探索了互动关系模拟分析方法，提出了应对水-能源-粮食系统风险的措施[43-45]，并从作物品种改良[46]、用水效率改进[47-49]、水权交易[50]、水足迹和虚拟水贸易[51-53]等方面探讨了解决问题的途径。然而，水-能源-粮食之间存在复杂的相互作用和纽带关系，以往研究大多侧重于水-能源、水-粮食两两之间关系的改善，而忽视了水-能源-粮食之间的互馈关联作用，对三者之间纽带关系的定量揭示和整体优化研究较少，尤其是针对"一带一路"的水-能源、水-粮食问题，水文系统演化规律和水安全保障等涉足较少；同时，在系统优化方法和协同建模技术等方面研究不足[54]。

　　总的来说，西北旱区水文科技研究已取得长足进展。但是，由于水文资料短缺、监测手段相对落后、高科技应用不足等，还有许多基础科学问题没有得到解决，水文科技的含量及贡献也有待提高。

3　水资源科技进展

　　由于气候变化和人类活动的影响，西北整个地区呈现干旱化的趋势。研究表明，20世纪以来，全球气候变暖，中国西北地区变暖显著尤其是冬季升温明显。导致以冰川融水补给为主的河流将经历初期流量增加，后期大幅度减少的过程。西北干旱区水资源在空间上和时间上分布不均，在空间上水资源呈现出北多南少，西多东少的分布规律；在时间上，夏季降水占全年降水的80%左右。所以，西北旱区可用水量极为短缺，尤其是西北经济发达地区，缺水的矛盾日益尖锐。因此，开源节流、发展节水技术和跨流域调水是缓解水资源短缺的重要手段。同时，水资源合理配置和科学调控可以使水资源发挥最大综合利用效益。

　　西北大部分地区水资源开发利用程度已超过40%的国际警戒线，开源潜力不大，必须全面建立节水型社会，以水资源的可持续利用来促进区域经济可持续发展[55]。农业是西北干旱区的用水大户，应大力挖掘农业节水潜力，提高农业用水效率。实现农业节水必须要做到工程和管理两手抓。工程方面应推行节水灌溉，改造有节水潜力的大型灌区，提高农业用水有效利用系数。管理方面，进一步完善西北地区黄河干流、黑河干流和塔里木河干流等水资源统一调度，以提高水资源的合理配置。同时，应适当压缩耗水量大的农作物种植面积，发展特色农业，节约西北旱区宝贵的水资源。面对西北地区严峻的水资源短缺问题，还应调整工业结构，发展节水型工业，并在保障生活用水质量的前提下，实施用水定额控制管理制度，实行分段水价政策，鼓励节约用水。西北干旱区建设节水型社会仍面临一些问题，针对旱区水资源极度短缺的问题，一方面，应继续加大农业节水宣传和农业节水科技的研究提高西北地区农业用水有效利用系数；另一方面，应提高污水处理率和再利用率，鼓励"中水"回用，并积极推广节水型器具。

跨流域调水（interbasin water transfer）指修建跨越两个或两个以上流域的引水（调水）工程，将水资源较丰富流域的水调到水资源紧缺的流域，以达到地区间调剂水量盈亏，解决缺水地区水资源需求的一种重要措施。据统计，目前世界上的调水工程有 160 余项。中国古代修建的京杭大运河是世界上最早的跨流域调水工程。近代，修建了甘肃省引大入秦跨流域灌溉工程、山东省引黄济青工程、广东省东深供水工程和陕西省引汉济渭调水工程等。南水北调东中线工程是目前最大跨流域综合开发利用的调水工程，它解决了中国北方缺水的问题，增加了水资源承载能力，提高了资源的配置效率，使得中国北方地区逐步成为水资源配置合理、水环境良好的节水、防污型社会，并有利于缓解水资源短缺对北方地区城市化发展的制约，促进当地城市化进程。跨流域调水能有效解决西北旱区水资源空间分布不均的问题。陕西省引汉济渭工程是从汉江流域调水至渭河流域的关中地区，解决陕西省关中地区水资源短缺，促进陕西省内水资源优化配置，改善渭河流域生态环境，是促进关中地区经济发展的大型跨流域调水工程。

　　然而，西北旱区水资源短缺，在旱区内修建跨流域调水工程的同时，也要进行水资源合理配置研究，以提高西北旱区水资源利用效率，使西北旱区成为环境良好的节水、防污型区域。水资源合理配置是指在流域或特定的区域范围内，遵循有效性、公平性和可持续性的原则，利用各种工程与非工程措施，按照市场经济的规律和资源配置准则，通过合理抑制需求、保障有效供给、维护和改善生态环境质量等手段和措施，对多种可利用水源在区域间和各用水部门间进行的配置。水资源合理配置起源于 20 世纪 40 年代 Masse 提出的水库优化调度问题[56]。20 世纪 50 年代之后，随着系统分析与优化技术的引进和 60 年代计算机技术的发展，水资源系统模型技术得到了迅速发展。随着系统分析理论的发展，优化技术的引入以及计算机技术的发展，水资源系统模型和优化模型的建立、求解和运行的研究与应用工作得到了不断提高。20 世纪 90 年代以来，由于水污染、水危机的加剧，以水量和经济效益最大为目标的传统水资源配置已经不能适应新形势的发展。国外开始在水资源优化配置中考虑水质约束、环境效益和水资源可持续利用[57]。国内水资源配置方面的研究起步较晚，但发展迅猛。20 世纪 60 年代就开始了以水库优化调度为先导的水资源分配研究，最早是以发电为主的优化调度。70 年代以来，以水资源规划和管理为目标，从单一的经济目标转到还要同时考虑社会、环境要求的多目标上来。到了 80 年代，区域水资源的优化配置问题在我国开始引起重视。90 年代以后，计算机技术快速发展，使长系列月尺度的模拟计算得到普遍应用，水资源配置至此进入快速发展阶段[58]。西北旱区水资源合理配置的研究重点一方面应注重雨水、中水回用问题；另一方面应注重点源污染和面源污染对配置水质的影响。

　　西北旱区水资源年内分配集中度高，降雨主要集中在 7—9 月，汛期径流量占全年径流量的 80%。为缓解西北旱区水资源供需矛盾，减少洪水灾害，开展旱区雨洪利用具有十分重要的意义[59]。雨洪利用是指在保证防洪和生态安全的前提下，综合利用工程措施、技术和管理手段，对雨水和洪水实施拦蓄、滞留和调节，将雨水和洪水适时适度地转化为可供利用的水资源，用于流域经济、社会、生态和环境的用水需求[60]。目前，洪水资源化的方式主要是坚持点（水库、闸坝）、线（河渠、堤防）、面（蓄滞洪区、田间、地表）兼顾，工程措施、非工程措施、管理措施并重，蓄、泄、滞、引、补有机结合，通过科学调度，在保证防洪安全的前提下，充分利用洪水资源，达到防洪减灾、增加水资源和改善生态环境的目的[61]。工程措施是指通过水利工程和水保工程，实施延缓洪水在陆地停留时间的手段。洪水资源利用涉及绝大多数的水利工程，如水库工程、河道整治工程、拦河闸坝工程、蓄滞洪区建设工程、农田水利工程、水土保持工程等。非工程措施是指在现有工程基础上，通过科学规划和合理调度，科学合理地拦蓄洪水资源，延长其在陆地的时间，及时满足社会经济及生态环境的需水要求，补充回灌地下水[62]。雨洪水资源利用的非工程措施包含了水利工程调度与管理的大多数措施，如水库分期洪水调度技术、洪水预测预报技术、水库预泄与水系河网联调技术、蓄滞洪区主动运用等，还有诸如土地利用规划和工农业城市用水规划，通过天然地形地貌和水土保持规划充分利用雨水资源，实施洪水保险系统和灾害救援系统等[63]。西北旱区水资源短缺，各地对于雨洪利用有较高的积极性，近年来已经取得了不少成效，既增加了旱区可用水量，又在一定程度上改善了河道生态环境。

西北旱区修建了大量的水利工程，基本进入后坝工时代。水利工程在一定程度上缓解了工程性缺水问题，但水库的调节也改变了河流的天然径流模式，扰乱了河流的水量时空分布，使水库下游河道的流量减少，甚至断流，对河流的生态多样性产生了负面影响[64]。开展水利工程调度与调控，是水资源科学管理的重要措施之一。早在20世纪40年代Ward等[65]就强调了将河川径流作为生态因子的重要性。随着人类对河流生态重要性认识的不断加深，国内外对生态调度开展了大量的研究。国外主要从两个方面研究水库的生态调度：一是开展水库优化调度研究；二是在水库优化调度中考虑河流生态环境，开展水库的生态优化调度研究。国内学者针对特定水库构建了生态调度模型，这些生态调度模型可以为两种形式：一种是将生态目标作为水库调度多目标问题的目标之一；另一种是将河流的生态需水作为模型的约束条件[66]。生态调度研究包括基于生态的水量调度、泥沙调度、水质调度和其他生态因子调度。随着生态调度研究工作的不断完善和生态调度实践工作的不断发展，找准水库调度中社会经济目标和生态目标的结合点，实践水库的综合调度，将成为水库调度领域一个全新的模式。

西北干旱地区缺水严重，河流生态系统退化和地下水超采问题极为突出[67]。地区水问题并存，叠加和积累影响越来越严重，实行最严格水资源管理制度迫在眉睫[68]。西北内陆河流域在水资源管理方面存在诸多问题，如水资源管理体制不顺，分配职责不清；各级水务部门考核制度缺失；水资源管理责任体系不健全，考核责任难落实；公众参与管理责任和考核制度的制定和实施程度不高等问题。解决西北干旱区水资源管理存在的问题，需要建立完善的法律体系和明确的法律规定。完善的法律体系是促进制度有效实行的根本保障，明确的法律规定可以保证相关制度得以切实执行。因此，在西北内陆河流域实行最严格水资源管理制度的根本在于健全完善相关的法律制度，以法律制度的推行促进最严格水资源管理制度的具体化和可操作化。最严格水资源管理制度是解决西北内陆河流域人口、水资源与发展的矛盾战略举措和重大法律制度，"三条红线"和"四项制度""河长制"是核心，而"四项制度"中水资源管理的责任和考核制度既是最严格水资源管理制度的主要制度之一，又是其他制度落实的关键保障。同时，西北地区气候特殊，水系复杂，随着经济社会的发展，河湖管理保护新老问题交织，如河湖水域面积萎缩、岸线乱占滥用、水体质量恶化和生态环境退化等问题。针对河湖管理出现的以上问题，各地积极探索河长制，推进河长制的建立。河长制主要任务包括水资源保护、水域岸线管理保护、水污染防治、水环境治理、水生态修复和执法监管[69]。西北地区实行河长制应坚持问题导向，因地制宜，立足不同地区不同河湖实际，统筹上下游、左右岸，实行一河一策、一湖一策，提升针对性和可操作性。实行一河一策、一湖一策要做到针对河湖存在的突出问题；与已有的规划以及最严格水资源管理、河湖管理、水污染防治等计划相协调；河流上下游、左右岸目标措施要协调；便于组织实施、检查监督和考核问责。同时，应健全涉河法规体系；严禁涉河违法活动；法规体系强化日常巡查监管；落实经费保障以建立河湖管理保护长效机制。

总的来说，西北旱区水资源科技研究已取得长足进展，修建了众多的水利工程和跨流域调水工程，初步进入后坝工时代，已开展了节水，水资源评价、配置、调控和调度与科学管理等研究。但是，还有许多水利工程没有开展这方面的研究，研究的面、深度有待加大，尤其是按照最严格的水资源管理，实行"三条红线"控制、落实河长制等还有许多新问题没有得到解决，水资源科技的深度、广度，推广应用也有待提高。

4　发展趋势

西北旱区水文水资源科技研究应注重基础和应用研究，识别变化环境下旱区水文变异规律和河川径流演变规律，模拟、预测其水文生态过程，构建洪旱防灾体系及技术，提出雨洪利用和节水技术，开展跨流域调水、生态流域建设，高效利用和科学管理水资源等将成为旱区水文水资源科技研究的一个重要发展趋势。

西北旱区水文水资源变化十分复杂，除采用理论方法研究外，应结合野外观测、实验手段才能理清水文水资源演变规律，为进一步开发利用水资源提出支撑。西北旱区水资源短缺问题一直制约着社会经济和生态文明建设，旱区水文水资源科技研究应突出解决生产实际问题，将科研转化为旱区生产力将是重要的发展趋势。

针对西北旱区水资源短缺、生态环境脆弱、自然灾害危害严重、农业用水矛盾突出、水资源开发利用率低等问题，急需研究并构建五大体系：

（1）供水安全保障体系，以水资源合理配置和高效利用为重点，满足经济社会发展、产业结构调整和重大战略布局对水的需求。

（2）生态环境安全保障体系，坚持人与自然和谐、生态修复与综合治理相结合的原则，统筹协调生态环境和经济社会两大系统的耗用水量，明确生态水权，保障生态用水安全，确保河道生态径流要求，维护河流健康，治理水土流失，保护和改善生态环境。

（3）防洪抗旱安全保障体系，工程措施和非工程措施相结合，提高防洪抗旱减灾能力。

（4）农业灌排保障体系，发展有效灌溉面积，提高农牧业综合生产能力和抗灾减灾能力，保障粮食安全，促进农牧业增产、农牧民增收和农牧区经济发展。

（5）水环境安全保障体系，坚持保护与治理并重的原则，以水资源和水环境保护为重点，通过严格的水功能区划管理，实行排污总量控制和水质监测，加强对重要水源地和地下水的保护，保护和改善水体功能，结合水污染治理，加大中水回用力度，提高水环境承载能力。

5　结语

综上所述，西北旱区水文水资源科技研究得到了长足的发展，并取得了丰硕的研究成果。在水文基础理论方面，基本阐明了水文过程演变规律，构建了具有旱区特色的水文模型，提出了模拟、预测、预报水文序列的理论与方法等；在水资源应用技术方面，提出了农业灌溉节水技术、雨洪利用技术、水资源合理配置和水库优化调度技术等。

然而，变化环境下，水文情势发生了变化，水文科技应加大研究应对冰川融化引起的水循环和水资源量变化；极端天气引起的洪水和干旱发生频率增加，应大力开展干旱预测和洪水预报研究，为抗洪减灾提供技术支撑。水资源短缺一直制约着西北旱区经济社会发展，建设节水型社会，开展水利工程调控、跨流域调水、雨洪利用等能有效地缓解旱区水资源短缺。与此同时，开展水资源合理调配研究，制定科学合理的配置、调度方案能够充分发挥水资源的作用，提高水资源的利用率，从而促进西北旱区的社会经济生态文明建设。

可以预测在不久的将来，通过水文水资源科技工作者和全社会的不懈努力，西北旱区水文水资源科技将会迎来大发展，在构建供水安全保障、生态环境安全保障、防洪抗旱安全保障、农业灌排保障、水环境安全保障五大体系的基础上，西北旱区将实现山青、水净、河畅、湖美、岸绿的生态友好型社会，支撑社会经济可持续发展。

参 考 文 献

［1］ 陈曦，等. 中国干旱区自然地理［M］. 北京：科学出版社，2010.

［2］ 邓铭江. 中国西北"水三线"空间格局与水资源配置方略［J］. 地理学报，2018，73（7）：1189－1203.

［3］ 陈亚宁，杨青，罗毅，等. 西北干旱区水资源问题研究思考［J］. 干旱区地理，2012，35（1）：1－9.

［4］ AðALGEIRSDÓTTIR G, GUDMUNDSSON G H, BJÖRNSSON H. Volume sensitivity of Vatnajökull Ice Cap，Iceland，to perturbations in equilibrium line altitude［J］. Journal of Geophysical Research：Earth Surface，2005，110（F4）.

［5］ 陈亚宁，方功焕，王怀军，等. 西北干旱区气候变化对水文水资源影响研究进展［J］. 地理学报，2014，69（9）.

［6］ 张建云，王国庆. 气候变化对水文水资源影响研究［M］. 北京：科学出版社，2007.

［7］ 王玉洁，秦大河. 气候变化及人类活动对西北干旱区水资源影响研究综述［J］. 气候变化研究进展，2017，13（5）：483－493.

［8］ IPCC. Working Group I Contribution to the IPCC Fifth Assessment Report，Climate Change 2013：The Physical Science Basis［M］. Cambridge：Cambridge University Press，2014：3.

［9］ JI F, WU Z H, HUANG J P, et al. Evolutionof land surface air temperature trend［J］. Nature Climate Change，2014（4）：462－466.

［10］ MURRAY T, CLARKE G K C. Black－box modeling of the subglacial water system［J］. Journal of

Geophysical Research, 1995, 100 (B6)：10, 231-248.

[11] CORNE S, MURRAY T, OPENSHAW S, et al. Using computational intelligence techniques to model subglacial water systems [J]. Journal of Geographical Systems, 1999 (1)：37-60.

[12] ARNOLD N S, RICHARDS K, WILLIS I C, et al. Initial results from a distributed, physically based model of glacier hydrology [J]. Hydrological Processes, 1997, 12 (2)：191-219.

[13] LUO Y, ARNOLD J, ALLEN P et al. Baseflow simulation using SWAT model in an inland river basin in Tianshan Mountains, Northwest China [J]. Hydrology and Earth System Sciences, 2012, 16 (4)：1259-1267.

[14] LUO Y, ARNOLD J, LIU S. Inclusion of glacier processes for distributed hydrological modeling at basin scale with application to a watershed in Tianshan Mountains, Northwest China [J]. Journal of Hydrology, 2013, 477：72-85.

[15] 张强, 姚玉璧, 李耀辉, 等. 中国西北地区干旱气象灾害监测预警与减灾技术研究进展及其展望 [J]. 地球科学进展, 2015, 30 (2)：196-213.

[16] MO K C, LYON B. Global meteorological drought prediction using the North American multi-model ensemble [J]. Journal of Hydrometeorology, 2015, 16 (3)：1409-1424.

[17] MADADGAR S, AGHAK A, SHUKLA S, et al. A hybrid statistical - dynamical framework for meteorological drought prediction：Application to the southwestern United States [J]. Water Resources Research, 2016, 52 (7)：5095-5110.

[18] 杨肖丽, 郑巍斐, 林长清, 等. 基于统计降尺度和 SPI 的黄河流域干旱预测 [J]. 河海大学学报 (自然科学版), 2017, 45 (5)：377-383.

[19] 宋雅坪. 东北洪水预报模型的理论研制与实践 [J]. 大坝与安全, 2000 (3).

[20] 葛守西. 现代洪水预报技术 [M]. 北京：中国水利水电出版社, 1999.

[21] 芮孝方. 水文学原理 [M]. 北京：中国水利水电出版社, 2004.

[22] 梁钟元, 贾仰文, 李开杰, 等. 分布式水文模型在洪水预报中的应用研究综述 [J]. 人民黄河, 2007, 29 (2)：29-32.

[23] 董小涛, 李致家. HEC 模型在洪水预报中的运用 [J]. 东北水利水电, 2004 (11)：43-44, 68.

[24] 贾仰文, 王浩. 分布式流域水文模型的原理与实践 [M]. 北京：中国水利水电出版社, 2005.

[25] 洪小康. 渭河下游洪水预报的人工神经网络模型研究 [J]. 西北农林科技大学学报 (自然科学版), 2001, 29 (4)：93-96.

[26] IHP (UNESCO - IHP). Workshop on Ecohydrology [Z]. Poland：Lodz, 1998.

[27] 黄奕龙, 傅伯杰, 陈利顶. 生态水文过程研究进展 [J]. 生态学报, 2002, 23 (3)：580-587.

[28] 张志强, 孙成权, 王学定. 甘肃省生态建设与大农业可持续发展研究 [M]. 北京：中国环境科学出版社, 2001.

[29] 康尔泗. 我国寒区和干旱区水文研究的回顾和展望 (英文) [J]. 冰川冻土, 2000, 22 (2)：178-188.

[30] 张国盛. 干旱、半干旱地区乔灌木树种耐旱性及林地水分动态研究进展 [J]. 中国沙漠, 2000, 20 (4)：363-368.

[31] 赵文智, 程国栋. 干旱区生态水文过程研究若干问题评述 [J]. 科学通报, 2001, 46 (22)：1851-1857.

[32] 汤奇成, 李丽娟. 西北地区主要国际河流水资源特征与可持续发展 [J]. 地理学报, 1999 (S3)：21-28.

[33] 常远, 夏朋, 王建平. 水-能源-粮食纽带关系概述及对我国的启示 [J]. 水利发展研究, 2016, 16 (5)：67-70.

[34] 李桂君, 黄道涵, 李玉龙. 水-能源-粮食关联关系：区域可持续发展研究的新视角 [J]. 中央财经大学学报, 2016 (12)：76-90.

[35] HOWELLS M, HERMANN S, WELSCH M, et al. Integrated analysis of climate change, land - use, energy and water strategies [J]. Nature Climate Change, 2013, 3 (7): 621 - 626. DOI: 10.1038/nclimate1789.

[36] HERTEL T, STEINBUKS J, BALDOS U. Competition for land in the global bioeconomy [J]. Agricultural Economics, 2012, 44 (s1): 129 - 138.

[37] RINGLER C, WILLENBOCKE D, PEREZ N, et al. Global linkages among energy, food and water: an economic assessment [J]. Journal of Environmental Studies & Sciences, 2016, 6 (1): 161 - 171.

[38] JESWANI H K, BURKINSHAW R, AZAPAGIC A. Environmental sustainability issues in the food - energy - water nexus: breakfast cereals and snacks [J]. Sustainable Production and Consumption, 2015, 2: 17 - 28. DOI: 10.1016/j. spc. 2015.08.001.

[39] DENNIS W. The water - energy - food nexus: is the increasing attention warranted, from either a research or policy perspective [J]. Environmental Science & Policy, 2017, 69: 113 - 123.

[40] HOFF H. Understanding the nexus. Background paper for the Bonn2011 Conference: the water, energy and food security nexus [C] //Stockholm: Stockholm Environment Institute, 2011.

[41] ALLAN T, KEULERTZ M, WOERTZ E. The water - food - energy nexus: an introduction to nexus concepts and some conceptual and operational problems [J]. International Journal of Water Resources Development, 2015, 31 (3): 301 - 311. DOI: 10.1080/07900627.2015.1029118.

[42] BAZILIAN M, ROGNER H, HOWELLS M, et al. Considering the energy, water and food nexus: towards an integrated modelling approach [J]. Energy Policy, 2011, 39 (12): 7896 - 7906. DOI: 10.1016/j. enpol. 2011.09.039.

[43] IRWIN E, CAMPBELL J, WILSON R, et al. Human adaptations in food, energy, and water systems [J]. Journal of Environmental Studies & Sciences, 2016, 6 (1): 127 - 139.

[44] HOEKSTRA A Y, WIEDMANN T O. Humanity's unsustainable environmental footprint [J]. Science, 2014, 344 (6188): 1114 - 1117. DOI: 10.1126/science. 1248365.

[45] ZHANG X D, VESSELINOV V V. Integrated modeling approach for optimal management of water, energy and food security nexus [J]. Advances in Water Resources, 2017, 101: 1 - 10. DOI: 10.1016/j. advwatres. 2016.12.017.

[46] CHANG G Y, WANG L, MENG L Y, et al. Farmers' attitudes toward mandatory water - saving policies: a case study in two basins in northwest China [J]. Journal of Environmental Management, 2016, 181 (1): 455 - 464.

[47] 操信春, 邵光成, 王小军, 等. 中国农业广义水资源利用系数及时空格局分析 [J]. 水科学进展, 2017, 28 (1): 14 - 21.

[48] HOOGEVEEN J, FAURE'S J M, PEISER L, et al. GlobWat - a global water balance model to assess water use in irrigated agriculture [J]. Hydrology and Earth System Sciences Discussions, 2015, 12 (1): 801 - 838. DOI: 10.5194/hessd - 12 - 801 - 2015.

[49] ZAHEDI M, MONDANI F, ESHGHIZADEH H. Analyzing the energy balances of double - cropped cereals in an arid region [J]. Energy Reports, 2015, 1 (C): 43 - 49.

[50] 周婷, 郑航. 科罗拉多河水权分配历程及其启示 [J]. 水科学进展, 2015, 26 (6): 893 - 901.

[51] ZHUO L, MEKONNEN M M, HOEKSTRA A Y. The effect of inter - annual variability of consumption, production, trade and climate on crop - related green and blue water footprints and inter - regional virtual water trade: a study for China (1978 - 2008) [J]. Water Research, 2016, 94: 73 - 85. DOI: 10.1016/j. watres. 2016.02.037.

[52] MEKONNEN M M, GERBENS - LEENES P W, HOEKSTRA A Y. Future electricity: the challenge of reducing both carbon and water footprint [J]. Science of the Total Environment, 2016, 569/570: 1282 -

1288. DOI：10. 1016/j. scitotenv. 2016. 06. 204.

[53] VANHAM D. Does the water footprint concept provide relevant information to address the water - food - energy - ecosystem nexus？[J]. Ecosystem Services，2016，28 (10)：298 - 307.

[54] 彭少明，郑小康，王煜，等. 黄河流域水资源-能源-粮食的协同优化 [J]. 水科学进展，2017，28 (5)：681 - 690.

[55] 宋建军. 解决西北地区水资源问题的出路 [J]. 科技导报，2003，21 (0301)：55 - 57.

[56] JOERES，E F，Liebman J C. Revelle C S. Operating Rules for Joint Operation of Raw Water Sources [J]. Water Resour Reseurh. ，1971，7 (2)，225 - 235.

[57] 华士乾. 水资源系统分析指南 [M]. 北京：北京水利电力出版社，1988.

[58] 石静涛. 考虑本地水源的陕西省引汉济渭工程水资源合理配置研究 [D]. 西安：西安理工大学，2014.

[59] 王礼先，张志强. 雨洪利用技术概述 [J]. 新疆环境保护，1997 (2)：10 - 12.

[60] 王银堂，胡庆芳，张书函，等. 流域雨洪资源利用评价及利用模式研究 [J]. 中国水利，2009 (15)：13 - 16.

[61] 胡四一，程晓陶，户作亮. 海河流域洪水资源安全利用关键技术研究 [R]. 南京：南京水利科学研究院，2005.

[62] 曹永强. 洪水资源利用与管理研究 [J]. 资源•产业，2004，6 (2)：21 - 23.

[63] 毛慧慧，李木山. 海河流域的雨洪资源利用 [J]. 海河水利，2009 (6)：7 - 9.

[64] 黄强，赵梦龙，李瑛. 水库生态调度研究新进展 [J]. 水力发电学报，2017 (3)：3 - 13.

[65] WARD J V，STANFORD J A. The Ecology of Regulated Streams [M]. New York：Plenum Press，1979.

[66] 邓铭江，黄强，张岩，等. 额尔齐斯河水库群多尺度耦合的生态调度研究 [J]. 水利学报，2017，48 (12)：1387 - 1398.

[67] 王浩. 面向生态的西北地区水资源合理配置问题研究 [J]. 水利水电技术，2006 (1)：9 - 14.

[68] 左其亭，李可任. 最严格水资源管理制度理论体系探讨 [J]. 南水北调与水利科技，2013 (1)：34 - 38.

[69] 刘志仁. 最严格水资源管理制度在西北内陆河流域的践行研究——水资源管理责任和考核制度的视角 [J]. 西安交通大学学报 (社会科学版)，2013，33 (5)：50 - 55.

Progress in Science and Technology and Development Trend of Hydrology and Water Resources in Northwest Arid Region

Abstract：The shortage of water resources and the fragile ecological environment seriously restricted the sustainable development of social economy and the virtuous cycle of ecological environment，in the northwest arid region. Especially in the changing environment，global warming has accelerated the melting rate of glaciers，and the hydrology and water resource have undergone drastic changes in the northwest arid region. Therefore，it is of great significance to summarize the progress in science and technology and development trend of hydrology and water resources in northwest arid region. Based on the study of a large number of progress in science and technology and development trend of hydrology and water resources at home and abroad, the main research of this paper includes that (1) expounds the characteristics and existing problems of hydrology and water resources in the northwest arid region, (2) systematically summaries the progress in science and technology of hydrology and water resources, (3) points out the development trend of hydrology and water resources in the northwest arid region, which can provides beneficial reference to further study the problems of hydrology and water resources in the northwest arid region.

西北灌区地下水资源开发利用科技研究进展及发展趋势

魏晓妹

摘要：围绕西北灌区地下水资源开发利用面临的问题，分析了灌区地下水的基本特征及调蓄功能，重新审视了合理开发利用地下水资源对灌区可持续发展的重要支撑作用。在此基础上，从变化环境下西北灌区地下水循环与演化机制、灌区地表水与地下水联合调控、灌区地下水开采模式及机井合理布局、灌区地下水管理机制四个方面归纳分析了国内外研究现状及进展，针对西北灌区地下水资源开发利用研究中存在的关键科学问题，探讨了西北灌区地下水资源开发利用科学与技术研究发展的趋势。

1 引言

我国西北地区指新疆、青海、甘肃、宁夏、陕西和内蒙古6省（自治区）范围内的黄河流域、内陆干旱区和干旱草原区[1]，总面积为345万 km²，占全国国土面积的35.9%。该区深居内陆腹地，气候干旱，降水稀少，生态环境脆弱，大部分地区属于干旱、半干旱地区，天然降水不能满足农作物生长的正常需水要求，因此，农业的发展对灌溉有很强的依赖性[2]。

西北地区灌溉农业发展历史悠久，早在战国时期，郑国渠的修建成为渭河流域最早的农田灌溉供水工程，后来又先后兴建了许多大型灌区，如甘肃河西走廊的石羊河、黑河及新疆塔里盆地的内陆河灌区，陕西关中平原的宝鸡峡灌区、泾惠渠灌区、银川平原的引黄灌区及内蒙古河套灌区等，这些灌区已成为西北地区重要的粮棉油生产基地和生态环境屏障。据有关资料统计[3-4]，该区有大型灌区97处，约占全国的21.3%，灌溉面积达1097万 hm²，粮食总产量4759万 t。西北大型灌区的运行与发展，为保障我国粮食安全、维护区域良好生态环境及促进社会经济可持续发展起到了极其重要的支撑作用。

地下水是西北地区水资源的重要组成部分，相对于地表水而言，地下水资源分布广泛，可就地利用，其不仅是地表水灌溉的重要补充水源，同时还是生态环境控制因子，地下水的开发利用为西北地区灌溉农业发展提供了重要的水源，也在保障粮食安全和生态环境安全等方面发挥了重要的作用。然而，近几十年来，受变化环境的影响，西北大型灌区面临着水资源供需矛盾突出，灌溉保证率偏低，渠井用水比例失调，地下水调蓄能力削弱，内陆河下游灌区地下水严重超采，生态环境恶化等问题，严重影响着灌区的可持续发展。为此，许多国内外学者及专家围绕这些问题开展了大量卓有成效的研究工作，也取得了许多可喜的研究成果。在变化环境的大背景下，梳理、归纳、总结灌区相关主要研究工作及其进展，展望未来发展趋势，对西北灌区地下水资源的可持续利用具有重要的科学意义。

2 地下水开发利用与西北灌区的可持续发展

在气候变化和人类活动加剧的大背景下，深入认识灌区地下水的特征及功能，重新审视合理开发利用地下水资源对西北灌区高效安全用水及可持续发展的支撑作用也显得十分必要。

2.1 西北灌区地下水的特征及功能

2.1.1 灌区地下水的特征

西北大型灌区一般位于平原区或盆地区，如关中平原、宁夏平原、河西走廊及塔里木盆地等，这些区域堆积着大量巨厚的松散物质，地表径流相对集中，为地下水补给及储存创造了有利条件，西北地区地下水资源量占全国的 13.0%，而且主要分布在平原区及盆地区[5]。归纳已有研究成果[6-9]，认为西北灌区地下水的主要特征有：

(1) 分布广泛性。地表水的分布一般局限于有限的水文网范围，而地下水的分布虽然受自然地理和水文地质条件的制约，有一定的时空变异性，但相比地表水而言，其地域分布比较广泛，是一种分布在"面"上的水资源，可分散开采和就地利用。

(2) 可恢复性。受气候变化、灌溉及开采等因素的影响，灌区地下水动态在不断发生变化。从年内看，夏灌期主要为开采期，消耗地下水，冬灌和春灌期地下水得到补给；年际之间，枯水年份地下水消耗往往大于补给，而丰水年份的降水及渠水的入渗补给不仅可以满足当年消耗的需要，而且还可弥补枯水年份亏缺的水量。因此，灌区地下水是可以得到不断补充和更新的资源，具有可恢复性。

(3) 水量、水质的稳定性。地下水与地表水相比，由于其埋藏于地下，受气候变化和人为活动的影响较小，水质比较洁净、水量也比较稳定，供水保证程度较高；尤其是在包气带的保护作用下，地下水不易受到污染，水质一般较好，不仅是人畜供水的理想水源，同时也是灌区实施节水灌溉的优质水源。

2.1.2 灌区地下水的调蓄功能

西北灌区所在的平原区或盆地区，一般地形平坦、含水层分布广泛，地下径流微弱，浅层地下含水层类似于一个巨大的"地下水库"，对降水、渠系渗漏及田间灌溉入渗补给水流具有一定的滞缓、调蓄和再分配作用，地下水的调蓄功能是地下水系统的自然属性，是水在含水层孔隙中输入、运移、储存和输出的过程和能力。地下水的调蓄功能允许灌区在地下水开发利用中"丰储枯用、以丰补歉"，既弥补灌区干旱季节地表水源的不足、满足灌区作物需水要求，又改善地下水的循环条件，使地下水得到有效涵养，为灌区储备了重要的应急或抗旱灌溉水源。陕西黄土塬灌区三水转化机理与水资源最佳调控模式研究结果表明，黄土地区由于灌溉水的渗漏能够形成巨大的地下水库，如能有计划地实施水资源的地下调蓄，则可有效缓解该区既干旱缺水又涝碱成灾的矛盾局面。由此可见，地下水的基本特征构成了其成为西北渠井结合灌溉水源的基本条件，而地下水的调蓄功能则决定着其对灌区高效安全用水的保障作用。

2.2　地下水开发利用对灌区可持续发展的作用

2.2.1　弥补地表水资源不足、提高灌区供水保证率

大型灌区是西北地区粮、棉、油和经济作物的主要产区，地表水不能完全满足作物的需水要求，开采地下水灌溉，既能够弥补枯水年份和干旱季节地表水源的不足，满足作物需水要求，又能充分利用地下水的调蓄功能，将地表水灌溉中的渠道及田间灌溉渗漏补给量重复利用，提高了灌溉水的利用效率。同时，井灌井排也降低了地下水位，可以腾出地下水调蓄空间，增加降水入渗补给量，提高灌区的供水保证率。如陕西泾惠渠灌区，20世纪 70—80 年代初曾实行过冬灌期单一渠灌、春灌期渠井汇流或渠井间灌、夏灌期群井汇流或井渠汇流的渠井结合配水模式，保障了灌区农作物的需水要求，获得了良好的经济效益。

2.2.2　合理调控地下水位、防治土壤次生盐碱化

西北灌区大多数位于干旱半干旱地区，该区降水量小、蒸发量大，土壤和地下水中含可溶盐分较多，单一引地表水灌溉会抬高地下水位，存在土壤盐渍化的潜在威胁，打井开采地下水灌溉，利用"井灌井排"的作用，可以有效调控灌区地下水位，防治灌区渍涝盐碱灾害，促进灌区生态环境的良性循环。如宁蒙河套灌区、甘肃引黄灌区、陕西泾惠渠及宝鸡峡灌区都曾不同程度地出现过土壤次生盐渍化问题，都是通过打井开采浅层地下水或结合水平排水的方式，合理调控了地下水位，使土壤盐碱渍涝灾害得到了有效治理，保障了灌区农田生态环境安全。

2.2.3　地下水开发利用、促进区域经济发展

对西北地区来说，大型灌区是一个包含社会、环境及灌溉区域内所有活动的集合体。现代意义上的大型灌区，不仅仅涉及农村、农业和农民的发展问题，而且也涉及所辖区域和辐射区域的经济发展、社会和谐稳定及良好生态环境维护等问题[10]。地下水作为水资源的重要组成部分，由于地下水的开发利用，既提高了灌溉供水保证率，也给良种推广、增施肥料，种植结构调整及发展经济作物创造了稳定的水源条件，为灌区农业增产、农民增收和乡村振兴提供了基础保障，促进了区域经济的可持续发展。

3　西北灌区地下水资源开发利用科技研究进展

西北大型灌区地下水开发利用历史悠久，灌区地下水开发利用的理论及技术问题研究领域比较广泛。鉴于在变化环境的大背景下，西北大型灌区普遍出现了河源来水量减少、水资源供需矛盾突出、地下水均衡失调及生态环境恶化等问题，以下主要围绕灌区地下水开发利用的共性关键科学问题进行分析。

3.1　变化环境下西北灌区地下水循环与演化机制

灌区是气候变化的敏感区和人类活动的密集区，气候变化、引水灌溉及地下水开采等活动极大地改变着西北灌区的地下水循环条件，也影响着灌区地下水的形成与演化机制。所以，变化环境下灌区地下水循环及演化机制问题是颇受关注的热点研究问题。

3.1.1 变化环境下灌区地下水循环特征

灌区地下水循环系统是一个典型的自然—人工复合系统，该系统具有开放性，与外界发生着频繁地水量和能量交换[11]。相关研究表明[12-17]，在变化环境因素（气候变化和人类活动）的影响下，灌区地下水循环具有以下特征：

（1）水循环路径及强度的变化，渠系的修建、机井开采及引水灌溉方式既改变着地表水转化为地下水的路径和强度，也改变了降水的天然分配，使径流性水资源减少，有效利用水分增加，直接影响着降水、地表水补给地下水的强度。魏晓妹等[18]对石羊河流域绿洲农业发展对地表水与地下水转化影响的研究表明，20世纪50—90年代，受流域气候变暖、河道外引水量增加及渠系水利用系数提高的影响，流域平原区地下水补给量减少45.7%；而随开采量的增加，武威盆地泉水溢出量削减达到73.5%。

（2）地下水循环结构和参数的变化，在灌区尺度上，灌溉制度、种植结构、机井布局及开采强度、地下水位等的变化对灌区蒸散发及地下水入渗补给等产生明显的作用，同时也会影响水文及水文地质参数的变化。刘燕[19]基于实测资料研究了泾惠渠灌区不同包气带厚度下水文地质参数的演变问题，指出20世纪80年代中期灌区平均包气带厚度小于5m，降水及田间灌溉入渗补给系数分别为0.22和0.30，随着渠井用水比例的失调，浅层地下水位埋深不断加大，至2001年灌区平均包气带厚度已超过了14m，此时降水和灌溉入渗补给系数仅为包气带厚度3～5m时的1/2和1/3。

（3）地下水循环过程和方式的变化，西北大型灌区的运行及发展，在灌溉及开采活动的影响下，区域性大循环减弱而局部小循环增强；地下水循环主要以垂向水循环为主，人工水循环加强，而自然水循环减弱。宝鸡峡灌区50%频率代表年的降水、渠系及田间灌溉水的入渗补给量占总补给量的80%。

3.1.2 变化环境下灌区地下水动态演变规律及机制

变化环境下灌区地下水循环决定着地下水动态的演变规律，而地下水位动态是灌区地下水循环的"脉搏"[20]。因此，变化环境下灌区地下水动态演变规律及机制的研究已成为农业水资源领域关注的重要方向。

灌区地下水系统是一个开放性系统，外界环境对地下水系统的信息输入（降水、渠系渗漏、田间灌溉入渗及开采等）通过在含水系统（水文地质实体）内的变换，以输出（潜水蒸发、泉水溢出等）的形式表示对系统的响应，而地下水位、水化学成分及水温的变化则是其状态变量[21]。众多学者从不同的视角，分别运用统计水文学及数值耦合模拟计算等方法，研究了地下水位动对变化环境的响应及地下水位动态变化的驱动因素。张文化等[22]运用主成分分析法，研究了武威盆地和民勤盆地地下水位对气候和人类活动因子的响应，指出流域平原区人类活动因子对地下水位埋深变化的贡献远大于气候变化因子的贡献。杜伟、苏阅文、徐存东、吉磊等[23-26]运用统计水文学方法和GIS技术，分别以陕西宝鸡峡灌区、内蒙古河套灌区、甘肃景电一期灌区及新疆玛纳斯河灌区为研究对象，研究了近30多年来灌区地下水位动态的时空分布特征，并识别了各灌区地下水位动态变化的主要驱动因子。李萍等[27]基于多变量时间序列CAR模型建立了关中渠井双灌区地下水位动态对变化环境的响应模型，不同变化环境情景下地下水位埋深模拟结果表明，降水、蒸发、渠首引水及渠井用水比例是影响灌区地下水循环的主要外部环境因素，而降水量减少、蒸发量增加，各项补给量减少及开采量增加使灌区地下水位逐年下降，近 30 多年累计下降 11.8m。王蕾[28]通过构建 SWAT – MODFLOW 耦合模型，研究了变化环境下关中渠井结合灌区地下水的循环特征，通过设定未来 30 年不同的变化环境情景，模拟计算了灌区地下水流场和地下水循环要素，并提出了灌区地下水可持续利用的适应性对策。以上研究表明，变化环境对西北大型灌区地下水循环条件及演化机制产生着深远的影响，引水灌溉、种植结构调整及地下水开采等人类活动是影响灌区地下水动态变化的主要驱动因素，这些研究成果为西北灌区水资源的科学调控提供了依据。

3.2 灌区地表水与地下水的联合调控

西北大型灌区的发展历程表明，合理的地下水位对灌区高效安全用水十分重要，灌区地表水与地下水联合调控的核心是在维持灌区合理地下水位埋深的前提下，确定在引进一定地表水量的条件下所能开采的地下水量，或在开采一定地下水量的条件下应引入的地表水量[29]。因此，以地下水位或埋深为控制目标，探索研究灌区地表水与地下水联合调控问题也是实行最严格水资源管理制度的主要研究内容。

3.2.1 灌区合理地下水位以及控制标准

地下水位是灌区地下水循环的"脉搏"，也是衡量其循环健康与否的重要标志。因此，如何将灌区地下水位调控在合理的范围内一直是农业水资源领域关注的热点问题。国内外学者从不同的角度提出了一系列合理地下水位埋深的概念，旨在以此寻求适合灌区地下水位调控的最适标准。

灌区合理地下水位埋深问题的研究，国外研究主要为苏联学者基于地下水位埋深与土壤层生盐碱化及植物生长状况的关系分析，通过田间试验或模型研究的方法，提出了不同区域理想的地下水位埋深区间。在国内，西北灌区合理地下水位埋深的研究主要围绕灌区地下水采补失调、补排失调而引发的一系列生态环境问题而展开。首先是明确了灌区合理地下水位埋深确定的基本原则[30-34]，在此基础上，从不同角度提出了灌区合理地下水位埋深的概念，进而探究了合理地下水位埋深控制标准或控制性地下水位埋深及其确定问题。张惠昌[35]针对河西走廊灌区由地下水位下降引发的生态环境退化的问题，提出了"地下水生态平衡埋深"的概念，并强调指出此埋深不是一个绝对的数值，而是一个存在上、下限区间值的水位变动带。钟瑞森等[36]结合西北内陆干旱灌区土壤次生盐渍化问题，运用区域水盐平衡模型，通过设置不同的水资源利用方案，模拟研究了新疆阿瓦提灌区地下水位调控措施及效应。闫金良等[37]从水盐平衡的视角，阐述了内蒙古河套灌区适宜地下水位的研究现状，指出了存在的不足。董起广等[38]针对陕西泾惠渠灌区存在的地下水采补失调问题，提出了地下水生态水位埋深的上、下限值。赵孟哲等[39]从灌区地下水"双控"管理的理念出发，探究了灌区控制性关键地下水埋深的概念，计算确定了泾惠渠灌区不同水文地质分区合理地下水埋深的上下限阈值。由以上分析可见，西北灌区合理地下水埋深及控制标准问题的研究，大多是针对不同灌区所面临的与地下水埋深有关的生态环境及地下水补给问题，探索性地提出了灌区地下水合理埋深控制阈值及确定方法，这些研究深化了对地下水位管理重要性的认知，也为灌区地表水与地下水地联合调控提供了依据。

3.2.2 灌区地表水与地下水联合调控

西北灌区地表水与地下水的联合调控是通过渠井结合灌溉实现的。近年来，满足地下水位埋深控制要求的灌区合理渠井用水比例和地表水与地下水合理配置方案研究是西北大型灌区水资源联合调控的重要研究内容。魏晓妹[40]在黄土塬灌区地下水动态机理田间综合试验的基础上，充分考虑降水、灌溉、开采对地下水位动态的综合影响，建立及求解了基于机井开采—地下水位恢复互馈动态过程的灌区地下水流数学模型，为灌区地表水与地下水联合调控提供了新方法。周维博等[41]运用多元非线性地下水动态预报模型，通过对不同渠井用水比例条件下地下水位动态的模拟计算，得出了平水年和枯水年采补平衡所对应的适宜渠井用水比例。李萍等[27]基于多变量时间序列CAR建立的灌区地下水动态对变化环境的响应模型，对不同降水情景及渠井供水方案组合下的地下水位动态进行了模拟计算，以多年补排平衡为判断准则，提出不同降水情景下泾惠渠灌区的合理渠井供水比例。代锋刚等[42]依据灌区农业节水方案，运用地下水数值模拟模型，通过调控源、汇项，模拟计算了泾惠渠灌区适宜的渠井用水比例。粟晓玲等[43]针对泾惠渠灌区地下水采补失调的问题，运用水资源优化配置模型与地下水数值模型相结合方法，确定了以灌区缺水量最小又能基本实现了多年采补平衡的地表水与地下水的配置方案。贺向丽等[44]基于石羊河下游红崖山灌区实施"关井压田"的治理策略，设置了若干调控方案，利用构建的地下水数值模型对各种调控方案下未来20年内的地下水动态变化进行了模拟计算，得到了合理的地下水限采方案。由此可见，西北灌区地表水与地下水的联合调控的目标更加明确，切中灌区所面临的关键地下水问题，并注重新技术和新方法的引入，研究成果更具有应用价值。

3.3 灌区地下水开采模式及机井合理布局

3.3.1 灌区地下水开采模式

地下水资源评价及开采模式研究是机井合理布局的前提和基础。20世纪70—80年代，以灌区地下水资源评价为基础的地下水开采模式问题研究较多，而近几十年来大多数灌区尚未进行过系统性的地下水资源评价工作，也使西北灌区地下水开采模式问题的研究有所弱化，但在运用新技术方面也取得了进展。降亚楠[45]将区域地下水资源评价方法与GIS技术结合，研发了基于GIS的灌区地下水资源综合评价系统，运用该系统实现了对宝鸡峡灌区地下水资源数量、质量及开发利用潜力的评价。李彦刚[46]以宝鸡峡灌区地下水资源评价为基础，以开采系数为依据，划分了灌区地下水开发利用类型区，提出了各类型区地下水资源可持续开发利用的模式。王水献[47]运用地下水数值模拟方法，考虑供水约束条件，确定了新疆阿瓦提绿洲灌区地下水的合理开采模式。杨路华等[48]基于内蒙古河套灌区地下水开发利用原则，提出了地下水插花式开采形式，通过地下水均衡要素关系的分析，确定了合理的地下水开采量。由此可见，近些年的相关研究更多关注的是将新技术、新方法引入地下水开采模式的研究。

3.3.2 灌区机井合理布局

近些年国外有关灌区机井布局问题的研究进展报道较少，而国内因地下水位动态失调而引发的生态环境问题，灌区机井合理布局的问题受到广泛关注，井流理论和井群布局方法的研究也取得了可喜的进展。灌区机井布局以井流理论为基础，李佩成[49]基于西北灌区井灌井排的渗流特性，提出了"割离井"的概念，并构建了系列非稳定井流模型，推导了相应的解析解，研究了基于稳定流和非稳定流理论的井群布局设计方法。魏晓妹等[50]根据"割离井"理论，提出了根据非稳定流抽水试验资料确定灌区水文地质参数的图解方法。近年来关于灌区机井布局方法的研究相对于国外也比较多，并随着信息技术及计算机技术的不断发展。郭西万[51]运用响应函数法使数学模拟模型和优化模型相耦合，对新疆泽普水源地进行了井群优化布局的研究；王红雨等[52]在考虑井间抽水干扰情况下，利用线性规划的方法研究了宁夏井灌区规划中最佳井距的确定；王康等[53]以内蒙古河套灌区为研究对象，利用 MODFLOW 软件对设定地下水开采强度条件下的不同布井方案进行了地下水动态模拟，探讨了灌区不同区域的机井布局形式；李彦刚等[54]在用传统方法确定宝鸡峡灌区不同开采类型区机井数量的基础上，以灌区井数为决策变量、灌溉费用最小为目标函数，用遗传算法求解了各类型区的井数，并提出了灌区机井布局调整策略。刘鑫等[55]充分考虑灌区地下水资源承载力和生态环境需水要求，建立了地下水流运动模型和机井优化布局模型，对石羊河下游红崖山灌区机井空间布局的适宜性进行了评价。以上研究可见，西北灌区机井布局理论研究更具有针对性，布局方法已从传统的常规方法向智能模拟优化技术发展，研究内容已从确定井数、井距及单井灌溉面积向机井空间布局适宜性评价及灌区机井布局调整策略等方面扩展，研究方法和内容在不断发展和深化。

3.4　灌区地下水的管理机制

地下水是西北灌区重要的灌溉水源，同时也是生态环境演化的重要控制因子。近几十年大型灌区普遍存在的地表水与地下水管理分离、渠井灌水价差异明显，地下水监测网络体系不健全等问题也引起了广大研究者的广泛关注，并陆续开展了相关工作。

3.4.1　灌区地下水行政及政策管理问题

灌区地表水与地下水同处于灌区水文循环之中，相互补充、相互依存，而灌区只有权经营管理地表水，灌区内的地下水却由所辖县（市、区）水行政主管部门管理。针对灌区地表水与地下水管理分离、渠井灌水量异价的问题，一些研究者从政策、行政及经济层面研究地下水管理机制问题。杨晓茹[56]针对陕西渭河流域大中型灌区存在的地下水无序开采问题，提出要实现水资源的良性循环必须解决好地表水与地下水的统一管理问题。廖永松等[57]通过对泾惠渠灌区地下水管理制度及现状的调查，构建了基于公共产权属性的地下水利用理论模型，解释了地下水过度开采的原因，对井渠结合灌区从地表水与地下水统一规划、调整水价结构方面提出了管理对策。胡中锋[58]针对宝鸡峡灌区灌溉用水效益衰减问题，提出了深化灌区改革、建立新型农灌体制、制订科学用水计划等对策。景清华[59]通过对宁夏引黄灌区用水机制的调查，提出实行渠井异水同价的建议，以引导灌区群众合理开发利用地下水。党永仁、闫雪艳等[60-61]先后研究了泾惠渠灌区"井进渠退"的问题，认为大力改进管理体制、实行"两水统管"是解决灌区地下水采补失衡问题的重要措施。目前这方面的研究工作多是围绕灌区机井开采的计量与控制技术展开的。李鹏等[62]针对关中灌区存在的地下水盲目开采问题，建议制定和出台有关灌区地下水资源管理和保护的相关法律法规，以便通过法律手段规范地下水开发、利用及管理行为。

3.4.2 灌区地下水"双控"管理机制及技术问题

2012 年《国务院关于实行最严格水资源管理制度的意见》中明确指出"实行地下水取用水总量控制和水位控制"（简称"双控"），有关灌区地下水"双控"管理的问题也引起了各方面的高度关注，主要工作聚焦在"双控"管理机制及技术研究方面。李佩成[63]从地下水对保障国家安全战略储备资源的高度，阐述了实行最严格地下水资源管理的迫切性和必要性。耿直、张远东、王小军等[64-66]阐述了地下水"双控"管理的内涵以及取水总量与水位之间的关系，分析了粮食主产区地下水管理现状及存在的问题，提出了地下水严格管理的针对性措施。闫丽娟[67]结合石羊河流域地下水管理实践，提出以地下水含水系统为管理单元、耦合流域及行政区管理目标的灌区地下水可持续管理制度框架。赵孟哲[68]以控制性地下水埋深为管理依据，计算了泾惠渠灌区年均地下水埋深管理变幅指标，运用多变量时间序列模型模拟确定了灌区丰、平、枯三种降水情景下地下水协同管理方案。康艳等[69]针对西北渠井结合灌区面临的地下水问题，认为建立总量控制与定额管理相结合的灌溉用水制度，可以有效促进灌区地表水与地下水的联合调控。"双控"管理的技术主要是围绕开采量及水位计量与控制技术展开。赵辉等[70]利用计算机技术、遥控遥测技术和通信技术研发了井灌区地下水限量开采自动控制系统，为有效控制地下水超开采提供了技术支持。李亚民等[71]以数学模型为基础，采用计算机技术、遥控遥测技术及通信技术，研发了井灌区水资源管理的遥测遥控系统，有效地控制了地下水的开采。石羊河流域针对地下水超采问题，督促地方政府编制水量分配方案和地下水开采削减量计划，严格落实控制指标和削减目标，要求流域内机井必须有计量设施、有取水许可证及水权，并利用 IC 卡、代码卡及 TM 卡对地下水实行计量管理，为实现"双控"管理提供了技术手段[72]。

4 西北灌区地下水资源开发利用科技研究趋势

西北大型灌区地下水开发利用的理论与技术研究取得了显著的进展，但随着研究工作的不断深入，灌区地下水问题研究的复杂性也日益显现，一些机理性的基础研究还比较薄弱，已有理论与方法也存在一定的局限性，影响着灌区地下水资源的可持续利用。结合西北灌区面临的主要地下水的问题，并借鉴国内外相关研究进展，认为以下几个方面将是未来西北灌区地下水开发利用科技研究工作的重要方向。

4.1 变化环境下灌区地下水形成与演化机制的基础研究

我国从 20 世纪 50—80 年代，针对农业灌溉而开展的"农业水文地质调查"为认识灌区地下水的形成条件及赋存规律提供了科学依据。然而近些年来，灌区地下水循环规律及演化机制的研究有过于重视模型模拟的倾向，而常常忽视了对灌区水文地质条件的准确认知与了解，使地下水形成与演化机制的研究难以取得突破性的进展[73]。因此，亟待加强灌区水文地质勘查或调查，开展灌区地下水循环过程的野外与室内试验工作[74]，以获取关键原始数据，这是未来地下水循环研究的重要基础性工作。在此基础上，构建气候-陆地水文-地下水转化耦合模型，定量模拟灌区地下水文过程，深化对灌区降水、地表水、土壤水与地下水之间转化关系的系统认识，揭示灌区变化环境下地下水循环机制及演化规律，也是未来的发展趋势。

4.2　基于高效安全用水的灌区地表水与地下水联合调控研究

合理地下水埋深对灌区高效安全用水十分重要，但由于西北灌区水文地质条件的复杂性，目前相关研究仍处于探索研究阶段，因此需要从生态水文地质学及水资源学的视角，进一步完善灌区各种控制性关键地下水位的概念，并探讨具有普适性的定量研究方法。渠井结合灌溉是西北灌区可发展的方向，运用地表水与地下水耦合技术研究灌区水源调控问题是行之有效的方法[75]，而地下水数值模型作为耦合模型的重要组成部分，人们却往往忽视了对水文地质概念模型的研究，增加了模型模拟的随机性和不确定性，因此，严谨的模型结构、参数及各种输入数据的准确性研究也是未来的关键问题[76-77]。同时，明确不同类型灌区高效安全用水的目标，研发基于3S技术的灌区地表水与地下水联合调控耦合模型或灌区地下水管理模型[78]，提出实用、可行的地表水与地下水调控方案将是西北灌区地下水可持续开发利用研究的发展趋势。

4.3　渠井结合灌区机井布局理论与方法的研究

灌区地下水资源评价与开采模式研究是机井合理布局的基础，然而近些年来这些方面的工作有所弱化，灌区地下水资源的家底不清，使机井布局缺乏科学规划，因此，变化环境下灌区尺度地下水资源评价及开采模式研究问题必将引起重视。另外，拟开发的纯井灌区机井布局的理论与方法研究比较成熟[79]，而对于已成渠井结合灌区的研究相对较少，因此基于地表水与地下水联合应用机制的灌区机井合理布局理论与方法仍然是西北灌区关注的重点问题，而将大数据、5G及人工智能技术应用于灌区机井规划与布局的研究也是未来的发展方向[80-81]。同时也应该结合灌区的作物种植结构及需水特点，加强不同类型灌区渠井结合方式与工程布置的研究，使灌区渠系与井网的布局更加合理，为灌区实现"以井补渠、以渠养井、渠井结合"的灌溉模式提供基础条件支撑[82]。

4.4　灌区地下水"双控"管理能力建设

灌区地下水"双控"管理是最严格水资源管理制度研究的重要内容，也是西北灌区解决地下水问题有效方法[83]。灌区地下水取水总量与水位控制指标的研究还处于起步阶段，研究灌区取水总量与地下水位之间的关系，运用先进、可行的方法，科学地确定不同开发利用类型区总量与水位控制指标将是灌区实施地下水"双控"管理的关键研究问题[84-85]。另外，西北灌区现有地下水监测及基础数据现状难以满足"双控"管理及地下水科学研究工作的需求，因此完善和优化灌区地下水监测网站建设、加强地下水监测新技术及监测数据共享系统的研究也是灌区地下水管理能力建设的重要内容，需要从软、硬件等诸多方面进行研究。同时，也需要研究出台有关灌区地下水资源管理和保护的相关法律、法规及制度，通过法律、政策及行政管理措施促进灌区地下水的"双控"管理。

5　结语

　　围绕西北灌区共性关键地下水问题而展开的科学研究工作取得了丰硕的成果，在归纳总结地下水开发利用科学及技术研究进展的同时，针对相关研究中存在的局限性和不足，探讨了未来的发展趋势。

　　（1）归纳分析了西北灌区地下水的特征及调蓄功能，指出地下水的基本特征构成了地下水成为渠井结合灌溉水源的基本条件，而地下水的调蓄功能则决定着其对灌区高效安全用水的保障作用，进一步明晰了地下水资源开发利用对西北灌区可持续发展的重要性。

　　（2）变化环境对西北灌区地下水循环条件及演化机制产生着深远的影响。运用统计水文学及数值耦合模拟等方法，展开了灌区地下水位对变化环境响应及驱动因素等方面的研究，揭示了变化环境下灌区地下水形成及演化机理。指出加强灌区水文地质调查和地下水循环过程的试验研究，是未来地下水循环机理研究的重要基础；研发气候-陆地水文-地下水转化耦合模型，定量模拟研究灌区地下水文过程是今后的发展趋势。

　　（3）明晰了灌区合理地下水埋深的概念及确定原则，探究了西北不同典型灌区合理地下水埋深的确定方法，灌区地表水与地下水联合调控的理论与技术研究也在不断深化。提出明确灌区高效安全用水的目标，研发地表水与地下水联合调控耦合模型，研究实用可行的地表水与地下水调控方案将是灌区地下水可持续利用研究的热点问题。

　　（4）灌区地下水开采模式研究更聚焦于将新技术、新方法引入相关研究，而机井布局理论研究更具有针对性，布局方法已从传统方法向智能模拟优化技术发展，布局内容已从确定井数、井距及单井灌溉面积向机井空间布局适宜性评价及布局调整策略等方面扩展。认为基于地表水与地下水联合应用机制的灌区机井合理布局理论与方法研究仍然是西北灌区关注的重点问题，而将信息技术与计算机技术应用于灌区机井规划与布局研究将是未来发展的方向。

　　（5）归纳分析了灌区地下水行政及政策管理、"双控"管理机制及技术问题，认为科学确定不同地下水开发利用类型区总量与水位控制指标将是实施灌区地下水"双控"管理的关键研究问题，而完善和优化灌区地下水监测网站建设、强化地下水监测新技术及监测数据共享系统的研发将是未来灌区地下水管理能力建设的重要内容。

参 考 文 献

［1］　钱正英，沈国舫，潘家铮．西北地区水资源配置生态环境建设和可持续发展战略研究［M］．北京：科学出版社，2004．

［2］　沈振荣，苏人琼．中国农业水危机对策研究［M］．北京：中国农业科技出版社，1998．

［3］　张翔，张青峰．不同粮食消费模式下西北旱区大型灌区耕地压力分析［J］．干旱地区农业研究，2015，33（1）：244－251．

［4］　邓铭江．中国西北"水三线"空间格局与水资源配置方略［J］．地理学报，2018，73（7）：1189－1203．

［5］　赵云昌．中国西北地区地下水资源［M］．北京：地震出版社，2002．

［6］ 魏晓妹．地下水资源的管理与保护［J］．地下水，2013，35（2）：1－4.

［7］ 李佩成，刘俊民，魏晓妹，等．黄土塬灌区三水转化机理及水资源最佳调控模式研究［M］．西安：
陕西科学技术出版社，1999.

［8］ 周维博，李佩成．农田灌溉中节水与养水的哲理思考［J］．西北水资源与水工程，1999（4）：17－20.

［9］ 费宏宇，崔广柏．地下人工调蓄研究进展与问题［J］．水文，2006，26（4）：10－14.

［10］ 杨大文，楠田哲也．水资源综合评价模型及其在黄河流域的应用［M］．北京：中国水利水电出版
社，2005.

［11］ 刘昌明，任鸿遵．水量转化实验与计算分析［M］．北京：科学出版社，1988.

［12］ 李建承．北方大型灌区渠井结合配置模型研究［D］．杨凌：西北农林科技大学，2015.

［13］ 刘艳，朱红艳．泾惠渠灌区水环境劣变特征及地下水调蓄能力分析［J］．农业工程学报，2011，
27（6）：19－24.

［14］ 黄修桥，郭圆圆，徐建新．灌区水资源循环转化研究进展［J］．华北水利水电学院学报，2013，
34（1）：79－82.

［15］ 杨志勇，胡勇，袁喆，等．井灌区水循环研究进展［J］．灌溉排水学报，2015，34（3）：56－60.

［16］ 代俊峰，崔远来．灌溉水文学及其研究进展［J］．水科学进展，2008，19（2）：294－300.

［17］ WANG Xiaojun，ZHANG Jianyun，HE Ruimin，et. al. A strategy to deal with water crisis under
climate change for mainstream in the middle reaches of Yellow River［J］．Mitigation and adaptation
strategies for global change，2011，16（5）：555－566.

［18］ 魏晓妹，康绍忠，粟晓玲，等．石羊河流域绿洲农业发展对地表水与地下水转化关系的影响［J］.
农业工程学报，2005，21（5）：38－41.

［19］ 刘燕．泾惠渠灌区地下水位动态变化特征及成因分析［J］．人民长江，2010，41（8）：100－103.

［20］ 魏晓妹．地下水在灌区"四水"转化中的作用［J］．干旱地区农业研究，1995，13（3）：54－57.

［21］ 张永波，等．水工环研究的现状与趋势［M］．北京：地质出版社，2001.

［22］ 张文化，魏晓妹，李彦刚．气候变化与人类活动对石羊河流域地下水动态变化的影响［J］．水土
保持研究，2009，16（1）：183－187.

［23］ 杜伟，魏晓妹，李萍，等．变化环境下灌区地下水动态演变趋势及驱动因素［J］．灌排工程机械
学报，2013，31（11）：993－999.

［24］ 苏阅文，冯绍远，王娟，等．内蒙古河套灌区地下水位埋深分布规律及其影响因素分析［J］．中
国农村水利水电，2017，（7）：33－37.

［25］ 徐存东，王荣荣，丁廉营，等．干旱引黄灌区地下水位变化特征分析［J］．人民黄河，2016，
38（5）：54－57.

［26］ 吉磊，刘兵，何新林，等．玛纳斯河下游灌区地下水埋深变化特征及成因分析［J］．灌溉排水学
报，2015，34（9）：59－65.

［27］ 李萍，魏晓妹，降亚楠，等．关中平原渠井双灌区地下水循环对环境变化的响应［J］．农业工程
学报，2014，30（18）：123－131.

［28］ 王蕾．基于 SWAT－MODFLOW 的变化环境下渠井结合灌区地下水循环特征研究［D］．杨凌：西
北农林科技大学，2017.

［29］ 邵东国，刘武艺，张湘隆．灌区水资源高效利用调控理论与技术研究进展［J］．农业工程学报，
2007，23（5）：251－257.

［30］ MANZIONE R L，WENDLAND E，TANIKAWA D H. Stochastic simulation of time－series models
combined with geostatistics to predict water－table scenarios in a Guarani Aquifer System outcrop area,
Brazil［J］．Hydrogeology Journal，2012，20（7）：1239－1249.

［31］ 李和平，史海滨，苗澍，等．生态地下水研究进展和管理阈值指标体系框架［J］．中国农村水利水
电，2008（11）：8－11.

[32] 张长春，邵景力，李慈君，等．地下水位生态环境效应及生态环境指标 [J]．水文地质工程地质，2003（3）：6-9

[33] Sophocleous, Marios. Managing water resources systems：why "Safe Yield" is not sustainable [J]. Ground Water, 2005, 35（4）：561-561.

[34] 唐克旺，侯杰，于丽丽．基于功能的地下水控制水位确定方法 [J]．中国水利，2015（9）：30-32.

[35] 张惠昌．干旱区地下水生态平衡埋深 [J]．勘察科学技术，1992（6）：9-13.

[36] 钟瑞森，郝丽娜，包安明，等．干旱内陆河灌区地下水位调控措施及其效应 [J]．水力发电学报，2012，31（4）：65-71.

[37] 闫金良，张金艳，张敏．内蒙古河套灌区适宜地下水水位研究进展 [J]．内蒙古水利，2015，155（15）：10-11.

[38] 董起广，周维博．泾惠渠灌区地下水生态水位研究 [J]．灌溉排水学报，2018，37（S1）：70-73.

[39] 赵孟哲，魏晓妹，降亚楠，等．渠井结合灌区控制性关键地下水位及其管理策略研究 [J]．节水灌溉，2015（7）：95-98.

[40] 魏晓妹．黄土塬灌区地下水水位动态机理及其调控模型的研究 [D]．杨凌：西北农林科技大学，1996.

[41] 周维博，曾发琛．井渠结合灌区地下水动态预报及适宜渠井用水比例分析 [J]．灌溉排水学报，2006，25（1）：6-9.

[42] 代锋刚，蔡焕杰，刘晓明，等．利用地下水模型模拟分析灌区适宜井渠灌水比例 [J]．农业工程学报，2012，28（15）：45-51.

[43] 粟晓玲，宋悦，刘俊民，等．耦合地下水模拟的渠井灌区水资源时空优化配置研究 [J]．农业工程学报，2016，32（13）：43-51.

[44] 贺向丽，叶懋，张昕，等．基于调控适宜性区域评价的红崖山灌区地下水位动态预测 [J]．农业工程学报，2018，34（18）：179-186.

[45] 降亚楠．基于 GIS 的灌区地下水资源评价系统 [D]．杨凌：西北农林科技大学，2008.

[46] 李彦刚．灌区机井合理布局理论与方法研究 [D]．杨凌：西北农林科技大学，2009.

[47] 王水献．新疆阿瓦提绿洲灌区约束供水条件下地下水开采模式 [J]．工程勘察，2010，38（3）：46-49，60.

[48] 杨路华，沈荣开，曹秀玲．内蒙古河套灌区地下水合理利用的方案分析 [J]．农业工程学报，2003（5）：56-59.

[49] 李佩成．地下水非稳定渗流解析法 [M]．北京：科学出版社，1990.

[50] 魏晓妹，李佩成．利用"隔离井法"公式确定水文地质参数的图解方法 [J]．地下水，1993，13（4）：141-143.

[51] 郭西万．井群规划的系统工程法——以新疆泽普县水源地规划为例 [J]．八一农学院学报，1991，17（1）：33-37.

[52] 王红雨，全达人．井灌区规划中最佳井距的确定方法 [J]．宁夏农学院学报，1995，13（3）：27-32.

[53] 王康，沈荣开，周祖昊．内蒙古河套灌区地下水开发利用模式的实例研究 [J]．灌溉排水学报，2007，26（2）：29-32.

[54] 李彦刚，魏晓妹，蔡明科．基于供需水量平衡分析的灌区机井合理布局模式 [J]．排灌机械工程学报，2012（5）：614-619.

[55] 刘鑫，王素芬，郝新梅．红崖山灌区机井空间布局适宜性评价 [J]．农业工程学报，2013，9（2）：101-109.

[56] 杨晓茹．渭河流域大中灌区水资源开发利用存在问题及对策 [J]．陕西水利，2002（4）：24-25.

[57] 廖永松，魏卓，鲍子云，等．地下水管理制度、现状与后果 [J]．水利发展研究，2005（6）：37-41.

[58] 胡中锋．宝鸡峡灌区农灌用水效益衰减原因分析与对策 [J]．陕西水利，2009（2）：56-57.

[59]　景清华. 井渠结合灌溉管理模式探讨 [J]. 中国农村水利水电，2010 (2)：90 - 92.

[60]　党永仁，葛社民，董冬星，等. 渠井双灌区水资源管理途径的探讨 [J]. 防渗技术，2001，7 (2)：42 - 45.

[61]　闫雪艳. 泾惠渠灌区地表水与地下水统一管理问题探讨 [J]. 陕西水利，2012 (5)：37 - 38.

[62]　李鹏，魏晓妹，杜伟，等. 基于高效安全用水的渠井结合灌溉管理模式研究 [J]. 节水灌溉，2013 (10)：49 - 51.

[63]　李佩成. 论实行最严格水资源管理 [J]. 地下水，2012 (3)：1 - 5.

[64]　耿直，刘心爱，王小军，等. 我国粮食主产区地下水管理现状及保护措施研究 [J]. 中国水利，2009 (15)：37 - 38.

[65]　张远东，王策. 地下水取用水总量与水位双重控制刍议 [J]. 中国水利，2014 (9)：7 - 9.

[66]　王小军，毕守海，高娟，等. 严格地下水保护与管理的思考 [J]. 中国水利，2013 (11)：7 - 9.

[67]　闫丽娟. 灌区地下水资源管理制度理论及实践研究 [D]. 北京：中国水利水电科学研究院，2013.

[68]　赵孟哲. 基于开采总量及水位控制的灌区地下水协同管理模式研究 [D]. 杨凌：西北农林科技大学，2016.

[69]　康艳，粟晓玲，党永仁. 渠井双灌区水资源统一调控的管理机制研究 [J]. 节水灌溉，2016 (7)：52 - 59.

[70]　赵辉，齐学斌，高胜国. 井灌区地下水限量开采自动控制系统的研制与应用 [J]. 农业工程学报，2001 (5)：32 - 34.

[71]　李亚民，赵辉，邵景力，等. 井灌区灌溉管理无线遥控遥测系统的研制与应用 [J]. 水利水电技术，2004 (2)：54 - 56，95.

[72]　方良斌，唐克旺. 石羊河流域地下水管理措施与实例分析 [J]. 中国水利，2018 (9)：20 - 22.

[73]　中国地下水科学战略研究小组. 中国地下水科学的机遇与挑战 [M]. 北京：科学出版社，2009.

[74]　林学钰，廖资生，赵永胜，等. 现代水文地质学 [M]. 北京：地质出版社，2005.

[75]　汪林，董增川，唐克旺，等. 变化环境下海河流域地下水响应及调控模式研究 [M]. 北京：科学出版社，2013.

[76]　胡立堂，王忠静，田伟. 内陆河灌区地下水和地下水集成模型与应用研究 [M]. 北京：中国水利水电版社，2013.

[77]　URBANO L, WALDRON B, DAN L, et al. Groundwater - surface water interactions at the transition of an aquifer from unconfined to confined [J]. Journal of Hydrology, 2006, 321 (1 - 4)：200 - 212.

[78]　齐学斌，樊向阳. 北方典型灌区水资源调控与高效利用技术模式研究 [M]. 北京：中国水利水电出版社，2013.

[79]　水利部农村水利司. 机井技术规范：SL 256—2000 [S]. 北京：中国水利水电出版社，2000.

[80]　张嘉星，齐学斌，乔冬梅. 农业灌区机井规划布局研究进展 [J]. 农学学报. 2016，6 (2)：96 - 100.

[81]　SHEN C. A Transdisciplinary Review of Deep Learning Research and Its Relevance for Water Resources Scientists [J]. Water Resources Research, 2018, 54 (11)：8558 - 8593.

[82]　魏晓妹，赵颖娣. 关中灌区农业水资源调控问题研究 [J]. 干旱地区农业研究，2006，18 (3)：117 - 121.

[83]　魏晓妹，降亚楠，赵孟哲，等. 变化环境下北方渠井结合灌区地下水调蓄与管理问题研究 [M] // 陈兴伟，等. 变化环境下的水科学与防灾减灾. 北京：中国水利水电出版社，2015：203 - 207.

[84]　崔远征，王金生，滕艳国，等. 地下水取水总量控制管理技术研究 [J]. 中国水利，2011 (11)：26 - 27.

[85]　陶洁，左其亭，薛会露，等. 最严格水资源管理制度"三条红线"控制指标及确定方法 [J]. 节水灌溉，2012 (4)：64 - 67.

Recent Progress in the Development and Utilization of Groundwater Resources in Northwestern Irrigation Districts

Abstract：Recent progresses in the development and utilization of groundwater resources in northwestern irrigation districts were summarized in this paper. Groundwater is very important to the sustainable development of northwestern irrigation districts，therefore the basic characteristics and its regulation and storage effects was analyzed firstly，which is very helpful to realize its rational development and utilization. Then the following issues were discussed in detail，which are groundwater dynamics，its evolution mechanism，conjunctive use and management with surface water，development strategy and pumping well layout optimization，management system. Finally，several important future research questions were proposed.

水文频率计算研究面临的挑战与建议

宋松柏

摘要：水文频率计算是水文分析计算的主要内容之一，是各类涉水工程规划、设计确定工程规模和管理决策的主要依据。经过 140 多年的研究和实践，水文频率计算已经形成较为完整的理论体系与方法，包括水文样本选择和数据检验、经验频率计算、频率分布函数选取、分布函数参数估计、分布模型检验、设计值计算和设计值不确定性分析。所有这些支撑了涉水工程的规划、设计和管理。本文根据国内外有关研究进展，总结了水文序列频率计算的前提条件、频率分布函数和参数计算方法。从水文频率分布函数选择、水文数据、分布函数参数计算、经验频率等方面分析了水文频率计算研究面临的挑战。在此基础上，提出了水文频率计算研究的一些建议，以期促进水文频率计算理论的进一步发展。

1 引言

水文频率计算是综合运用水文学、水文统计学和其他数学原理，利用计算区的水文资料，分析水文事件的统计规律，定量表征水文变量设计值与设计标准（频率或重现期）之间的关系，是各类涉水工程规划、设计确定工程规模和管理决策的主要依据[1-2]。Foster H. A. 认为水文频率计算始于 1880—1890 年[3]，Herschel C. 和 Freeman G. H. 应用历时曲线（现称为频率曲线）第一次进行径流序列频率分析[3]。1896 年，Horton R. E. 根据 Rafter G. W. 的建议，采用正态分布在对数格纸上进行径流序列适线研究。1913 年，Fuller W. E. 采用半对数格纸进行重现期与径流序列设计值的适线研究，一些学者认为这是首次进行综合性水文频率计算。1921 年，Hazen A. 采用正态分布概率对数格纸进行适线[3]。1924 年，Foster 提出了 P-Ⅲ分布分析方法，并计算出离均系数表格供计算者使用。1935 年，苏联克里茨基和门克尔提出组合概率近似分析法，是最早的水文多元概率分布研究[3]。按照金光炎先生的文献[3]，1932 年，周镇伦先生应用美国雨量站资料，绘制了正态分布和 P-Ⅲ分布曲线，发表《全年雨量之常率线及常率积分线》研究论文[4]。1933 年，我国学者须恺绘制了宜昌、汉口、九江、芜湖和镇江 5 站的年最大月雨量、日雨量频率曲线，并通过径流系数等参数转化为洪水值。1935 年著有《淮河洪水之频率》研究论文[5]。1937 年，陈椿庭先生发表《中国五大河洪水量频率曲线之研究》论文，系统地介绍了 Grassberger、Hazen 和 Foster 经验概率计算和概率格纸，并进行长江、黄河、永定河和淮河年最大洪水的频率计算[6]。1947 年，他的这篇论文获国民政府教育部优秀论文奖[7]。此外，陈椿庭先生著有"绘制洪水流量频率曲线的简便新法""水文频率曲线点绘方法比较"等论文[8]。这些反映了我国早期的水文频率计算研究成果。中华人民共和国成立后，随着水利工程建设的发展，我国水文学者在吸收国外水文统计理论的基础上，广泛地开展工程水文分析计算问题研究和实践。20 世纪 80 年代，丁晶、宋德敦、马秀峰、刘光文、郭生练等学者先后提出了 P-Ⅲ分布参数估计的概率权重法、单权函数法、双权函数法和非参数估计法，他们的研究成果至今被广泛地应用于水文频率分布的参数估计或被许多计算手册、教科书引用。

目前，主要代表性的研究成果和理论体系总结有[9-38]：《Statistical Methods in Hydrology》《Fundamentals of Statistical Hydrology》《Statistical Methods in Hydrology and Hydroclimatology》《Flood frequency analysis》《Predictive Hydrology：A Frequency Analysis Approach》《Entropy-Based Parameter Estimation in Hydrology》《水文统计学》《水文学的概率统计基础》《设计洪水研究进展与评价》《水科学技术中的概率统计方法》《水文气象统计通用模型》《统计试验方法及应用》《水文水资源应用数理统计》《水文统计的原理与方法》《实用水文统计法》《水文统计计算》《水文水资源随机分析》《工程数据统计分析》《水文水资源分析研究》《水文水资源计算务实》《统计水文学》《水文风险分析的理论与方法》《Copulas 函数及其在水文中的应用》《单变量水文序列频率计算原理与应用》《非一致性水文概率分布估计理论和方法》《变化环境下地表水资源评价方法》《变化环境下区域水资源变异问题研究》《变化环境下的水文频率分析方法及应用》《淮河复合河道洪水概率预报方法与应用》《Copula 函数理论在多变量水文分析计算中的应用研究》《Copulas and Its Application in Hydrology and Water Resources》等。其中，金光炎先生的《水文统计的原理与方法》推动了我国水文统计理论的普及和应用[2]，黄振平教授和陈元芳教授主编的《水文统计学》至今仍是我国水文与水资源工程专业的通用教材。1880—1890 年，Herschel 和 Freeman 的径流序列频率分析算起，水文频率计算距今已有 140 多年的研究和实践历史。目前，水文频率计算方法是水文学最为活跃的研究领域之一，受到国外学者和水文计算者的高度重视，经过几代水文科学工作者的不懈努力，他们的研究成果为涉水工程规划建设和管理提供了坚实的支撑。

Singh 和 Strupczewski[39]认为水文频率分析方法大致可以分为 4 类：① 经验法；②现象法；③动力法；④随机模型结合蒙特卡洛模拟法。按照采用测站的多少，水文频率分析分为单站频率分析和区域频率分析。如果按照变量的数目来说，水文频率分析又可分为单变量频率分析和多变量频率分析。按照事件个数，也可以分为单事件频率分析和游程事件频率分析（如干旱历时频率分析）。经验法是上述 4 类方法中应用较广泛的方法，采用经验法进行单站频率分析是工程规划设计使用最多的方法。水文频率分析推求设计值主要有参数统计和非参数统计两种途径。参数统计方法是国内外研究和应用较多的方法，需事先假定水文序列的分布模型，利用参数估计方法估算样本参数，根据样本统计特征值与分布参数的关系，求出分布参数。这种方法涉及 6 个步骤[12,39]：①水文样本数据选择和数据检验；②选择经验公式（绘点位置公式）计算样本经验概率；③选择概率分布函数，采用合适的参数估算技术拟合水文样本；④水文分布模型检验；⑤给定设计频率，进行水文设计值计算；⑥水文设计值不确定性分析。根据国内外研究文献的报道[9-43]，本文根据现有水文频率计算研究进展，总结了以下有关面临的挑战和研究建议，以期促进水文频率计算理论的进一步发展。

2　水文序列频率计算的前提条件

水文样本数据一般根据实际需要选取，并形成某类特征值数据序列，如一定时空尺度的极值、月值、枯水值和年值数据等。上述序列选样不同，其频率和重现期计算有所差异。一般来说，选取水文数据序列必须满足下述计算前提条件[12]：①数据正确地揭示水文变化规律；②形成数据序列的物理机制没有发生变化（一致性，Consistent），满足平稳性（Stationary）和同质性（Homogeneous）；③数据序列满足随机简单样本特性。随机性（Random）是指样本数据服从同一概率分布，而简单样本则指一个样本数据不影响后续值的发生，即数据间满足独立性；④数据序列应具有足够的长度。数据检验分为参数检验（Parametric test）和非参数检验（Nonparametric test）两大类，包括样本特征参数与分布参数的一致性检验（Conformity test）；两个样本分布的同一性检验（Homogeneous test）；样本服从某一概率分布的检验（Goodness-of-fit test）；样本数据间的相依性检验（Autocorrelation test）。水文分布模型拟合检验方法有图形法、Chi-square 检验、Kolmogorov-Smirnov 检验、GPD 检验、Anderson-Darling 检验、矩图法（Diagrams of moments）、线性矩图法（Diagrams of L-moments）以及分布函数模型选优比较法（AIC 和 BIC 法）。

3　水文序列频率分布函数与参数计算方法

Rao，A. R. 和 Hamed，K. H. 在他们的《*Flood frequency analysis*》专著中，系统地总结了目前常用的水文序列频率分布函数与参数计算方法，给出了大量详细的应用实例。常用的单变量水文频率线型有 20 多种，主要分为以下四大类：

（1）Γ分布类。包括指数分布、两参数Γ分布、P-Ⅲ分布（三参数Γ分布）、对数P-Ⅲ分布和四参数指数Γ分布、克里茨基-门克尔分布等。

（2）极值分布类。包括极值Ⅰ型、Ⅱ型、Ⅲ型分布以及广义极值分布。

（3）正态分布类。正态分布类包括正态、两参数对数正态和三参数对数正态分布。

（4）Wakeby 分布类。Wakeby 分布类主要包括五参数 Wakeby 分布、四参数 Wakeby 分布和广义 Pareto 分布。除上述分布外，还有一些常用的偏态非对称分布（Skew-Asymmetric Distributions）模型。这些模型的主要特点是引入了一个新的参数λ控制分布模型中的偏态（skew）和峰度（kurtosis）系数，包含不完全 Beta 函数、第一类完全椭圆函数积分、第二类完全椭圆函数积分、广义超几何函数、普西函数、δ(·) 函数、Riemann's zeta 函数、补余误差函数、不完全Γ函数、第二类修正 Bessel 函数积分等特殊函数，概率密度函数形式复杂，相应的概率分布函数计算及其困难。偏态非对称分布主要有偏正态分布、混合偏正态分布、偏态 t 分布、混合偏态 t 分布、偏态拉普拉斯分布、偏态 Logistic 分布、偏态均匀分布、偏态指数幂分布、偏态贝塞尔函数分布、偏态皮尔逊Ⅱ分布、偏态皮尔逊Ⅶ分布、偏态广义 t 分布等。四参数指数Γ分布是中国水利水电科学研究院孙济良先生根据Γ分布经过指数变换推得的分布，当其参数取某些特定值时，四参

数指数 Γ 分布可转化为两参数 Γ 分布、P-Ⅲ 分布、克里茨基-门克尔分布、极值Ⅲ型分布、卡方分布、指数分布、正态分布、对数正态和极值Ⅰ型分布。因而也称为水文频率通用模型[22]。对于删失或截取水文序列样本，通常也采用删失分布或截取分布，他们是完全不同上述的概率分布。

水文频率分布参数计算涉及高等数学、概率论与数理统计、水文学、数值计算、优化计算等学科的交叉和渗透。单变量水文频率分布参数估计方法主要有：①矩法；②极大似然法；③概率权重和线性矩法；④最小二乘法；⑤最大熵原理；⑥混合矩法；⑦广义矩法；⑧不完整均值法；⑨单位脉冲响应函数法；⑩部分概率权重矩法和高阶概率权重矩法。其中，矩法、极大似然法和概率权重法是最广泛的参数估计方法。由于 P-Ⅲ 分布的分位数不能表示为相应概率分布值的显函数，概率权重法求解参数困难。20 世纪 80 年代，四川大学丁晶教授和南京水利科学研究院宋德敦研究员通过积分变换，率先提出了 P-Ⅲ 分布参数估计的概率权重法计算公式，他们的研究成果至今被各国广泛地应用于水文频率分布的参数估计，并写入计算手册。美国地质勘查局也使用指数洪水分析（index flood method）和回归分析（regression analysis）进行区域频率分析。除经验法外，现象法、动力法和随机模型结合 Monte Carlo 模拟法目前还处于学术研究层面，工程实际应用较少。非参数统计方法主要指在所处理对象总体分布族的数学形式未知情况下，对其进行统计研究的方法。而非参数估计就是在没有参数形式的密度函数可以表达时，直接使用独立同分布的观测值，对总体的密度函数进行估计的方法。主要包括概率密度核估计和非参数回归估计模型。

对于多变量联合概率分布来说，常用的分布模型有二维 gamma 分布、Izawa bigamma 模型、Moran 模型、Smith-Adelfang-Tubbs（SAT）模型、Farlie-Gumbel-Morgenstern（FGM）模型、两变量乘积 XY 的二维 gamma 分布、二维 Gumbel mixed（GM）分布、二维 Gumbel logistic（GL）分布、二维 Nagao-Kadoya 指数（BVE）分布、d 维正态分布 $N(\mu, \Sigma)$、二维对数正态分布、d 维 student's t 分布 $N(\mu, \Sigma)$ 等。近年来，为了克服传统多变量概率分布计算的不足，Copulas 函数被引入多变量水文变量联合概率分布计算。主要的 Copulas 函数有对称 Archimedean copulas、非对称 Archimedean copulas、Plackette copula、Metaelliptical copulas 和混合 copulas 等。常见的对称 Archimedean copulas 函数见表 1。Copulas 函数参数估计方法有精确极大似然法、边际函数推断法和半参数法。

表 1　　　　　　　　　　　对称 **Archimedean copulas** 函数

名称	$C(u_1, u_2)$	$\varphi(t)$	θ
Nelsen No 1	$\max[(u_1^{-\theta} + u_2^{-\theta} - 1)^{-\frac{1}{\theta}}, 0]$	$\frac{1}{\theta}(t^{-\theta} - 1)$	$[-1, \infty) \setminus \{0\}$
Nelsen No 2	$\max(1 - [(1-u_1)^\theta + (1-u_2)^\theta]^{\frac{1}{\theta}}, 0)$	$(1-t)^\theta$	$[-1, \infty)$
Nelsen No 3	$\frac{u_1 u_2}{1 - \theta(1-u_1)(1-u_2)}$	$\ln \frac{1 - \theta(1-t)}{t}$	$[-1, 1)$

名称	$C(u_1,u_2)$	$\varphi(t)$	θ
Nelsen No 4	$e^{-[(-\ln u_1)^\theta+(-\ln u_2)^\theta]^{\frac{1}{\theta}}}$	$(-\ln t)^\theta$	$[-1,\infty)$
Nelsen No 5	$-\dfrac{1}{\theta}\ln\left[1+\dfrac{(e^{-\theta u_1}-1)(e^{-\theta u_2}-1)}{e^{-\theta}-1}\right]$	$-\ln\dfrac{e^{-\theta t}-1}{e^{-\theta}-1}$	$[-\infty,\infty)\setminus\{0\}$
Nelsen No 6	$1-[(1-u_1)^\theta+(1-u_2)^\theta-(1-u_1)^\theta(1-u_2)^\theta]^{\frac{1}{\theta}}$	$-\ln[1-(1-t)^\theta]$	$[-1,\infty)$
Nelsen No 7	$\max[\theta u_1 u_2-(1-\theta)(u_1+u_2-1),0]$	$-\ln[\theta\cdot t-(1-\theta)]$	$(0,1]$
Nelsen No 8	$\max\left[\dfrac{\theta^2 u_1 u_2-(1-u_1)(1-u_2)}{\theta^2-(\theta-1)^2(1-u_1)(1-u_2)},0\right]$	$\dfrac{1-t}{1+(\theta-1)t}$	$[-1,\infty)$
Nelsen No 9	$u_1 u_2 e^{-\theta \ln u_1 \ln u_2}$	$\ln(1-\theta\ln t)$	$(0,1]$
Nelsen No 10	$\dfrac{u_1 u_2}{[1+(1-u_1^\theta)(1-u_2^\theta)]^{\frac{1}{\theta}}}$	$-\ln(2t^{-\theta}-1)$	$(0,1]$
Nelsen No 11	$\max\{[u_1^\theta u_2^\theta-2(1-u_1)^\theta(1-u_2)^\theta]^{\frac{1}{\theta}},0\}$	$\ln(2-t^\theta)$	$\left(0,\dfrac{1}{2}\right]$
Nelsen No 12	$\{1+[(u_1^{-1}-1)^\theta+(u_2^{-1}-1)^\theta]^{\frac{1}{\theta}}\}^{-1}$	$\left(\dfrac{1}{t}-1\right)^\theta$	$[-1,\infty)$
Nelsen No 13	$e^{1-[(1-\ln u_1)^\theta+(1-\ln u_2)^\theta-1]^{\frac{1}{\theta}}}$	$(1-\ln t)^\theta-1$	$(0,\infty)$
Nelsen No 14	$\{1+[(u_1^{-\frac{1}{\theta}}-1)^\theta+(u_2^{-\frac{1}{\theta}}-1)^\theta]^{\frac{1}{\theta}}\}^{-\theta}$	$(t^{-\frac{1}{\theta}}-1)^\theta$	$[1,\infty)$
Nelsen No 15	$\max(\{1-[(1-u_1^{\frac{1}{\theta}})^\theta+(1-u_2^{\frac{1}{\theta}})^\theta]^{\frac{1}{\theta}}\}^\theta,0)$	$(1-t^{\frac{1}{\theta}})^\theta$	$[1,\infty)$
Nelsen No 16	$\dfrac{1}{2}(S+\sqrt{S^2+4\theta})$ $S=u_1+u_2-1-\theta\left(\dfrac{1}{u_1}+\dfrac{1}{u_2}-1\right)$	$\left(\dfrac{\theta}{t}+1\right)(1-t)$	$[0,\infty)$
Nelsen No 17	$\left\{\dfrac{[(1-u_1)^{-\theta}-1][(1-u_2)^{-\theta}-1]}{2^{-\theta}-1}\right\}^{-\frac{1}{\theta}}-1$	$-\ln\dfrac{(1+t)^{-\theta}-1}{2^{-\theta}-1}$	$(-\infty,\infty)\setminus\{0\}$
Nelsen No 18	$\max\left[1+\dfrac{\theta}{\ln\left(e^{\frac{\theta}{u_1-1}}+e^{\frac{\theta}{u_2-1}}\right)},0\right]$	$e^{\frac{\theta}{t-1}}$	$[2,\infty)$
Nelsen No 19	$\dfrac{\theta}{\ln\left(e^{\frac{\theta}{u_1}}+e^{\frac{\theta}{u_2}}-e^\theta\right)}$	$e^{\frac{\theta}{t}}-e^\theta$	$(0,\infty)$
Nelsen No 20	$[\ln(e^{u_1^{-\theta}}+e^{u_2^{-\theta}}-e)]^{-\frac{1}{\theta}}$	$e^{t^{-\theta}}-e$	$(0,\infty)$

4　水文频率计算面临的挑战

水文频率计算虽然经历了 140 多年的研究和实践，由于水文序列组成和特性具有高度的复杂性，其理论体系与方法仍然需要不断地完善和发展，面临着许多挑战。

4.1　水文频率分布函数选择

目前，人们还无法从水文机理上证明水文事件的概率（频率）分布函数。实际中，计算者选用现有的随机变量分布函数，根据收集的水文数据和审查，通过选用合理的参数估计方法进行分布函数参数计算，经分布函数拟合度检验后，依据水文数据的经验频率与选用分布函数理论频率之间的拟合效果来评估水文序列频率分布函数的拟合效果。实际上，这种处理是一种近似水文频率分布函数的选择方法，缺乏相应的理论支撑。另外，现有分布函数随机变量的取值范围一般为 $(-\infty, \infty)$ 或 (a, ∞)、$(-\infty, a)$，a 为某一常数，而实际水文取值可在某个可能最小与最大之间，不可能取无穷大值，这种取值范围不符合水文值的实际取值范围，其计算的结果必然出现偏差。因此，现有随机单变量的概率分布实际上是对水文变量分布的逼近，频率拟合在 25%～75% 的频率段一般能够取得较好的拟合效果，而频率曲线的上尾或下尾部（频率曲线的两端外延部分）拟合出现较大的偏差，无法得到满意的拟合效果。另外，在分析计算中，计算者往往需要在频率曲线的两端外延部分进行设计值推求。

4.2　水文数据

现有水文频率的计算方法必须满足概率论随机试验要求，依据随机事件原理计算水文事件概率，即要求水文序列满足独立、同分布（一致性或平稳性）要求。实际中，水文序列难以完全满足随机试验条件要求。

（1）径流可能是由多个气候机制形成的。对于季节性径流选样（如分期洪水选样），其值可能是暴雨、融雪、冰川融化、飓风、台风等形成的径流。对于年值径流选样来说，同样暴雨、融雪、冰川融化、飓风、台风等参与径流的形成过程。显然，按照随机试验条件，假定流域下垫面不变、流域气候变化稳定和不受人类活动影响下，上述的序列也不满足平稳性，它们可能服从混合分布。

（2）观测较早或历史推算洪水难以获取水文值发生期内流域下垫面和气候变化情况。洪水频率计算中，通常实测洪水序列与历史特大洪水共同组成不连序系列。在洪涝灾害的记载中，清代以前和清代初期的史籍中记载非常简单，洪水记录难以使用。因而，实际计算主要根据清代中后期的记载资料，选用距今 200 多年的洪水作为特大洪水。这些洪水形成的下垫面条件和气候条件与实测期的下垫面条件和气候条件有很大的差异。因此，这种不连序系列也难以满足平稳性要求。

（3）在气候变化和高强度的人类活动影响的流域和区域，水文序列呈现出非平稳性特性，不能满足现有水文频率计算的前提和条件。

4.3　分布函数参数计算

按照随机过程原理，水文频率计算假定水文序列具有平稳各态历经性。即一个平稳序列的各种时间平均值依概率收敛于相应的集合平均（大量样本函数在特定时刻取值通过统计方法计算平均值所得的数字特征值）。平稳各态历经性说明了随机序列发生的各个样本函数都同样地经历了随机序列的各种可能状态，任一样本函数的统计特性都可充分代表整个随机序列的统计特性，也可以用这个样本函数的时间平均来代替整个随机序列的集合平均值[44-45]。显然，当样本函数序列长度无限大时，样本函数的时间平均等于随机序列的集合平均值，可满足水文频率分布函数的参数估计要求。但是，水文序列是一个有限长度的序列，特别是发展中国家，水文站建站较晚，其观测资料长度较短，无法满足这种计算条件。因此，无论采用任何参数估计方法，有限水文序列估计水文频率分布函数的参数不可避免地带来计算偏差。

4.4　经验频率

经验频率也称绘点位置（Plotting Positions）或秩次概率（Rank - order probability），是根据样本按递减（或递增）顺序排列，采用一定的计算方法估计样本每项值的频率，这个估计频率值称为经验频率。目前，经验频率公式种类很多，代表性的计算公式有California（1923）公式、Hazen（1930）公式、Weibull（1939）公式、Leivikov（1955）公式、Blom（1958）公式、Tukey（1962）公式、Gringorten（1963）公式、Cunnane（1978）和 Hosking（1985）公式。我国《水利水电工程设计洪水规范（2020）》推荐采用 P-Ⅲ型曲线和图解适线法推求设计频率对应的设计洪水值。在选定线型和适线准则的前提下，经验频率是评价参数估计优劣的依据。经验频率与理论频率偏差越小，则分布参数估计越好。因此，采用适线法确定水文频率分布参数或以经验频率作为参数方法评价依据，经验频率计算尤为重要，其计算精度主要取决经验频率。严格来说，经验频率依赖于水文序列的频率分布函数。由于水文序列真正的频率分布函数无法确定，在实际水文分析中，广泛采用数学期望（Weibull，1939）公式，这是一种近似的做法。

上述单变量频率计算的问题同样存在于多变量频率计算中。①人们也无法获得机理性的联合概率分布函数，一般在变量组合取值的两端外延部分拟合出现偏差；②按照 copulas 函数计算原理，单变量频率计算精度直接地影响 copulas 函数概率分布计算；③单变量非平稳性导致相应的 copulas 函数联合概率的非平稳性，其计算方法尤为复杂，计算方法带来的偏差难以估计；④高维 copulas 函数较少，而 pair copulas 构建高维联合概率密度函数容易，但是，其高维联合概率分布值需要通过高维数值积分进行计算，计算精度依赖于高维数值积分方法；⑤高维的经验概率分布计算公式仍缺乏相应的理论支撑。

5　水文频率计算研究的建议

根据现有水文频率计算面临的挑战，本文建议深入开展以下研究工作，以期为我国水文频率计算提供参考和支持。

（1）删失或截取分布。按照时间序列分析观点，现有水文序列频率计算一般要求水文序列为完整序列（Complete series）。实际中，由于仪器分辨率、观测或选样要求，水文序列会出现由超过某一门限值（Certain threshold）或低于某一门限值的数据组成。这种序列是完整序列的一个子集，称为部分序列（Partial series），超出了时间序列分析领域。而现有的水文频率分布是假定序列为完整序列，部分序列采用完整序列的频率计算方法，显然是合理的。另外，水文序列分布为有界取值概率分布函数，应用（$-\infty$，∞）或（a，∞）、（$-\infty$，a）取值的频率分布进行拟合，实际上是一种近似计算。统计学中删失或截取分布随机变量取值范围恰好具备部分序列的取值区间。因此，删失或截取分布可能是提供上述部分序列频率的计算途径。目前，删失或截取分布应用于工业质量、产品寿命和金融等领域，取得了许多成功案例。因此，有必要进一步研究删失或截取分布在水文中的应用。

（2）提高频率分布参数估计精度。如上所述，水文频率分参数估计方法很多。从水文频率计算研究结果来看，最大熵原理取得了较好的拟合效果。其原因是，许多分布函数经过复杂的数学推得，最终频率分布参数计算归结频率分布参数函数的数学期望方程或方程组，属于函数的一阶矩或二阶矩计算，避免了高阶函数矩计算。因此，低阶矩约束条件下的最大熵原理推求水文频率分参数估计有待深入研究。另外，如果计算站资料长度较短，可选用计算站临近或相似流域具有长系列的测站资料，通过序列的相依性分析，进行copulas联合分布计算，进而推求计算站的设计频率和设计值。这也是一种提高频率分布参数估计精度的一个途径，有待于深入研究。

（3）实用的非平稳水文序列频率计算方法。由于气候变化和高强度的人类活动的影响，改变了流域的降雨特性、产汇流和河道水流的天然时空分配规律，使长序列的统计特性发生变化。另外，径流可能是由多个气候机制形成的。因而，这些不可避免地造成计算期内资料序列的非平稳性。目前，非平稳水文序列频率计算方法主要有水文极值系列重构、混合分布函数、水文物理机制洪水频率和时变参数概率分布等[41-42]。这些计算方法仍旧处在研究层面，各种方法计算结果差异较大，一般计算过程较为复杂，且重点关注了非平稳水文序列的理论频率计算，相应的经验频率和评估依据缺乏充分的理论依据支撑。因此，亟待深入研究实用的非平稳水文序列频率计算方法，以满足实际水文计算的需要。

（4）基于copulas随机变量和差积商分布解析计算。流域设计断面各部分洪水的地区组成、干旱分析中干旱历时与非干旱历时变量和（干旱间隔）分布、干旱历时与干旱间隔的比值（干旱事件比例）分布、干旱强度与干旱历时的乘积（干旱烈度）分布、水资源评价和配置中研究断面来水与区间耗水量的组合分布分析等都可以归结为水文变量和、差、积、商的分布计算。《水利水电工程设计洪水计算手册》推荐使用地区组成法、频率组合法及随机模拟法进行设计洪水的地区组成计算。这些方法在积分计算、信息失真、模拟序列统计特征保持性和人为因素等存在不足。因此，提高水文变量和、差、积、商的分布计算精度是流域水资源梯级开发和水资源管理中亟待解决的重要科学问题。

（5）水文设计值置信区间估计。假定水文序列数据满足计算要求的前提下，水文样本长度、分布函数和参数估计方法等均会对水文设计值产生不确定性。分布函数给定下，参数估计方法不同，其水文设计值置信区间估计方法不同。目前，矩法和极大似然估计参数的水文设计值置信区间一般有相应的计算公式。但是其他估计方法和许多新型参数估计方法的水文设计值置信区间估计研究较少。另外，依据经验概率和理论概率的 P－P 图、实测数据和计算数据的 Q－Q 图或其他误差评定基本上属于拟合度的定性评价，拟合度必须通过分布函数的拟合度检验进行分析。因此，有必要开展量化水文设计值置信区间估计的不确定性研究。

（6）多变量联合概率分布。对称 Archimedean copulas （symmetric Archimedean copulas）也称可交换 （exchangeable Archimedean copula，EAC）。其最大的特点是有一个参数，计算简单，应用较多。实际中，水文变量间可能是正、负相依性或独立的，他们也可能是相依性不对称的样本序列组合。对于二维变量，其联合分布可用对称 Archimedean copulas 描述，但是，由于对称 Archimedean copulas 要求变量为对称相依，仅用一个生成函数描述正的相依性。因而，三维以上对称的 Archimedean copulas 不是描述高维变量联合概率分布最好的 copulas 函数选择。因此，嵌套 Archimedean （nested Archimedean，NAC）、层次 Archimedean copulas （Hierarchical Archimedean copulas） 和配对 copula （pair－copula，PCC） 等非对称 Archimedean copulas 的构建方法和应用，以及非平稳下的多变量联合概率分布计算有待于进一步深入研究。

参 考 文 献

［1］ 水利部长江水利委员会水文局，水利部南京水文水资源研究所．水利水电工程设计洪水计算手册 ［M］．北京：中国水利水电出版社，2001．

［2］ 黄振平，陈元芳．水文统计学 ［M］．北京：中国水利水电出版社，2017．

［3］ 金光炎．水文统计理论与实践 ［M］．南京：东南大学出版社，2012．

［4］ 周镇伦．全年雨量之常率线及常率积分线 ［J］．水利，1932，5（5）：15－63．

［5］ 须恺．淮河洪水之频率 ［J］．水利，1935，5（2）：39－46．

［6］ 陈椿庭．中国五大河洪水量频率曲线之研究 ［J］．水利，1947，14（6）：240－287．

［7］ 陈椿庭．七十五年水工科技忆述 ［M］．北京：中国水利水电出版社，2012．

［8］ 陈椿庭．水工水力学及水文论文集 ［M］．北京：水利电力出版社，1993．

［9］ SINGH，V. P. Entropy－Based Parameter Estimation in Hydrology ［M］．Kluwer Academic Publishers：Dordrecht，The Netherlands，1998．

［10］ RAO，A. R.，HAMED，K. H. Flood frequency analysis ［M］．CRC Press LLC.：Washington D. C.，USA，2000．

［11］ Charles Thomas Haan. Statistical Methods in Hydrology ［M］．Second Edition：Iowa StatePress，2002．

［12］ Meylan Paul，Favre Anne Catherine，Musy Andre. Predictive Hydrology：A Frequency Analysis Approach ［M］．Science Publishers：Jersey，British Isles，2012．

［13］ Mauro Naghettini. Fundamentals of Statistical Hydrology ［M］．Springer International Publishing Switzerland，2017．

［14］ Rajib Maity. Statistical Methods in Hydrology and Hydroclimatology ［M］．Springer Nature Singapore Pte Ltd，2018．

［15］ 金光炎．水文统计的原理与方法 ［M］．北京：水利电力出版社，1958．

［16］ 金光炎．实用水文统计法 ［M］．北京：水利电力出版社，1958．

[17] 金光炎．水文统计计算［M］．北京：水利出版社，1980.

[18] 丛树铮．水文学的概率统计基础［M］．北京：水利出版社，1980.

[19] 王俊德．水文统计［M］．北京：水利电力出版社，1992.

[20] 金光炎．水文水资源随机分析［M］．北京：中国科学技术出版社，1993.

[21] 陈元芳．统计试验方法及应用［M］．哈尔滨：黑龙江人民出版社，2000.

[22] 孙济良，秦大庸，孙翰光．水文气象统计通用模型［M］．北京：中国水利水电出版社，2001.

[23] 金光炎．工程数据统计分析［M］．南京：东南大学出版社，2002.

[24] 金光炎．水文水资源分析研究［M］．南京：东南大学出版社，2003.

[25] 郭生练．设计洪水进展［M］．北京：中国水利水电出版社，2005.

[26] 张济世，刘立昱，程中山，等．统计水文学［M］．郑州：黄河水利出版社，2006.

[27] 秦毅，张德生．水文水资源应用数理统计［M］．西安：陕西科学技术出版社，2006.

[28] 谢平，陈广才，雷红富．变化环境下地表水资源评价方法［M］．北京：科学出版社，2009.

[29] 金光炎．水文水资源计算务实［M］．南京：东南大学出版社，2010.

[30] 程根伟，黄振平．水文风险分析的理论与方法［M］．北京：科学出版社，2010.

[31] 丛树铮．水科学技术中的概率统计方法［M］．北京：科学出版社，2010.

[32] 谢平，许斌，章树安，等．变化环境下区域水资源变异问题研究［M］．北京：科学出版社，2012.

[33] 宋松柏，蔡焕杰，金菊良，等．Copulas 函数及其在水文中的应用［M］．北京：科学出版社，2012.

[34] 陈璐．Copula 函数理论在多变量水文分析计算中的应用研究［M］．武汉：武汉大学出版社，2013.

[35] 胡义明，梁忠民．变化环境下的水文频率分析方法及应用［M］．北京：中国水利水电出版社，2017.

[36] 王凯，梁忠民，胡友兵．淮河复合河道洪水概率预报方法与应用［M］．北京：中国水利水电出版社，2017.

[37] 宋松柏，康艳，宋小燕，等．单变量水文序列频率计算原理与应用［M］．北京：科学出版社，2018.

[38] 熊立华，郭生练，江聪．非一致性水文概率分布估计理论和方法［M］．北京：科学出版社，2018.

[39] SINGH V. P. ，STRUPCZEWSKI W. G. On the Status of Flood Frequency Analysis［J］. Hydrological Processes. 2002，16：3737 - 3740.

[40] 郭生练，闫宝伟，肖义，等．Copula 函数在多变量水文分析计算中的应用及研究进展［J］．水文，2008，28（3）：1 - 7.

[41] 梁忠民，胡义明，王军．非一致性水文频率分析的研究进展［J］．水科学进展，2011，22（6）：864 - 871.

[42] 熊立华，江聪，杜涛，等．变化环境下非一致性水文频率分析研究综述［J］．水资源研究，2015，4（4）：310 - 319.

[43] 郭生练，刘章君，熊立华．设计洪水计算方法研究进展与评价［J］．水利学报，2016，47（3）：302 - 314.

[44] 王文圣，丁晶，金菊良．随机水文学［M］．3 版．北京：中国水利水电出版社，2016.

[45] 卜雄洙，吴健，牛杰．现代信号分析与处理［M］．北京：清华大学出版社，2018.

Research Challenges and Suggestions of Hydrological Frequency Calculation

Abstract: Hydrological frequency calculation is one of main contents of hydrological analysis and calculation. It also can provide scientific basis the planning, design and management for all types of water projects. During 140 years researches and applications, hydrological frequency calculation has been formed a complete theories and methods. Including: hydrological data sampling and data validation, empirical probability calculation, parameters estimation of probability distribution function, goodness - of - fit testing, hydrological design values calculation and their uncertainty analysis. These achievements have supported the planning, design and management for all types of water projects. In this paper, on the basis of the systematic summary of the existing research results, such as prerequisite of hydrological frequency calculation, probability distribution function and its parameters estimation methods, empirical probability. The author proposed some suggestions of future hydrological frequency calculation, and expect to promote the development of hydrological frequency calculation theory.

干旱指数研究进展与展望

粟晓玲

摘要：干旱是一种频发的自然灾害，对社会经济和生态环境造成极大危害。干旱指数是评估干旱的有力工具，但由于干旱发生的复杂性和干旱影响的广泛性等特点，使得干旱指数种类繁多且各有侧重。合理选择干旱指数是准确监测和评估干旱的基础。本文首先阐明干旱的概念与定义，然后对气象干旱、农业干旱、水文干旱、社会经济干旱、地下水干旱等单干旱指数及综合干旱指数的研究进展进行了系统的总结，对综合干旱指数按构造方法分为水量平衡法、权重法及统计概率法三类，分析了这三类方法的应用特点。提出了当前干旱定义中存在以人为中心的描述气象干旱产生的农业水文和社会经济影响，不能描述干旱导致的生态影响、干旱指数没有考虑干旱影响部门的水需求和多源数据融合等问题，提出了今后应在定义地下水干旱和生态干旱等新的干旱类型、发展更有效的干旱指数和基于多源数据融合的综合干旱指数等方面深入研究。

1 引言

干旱是一种持续时间长、影响范围广、发生频率高的自然变异，世界上很多国家和地区都曾受到干旱侵袭[1]，对当地水资源供给、农业生产、生态环境、社会经济发展等造成了不同程度的损害。近年来，随着气候变化和人类活动的加剧，干旱发生的强度和频次都有增加的趋势[2]，加剧了区域水资源供需矛盾，导致水质恶化、作物减产、生态恶化等一系列连锁灾害[1]。中国是一个频繁遭遇干旱的国家[3]，自1990年以来，干旱引起的经济损失达到了120亿美元[4]。2000年后，极端干旱事件的发生更加频繁，例如2009—2010年西南地区的冬—春旱造成直接经济损失236.6亿元，2013年全国耕地作物受旱面积11219.9千公顷，因旱导致直接经济损失1274.51亿元，占当年GDP的0.22%。面对如此严峻的干旱形势，如何预防干旱的发生，缓解干旱的影响已成为我国面临的重大科技问题[5]。而干旱指数是评估干旱影响的重要变量，同时也用来定义干旱特征变量，包括干旱强度、持续时间、严重程度及空间分布。基于干旱指数对干旱特征进行分析并制定相应的防旱机制是干旱研究的重点。由于干旱的定义不同，用来描述各类干旱的干旱指数也不尽相同。本文首先综述了干旱的概念与定义，然后分别对气象干旱、农业干旱、水文干旱、社会经济干旱、地下水干旱及综合干旱指数的研究进展进行了系统的阐述，提出了干旱指数研究存在的问题及今后的研究展望，为干旱指数的选取与构建提供科学依据。

2 干旱的定义及分类

由于干旱的成因复杂，且各地区自然环境和社会经济条件差异明显，很难给出统一的干旱定义。Wilhite 等[6]将干旱的定义分为概念式和定量描述式两类：概念式定义从定性角度阐明干旱内涵，例如：降水量持续低于正常水平；定量描述式定义则主要从定量角度对干旱起止时间、干旱烈度、干旱历时和干旱影响面积等干旱特性进行描述和分析。目前常用的干旱定义包括[1]：①世界气象组织定义干旱为"持续的、长期的降水量短缺"；②联合国公约定义干旱为"降水量明显低于正常水平时出现的自然现象，造成严重的水文失衡，对土地资源生产系统产生不利影响"；③世界粮农组织定义干旱为"由于土壤水缺失造成的作物减产现象"；④气候和天气百科全书定义干旱为"某个区域降水量长时间（一个季节、一年、多年）低于多年统计平均值的现象"；⑤Gumbel 定义干旱为"日流量最小的年度值"；⑥Palmer 将干旱定义为"一个地区水文条件异常偏低于正常状态"；⑦Linseley定义干旱为"持续长时间无明显降水的现象"。由此可以看出，干旱的不同定义主要是由于其所描述的干旱相关变量有所差异，通常，根据描述对象的不同将干旱划分为气象干旱、农业干旱、水文干旱和社会经济干旱的分类方法已基本达成共识[7]。除此之外，地下水干旱和生态干旱等干旱类别也得到了一定的应用[8]。

3　单变量干旱指数

3.1　气象干旱指数

气象干旱是指某时段内降水量持续低于平均水平或者由于蒸发量与降水量的收支不平衡造成的水分亏缺现象。通常，因大气降水亏缺引起气象干旱最先发生，随即导致土壤湿度下降造成作物减产从而发生农业干旱，进而引起地表、地下水资源亏缺、河流径流量减少而造成水文干旱[9]。长期的气象干旱容易引起多种干旱并存的现象，影响国民经济发展，造成社会经济干旱。本质上讲，其他干旱是气象干旱的影响结果，气象干旱的准确监测对于其他干旱的预警、缓解具有重要意义。

早期的气象干旱指数包括 Munger's Index[10]、Blumenstock's Index[11]、Antecedent Precipitation Index[12]等，现在研究中已很少使用。1965 年，帕尔默[13]提出帕尔默干旱烈度指数（PDSI），PDSI 以水平衡原理为基础，计算有效土壤水分，衡量干旱烈度[14]，近年来得到了广泛应用[15-16]。但 PDSI 仍存在诸多不足，例如，潜在蒸散发（PET）的计算是基于 Thornthwaite 的算法进行，物理机制不明确；模型没有考虑降雪的影响等；模型的调整参数基于美国中西部地区获取，在其他区域并不适用[14]。基于此，Wells（2004）提出了改进帕尔默干旱指数（sc - PDSI），sc - PDSI 适用于不同的气候区域，便于区域之间进行比较，得到了众多学者的青睐，如 Dai[17]利用 sc - PDSI 分析了 1900—2008 年全球干旱变化特征，Van[14]计算了 1901—2009 年全球 sc - PDSI 数据集，王兆礼等[18]利用 sc - PDSI 研究分析了中国 1961—2009 年气象干旱变化特征。PDSI 对于长时期干旱监测具有良好的效果，但对于短期（<12 个月）干旱的监测效果并不理想[19]。而标准化降水指数（SPI）[20]则可以描述不同时间尺度的干旱状况，且计算简单，只需降水数据作为输入。

SPI 是基于一定的时空尺度上降水量的短缺影响到土壤水、地表水、地下水、积雪和流量的变化而制定的。依据研究对象不同，可以选择不同的时间尺度计算 SPI[21]。Szalai

指出，2 个月时间尺度的 SPI 与径流有较高的相关性，2~3 个月时间尺度的 SPI 与土壤湿度有较强的相关性[22]。由于计算简单，SPI 被应用到干旱研究的各个方向，包括干旱监测[23-24]、干旱风险分析[25]、干旱时空变化[26-28]等。SPI 计算时假定降水量服从 Gamma 分布，而我国降水量分布线型一般会选择 P-Ⅲ 分布。Z 指数[29]则是假定降水量服从 P-Ⅲ 分布，通过对降水量正态化后转化为以 Z 为变量的标准正态分布，但是 Z 指数的大小不仅与降水量有关，还与降水空间分布有关，稳定性较差[30]。除此之外，仅考虑降水单一气候因子的干旱指数还包括降水距平百分率指数（Pa）、GEV 干旱指数[31]、SAPI 指数[32]、降水平均等待时间指数（AWTP）[33]等。此类干旱指数只考虑降水量的影响，忽略了下垫面、作物及其他相关因素的影响，只能大致反映干旱发生趋势，不能准确反映某时段干旱发生程度[8]。

标准化降水蒸散发指数（SPEI）不仅充分考虑了降水和蒸发对干旱的影响，而且综合考虑了干旱的多时间尺度特性。SPEI 由 Sergio[34]于 2010 年提出，该指数算法与 SPI 类似，而变量为降水（P）与潜在蒸散发（PET）的差值 D，D 表征某区域特定时间尺度下水量盈余或缺乏程度。SPEI 指数基于水量平衡原理，同时又可表征不同时间尺度的干旱特征，提出后被广泛应用于干旱频率分析[35]、干旱时空分析[36-38]、干旱对生态影响研究[39]、干旱传递特征[40]等。与 SPEI 类似，Tsakiris 等[41]提出的 Reconnaissance Drought Index（RDI）也可进行多尺度干旱分析，同时考虑了水平衡原理，其输入变量为降水与潜在蒸散发的比值。

3.2 农业干旱指数

农业干旱通常是指由于土壤水分持续亏缺造成的作物水分亏缺进而造成粮食减产或失收的现象。前面提到的干旱指数都可对农业干旱进行监测，尤其是 PDSI 指数广泛应用在农业干旱研究中，之后帕尔默综合考虑作物需水情况，提出了作物水分指数（CMI），被广泛用于农业干旱监测及风险评估[42]。Jackson 等[43]在充分考虑植被需水的基础上提出了作物缺水指数（CWSI），取得了较好效果。

由于土壤湿度监测数据较为缺乏，在流域尺度，通常利用水文模型获取土壤湿度数据进行农业干旱监测与预警[44]，此类干旱指数包括土壤湿度百分比（SMP）[45]，土壤湿度亏缺指数（SMDI）[46]，标准化土壤湿度指数（SSI）[47]等。但水文模型所需驱动数据繁多，模型运行复杂，当研究范围过大时，较难实施。

农业干旱与土壤湿度状况及作物水分亏缺状态密切相关，因此利用遥感数据对土壤湿度和植被状况进行反演是实现大范围农业干旱监测的有效途径。Price[48]基于能量平衡方程，通过简化潜热蒸发形式，引入地表综合参数，提出了表观热惯量法以估算土壤湿度；Carlson 等[49]基于特征空间的地表温度（LST）-归一化植被指数（NDVI）提出了植被供水指数（VSWI）；Moran 等[50]根据 NDVI 与 LST 的梯形关系，提出了水分亏缺指数（WDI）；王鹏新等[51]基于 LST-NDVI 特征空间，提出了条件植被温度指数（VTCI）。Ghulam 等[52]构建了基于 NIR-R 光谱的垂直干旱指数（PDI），Ghulam 等[53]在 PDI 的基础上，综合考虑土壤水分及植被生长过程，提出了改进的垂直干旱指数（MPDI），实验表明，MPDI 在植被茂密区的监测效果更好。但是当云量较大时，以上监测方法监测效果较差，无法准确反演农业干旱状况，而微波对云层有较强的穿透力，微波遥感在土壤水分监测中具有某些独特的优越性[54]。但是，微波遥感只能反演土壤表层（2～5cm）湿度，而作物根系通常都在10～20cm，导致作物水分胁迫状况往往难以得到真实反映，且反演结果通常存在较大的不确定性[55-56]。

在植被状况方面，NDVI是应用最广泛的植被绿度监测指标。Peters等[57]对北美大草原1989—2000年分析结果表明，NDVI能很好地对旱情强度、范围等进行动态监测。基于NDVI衍生的众多遥感监测指数，包括温度植被干旱指数（TVDI）[58]、土壤校正植被指数（SAVI）[59]、条件植被指数（VCI）[60]、标准植被指数[57]等，经常被用于区域农业干旱监测研究。

3.3　水文干旱指数

水文干旱指因降水量长期短缺而造成某段时间内地表水或地下水收支不平衡，出现水分短缺，使河流径流量、地表水、水库蓄水和湖水减少的现象。由于径流量是降水等气象因素和流域下垫面条件共同作用的产物，因此，在评估水文干旱时，利用径流量建立的指数比其他因素的指数更为适用[61]，近年来，根据径流构建水文干旱指数的研究逐渐增加，包括径流距平百分率[62]、径流量累积频率[62]、径流干旱指数[63]、径流Z指数[64]、标准径流指数（SDI）[65]、地表供水指数（SWSI）[66]等。由于计算简单，区域适应性较强等特点，使得SDI得到了广泛的应用[61,67-71]。但是，这些水文干旱指数只考虑了地表水资源的变化特征，而忽略了地下水资源的盈缺状况。翟家齐等[72]在充分考虑地表水与地下水综合变化的基础上构建了标准水资源指数（SWRI），结果表明，SWRI能够较好地识别流域水文干旱事件。以上水文干旱指数的构建以地表实测数据为输入，很难在大尺度应用，已有学者利用GRACE卫星数据[73]监测地表水资源量变化情况，识别水文干旱，卫星数据具有监测持续性强，覆盖范围大等特点，是今后研究的热点。

近年来，随着气候变化与人类活动的加剧，水文序列的独立同分布及平稳性假设的前提不再成立，传统的水文干旱评估方法受到挑战[67]，因此，需要研究变化环境下水文干旱的识别方法与演变特征。任立良等[67]利用VIC模型剖析了变化环境下渭河流域水文干旱的演变特征，表明人类活动是该区水文干旱的主导因素。涂新军等[68]研究了变化环境下东江流域水文干旱特征及缺水响应。Kwak等[74]研究了气候变化对Namhan河上游2011—2100年水文干旱的影响。Wanders等[75]研究了气候变化与人类活动对未来水文干旱的影响，表明人类活动对干旱的影响剧烈，是不可忽略的因素。今后应加强干旱对气候变化与人类活动的响应研究，揭示变化环境下干旱演变特征。

3.4　社会经济干旱指数

社会经济干旱是指自然系统与人类社会经济系统中水资源供需不平衡造成的异常水分短缺现象[21]。相对于其他干旱类型，关于社会经济干旱的研究较少，尚处于起步阶段[76]。王劲松等[64]定义社会经济干旱指标判别式为总供水量低于总需水量的程度，但仅给出判别式，不利于定量评估。陈金凤等[76]提出了评估社会经济干旱的水贫乏指数，综合考虑了社会、经济、资源、环境等多方面因素，能够较全面地衡量区域缺水程度。

Mehran 等[77]以系统观念为基础，考虑水利工程对自然变异的调节能力，建立了多变量标准化可靠性与弹性指数（MSRRI）的构造框架，Huang 等[78]利用 MSRRI 对黑河流域的社会经济干旱进行了评估，证明了 MSRRI 的可行性。Shi 等[79]以区域为整体，以区域所需径流量与实际径流量之差为变量，构建了社会经济干旱指数（SEDI），评估东大河流域历史及未来的社会经济干旱状况，证明了 SEDI 的可行性。社会经济干旱的研究重点在于其社会性，在于人类活动与自然干旱的相互作用，涉及自然、经济、社会、环境等诸多方面，需要加大研究力度。

3.5　地下水干旱指数

地下水干旱是一种由地下水补给减少和地下水存储与排放减少导致的独特的干旱类型[1]。由于缺乏直接的地下水量观测数据，使得定量评估地下水干旱存在困难。但已有一些地下水干旱指标的探索，如 Bloomfield 等[80]依据 SPI 计算方法，构建了标准地下水干旱指标（SGI）。但是地下水易受人类活动影响，具有较高的季节性和趋势性的非平稳性质，因此利用参数化方法构建 SGI 并不一定完全适用。艾启阳等[81]利用参数化和非参数化方法构建了 SGI 指数，并应用于黑河中游地区，取得了较好的效果。依据站点数据计算地下水干旱指数适合中小流域的干旱研究，在大尺度范围内很难普及。依据重力恢复和气候试验（GRACE）任务数据估计全球或区域范围陆地/地下水储水量的变化为大范围地下水干旱监测提供了可能。GRACE 通过区域重力场的变化反演出陆地储水量（TWS）的变化量 ΔTWS，进而计算出地下水变化量 ΔG，$\Delta G = \Delta TWS - \Delta SW - \Delta SWE$，$\Delta SM$ 和 ΔSWE 分别表示区域土壤湿度的变化量和雪水当量的变化量。基于 GRACE 的 TWS 数据已被成功应用在多个区域的干旱监测和水储量评估等研究中[82-86]。但目前仍然没有一个普遍接受的相对简单而统一的地下水干旱指标，可以应用在不同的观测站点和地下蓄水层，而且能够和其他水文气象干旱指标相比较，因此将地下水干旱纳入更广泛的干旱评估中是一项具有挑战性的任务。

4　综合干旱指数

不同种类的干旱往往会同时发生，单一的干旱指数难以准确描述复杂的干旱状况，需要构建多变量综合干旱指数对干旱情况进行分析[87]。常用的构建方法主要有水量平衡法、权重法和概率统计法。

4.1　水量平衡法

SPEI 和 PDSI 指数都是基于水量平衡原理构建的多变量干旱指数，SPEI 考虑了大气需水量（PET）与可供水量（P）之间的平衡关系，PDSI 利用双层土壤水量平衡模型估计土壤含水量累积变化情况，以评估干旱状况，主要用来衡量气象干旱和农业干旱，是目前应用较广泛的干旱指数[16,87]。SPEI 利用 PET 计算需水项，但在干旱半干旱区域，影响实际蒸发量的是降水而非 PET，因此会高估干旱的发生强度[88-90]。Zhang 等[89]结合 SPEI 和 PDSI 指数的优势，利用 VIC 模型构建了 SZI 指数，SZI 指数的需水项为气候适宜降水量（$\hat{P}$），$\hat{P}$ 的计算考虑降水、土壤水和径流等诸多水文过程，能够更准确地描述区域水需求量。之后 Zhang 等[91]结合 GLADS-2 NOAH LSM 模型验证了 SZI 指数在全球范围内的适用性，表明 SZI 指数比 SPEI 和 PDSI 指数更具优势，可以更准确地描述干旱发生状况。基于水量平衡的干旱指数的优势是考虑了多种物理过程，具有一定的物理基础，劣势在于对水文现象的代表性不足[87]。

4.2　权重法

权重法通过对多种干旱指数进行加权组合综合描述干旱特征，例如，Mo（2013）将 6 个月尺度标准化降水指数（SPI）、3 个月尺度标准化径流指数（SRI）和总土壤湿度百分位指数（SMP）进行等权重线性组合构建了广义平均指数（GMI）[92]。Huang 等[93]利用可变模糊集方法确定气象、农业和水文干旱指数的权重，构建了综合干旱指数 IDI（Integrated drought index），用于监测黄河流域干旱状况，表明该指数能更精确识别干旱起止时间。此外，利用熵权法构建综合干旱指数也是一种常用的方法[94]。随着遥感技术的发展，权重组合法也被广泛应用于遥感数据干旱指数构建，例如 Zhang 等[95]基于多传感器微波遥感，将降水、温度、土壤湿度进行线性组合，构建了微波综合干旱指数，用来监测短期干旱状态。利用权重组合的方法构建多变量干旱指数的最大优势是操作简单，因此得到了快速发展，各类干旱指数层出不穷。但是将不同干旱指数（或变量）进行线性叠加并不一定能够准确描述各类干旱之间的协变关系，且权重确定主观性较强，主要通过经验的方式确定不同干旱指数之间的权重关系，导致综合干旱指数的物理意义不够明确[87]。

当变量较多时，通常用主成分分析法（PCA）构建多变量干旱指数。该方法通过降维的方式将多变量转化为少数几个综合变量（主成分），其中每个主成分都能够反映原始变量的大部分信息，且所含信息互不重复[96]。Keyantash 等[97]利用 PCA 法构建了综合干旱指数（ADI），ADI 综合了降水、土壤水、径流、地下水、水库蓄水和雪水含量等多种气象水文变量，是描述综合干旱的有力工具。但是，主成分分析法也有它本身的局限性，其最大的局限性是它对变量变换时的线性假定以及假定大部分信息包含在输入数据方差最大的第一主成分上。为了解决这个问题，Rajsekhar 等[98]提出利用核熵成分分析法构建多变量干旱指数，使得变量信息保留最大化，可以更准确地描述综合干旱状况。

4.3　概率统计法

考虑到干旱变量（降水、径流、蒸发、土壤水）之间复杂的物理关系，同一时期不同干旱指数描述的干旱特征并非完全一致，况且，较大的干旱影响一般是由于多类干旱事件（气象干旱、水文干旱、农业干旱）同时发生所引起的。可选用统计概率法构建多变量干旱指数，该方法以频率分析为基础，分析多变量的联合概率或条件概率特性。2004 年，Beersma 等[99]构建了降水和径流的联合分布函数，计算降水和径流同时亏缺状态的联合概率，可以作为描述干旱状态的一种度量。但是这种方法受到了诸多限制，可供选择的边缘分布函数和联合分布函数非常有限，并且不同变量必须依照相同的边缘分布，所以此方法很难得到推广。2010 年 Kao 和 Govindaraju 等[100]利用多种参数 Copulas 函数得到降水和径流的多元分布，然后对累计概率进行高斯逆变换，构建了多变量干旱指数（JDI），为多元干旱指数的发展提供了一条新途径。之后，Hao 等[101]用类似的方法构建了土壤湿度和降水二变量标准化干旱指数（MSDI），表征气象-农业综合干旱特征；Zhang 等[102]利用非参数化方法构建了改进的多变量标准化干旱指数（MMSDI）；Ma 等[103]利用多维高斯 Copulas 和 t - copulas 构建了标准化帕尔默干旱指数（SPDI - JDI）；粟晓玲等[104]利用 Copulas 方法构建了气象水文综合干旱指数；张迎等[105]利用 Copula 函数构建的气象-水文综合干旱指数（MSDI$_p$）同时具有 SPI 与 SRI 的优势。可见利用联合分布函数构建的多变量干旱指数是一种描述多干旱事件的有力工具。

然而，由于干旱事件的复杂性，各种综合干旱指数的构造方法都有它的优势和缺陷，应该根据具体问题选择合适研究区域的综合干旱指数。

5　干旱指数研究挑战与展望

随着气候变化与人类活动的加剧，干旱发生越加频繁，危害越加严重。准确实时的干旱监测对于缓解和预防区域干旱具有重要意义。但是干旱发生、演变过程复杂，影响范围广泛，如何选择合适的干旱指数是干旱研究的前提与基础。干旱指数发展中仍然存在一些问题与挑战，需要深入研究。

（1）定义新的干旱类型，重构干旱框架。目前的干旱类型包括气象、水文、农业和社会经济干旱，其中水文干旱多以地表水为研究对象。存在干旱类型不全的问题。如前文所述，地下水干旱也应作为重要的干旱类型，不仅是因为地下水是复杂水文过程的要素，也是社会经济发展以及生态系统的重要水源，而且近年来由于地表水资源的限制，一些地区地下水开采量增加，超过地下水补给量，引起一系列生态环境问题。由于地质条件差异、数据缺乏等原因，定量评估地下水干旱存在较大挑战，至今没有普遍接受的相对简单而统一的地下水干旱指数。因此，需要在不同区域构建适宜的地下水干旱指数，在大区域尺度，可结合 GRACE 遥感数据开展大范围的地下水干旱研究。目前的干旱定义以人为中心，描述了气象干旱产生的影响（农业、水文和社会经济），不能完全解决干旱导致的生态维度问题[106]。而人口数量的快速增长和人类影响下的气候变化增加了生态供水压力并改变了生态系统，使其更容易受到干旱的影响，导致生态系统丧失服务功能，进而对人类生活产生影响。为应对 21 世纪逐渐提升的干旱风险，需要通过强调可持续生态系统中的人类活动值及当供水低于临界阈值时提供的关键服务来重新构建干旱框架。更重要的是，我们需要定义一种新的干旱类型，即生态干旱，将干旱的生态、气候、水文、社会经济和文化等各方面结合起来。Crausbay 等[106]定义生态干旱为可利用水资源短缺情况下，生态系统超过其脆弱性阈值，影响生态系统服务功能，并触发自然或人类系统的反馈。

（2）发展更有效的干旱指数，以便更好地监测干旱，也有助于早期干旱预警以及获得更好的干旱参数[1]。目前的干旱指数都是基于水文气象变化反映干旱情势，而不能量化干旱的经济损失，也没有考虑区域的水需求，这为干旱指数的研究提供了方向。另外随着环境变化的加剧，干旱指数计算中频率分析的一致性假设受到挑战，非参数化方法是一种有效手段，但是非参数化方法无法预测干旱重现期，因此应着重开展非平稳干旱指数的研究。

（3）发展融合多源数据的综合干旱指数。综合干旱指数可综合反映区域干旱状况，但由于综合干旱指数构造方法不同、所含变量各异，各种综合干旱指数各有其优势和缺陷，应根据实际需要，选择适合研究区的综合干旱指数。随着遥感数据的增加以及对综合干旱描述的需求，新的融合多源遥感数据的综合干旱指数仍将不断发展。

参 考 文 献

[1]　MISHRA A K，SINGH V P. A review of drought concepts[J]. Journal of Hydrology，2010，391 (1 - 2)：202 - 216.

[2]　SHEFFIEID J，WOOD E F，RODERICK M L. Little change in global drought over the past 60 years[J]. Nature，2012，491 (7424)：435 - 438.

[3]　LENG G，TANG Q，RAYBURG S. Climate change impacts on meteorological，agricultural and hydrological droughts in China[J]. Global and Planetary Change，2015，126：23 - 34.

[4]　QIN Y，YANG D，LEI H，et al. Comparative analysis of drought based on precipitation and soil moisture indices in Haihe basin of North China during the period of 1960 - 2010[J]. Journal of Hydrology，2015，526：55 - 67.

[5]　程亮，金菊良，郦建强. 干旱频率分析研究进展[J]. 水科学进展，2013，24 (2)：296 - 302.

[6]　WILHITE D A，GLANTZ M H. Understanding the drought phenomenon：The role of definitions [J]. Water International，1985，10 (3)：111 - 120.

[7]　WU J，CHEN X，YAO H，et al. Non - linear relationship of hydrological drought responding to meteorological drought and impact of a large reservoir[J]. Journal of Hydrology，2017，551：495 -507.

[8]　HAO Z，HAO F，SINGH V P，et al. An integrated package for drought monitoring，prediction and analysis to aid drought modeling and assessment[J]. Environmental Modelling & Software，2017，91：199 - 209.

[9]　李忆平，李耀辉. 气象干旱指数在中国的适应性研究进展[J]. 干旱气象，2017，35 (5)：709 -723.

[10]　MUNGER T T. Graphic method of representing and comparing drought intensities[J]. Monthly Weather Review，1916，44 (11)：642 - 643.

[11]　BLUMENSTOCK G. Drought in the United States Analyzed by Means of the Theory of Probability [M]. USA Washington DC：United States Department of Agriculture，1942.

[12]　MCQUIGG J. A simple index of drought conditions[J]. Weatherwise，1954，7 (3)：64 - 67.

[13]　PALMER W C. Meteorological drought[M]. Washington，DC：US Department of Commerce，1965.

[14]　VAN DER SCHRIER G，BARICHIVICH J，BRIFFA K R，et al. A scPDSI - based global data set of dry and wet spells for 1901 - 2009[J]. Journal of Geophysical Research：Atmospheres，2013，118 (10)：4025 - 4048.

[15]　HEIM R R. A review of twentieth - century drought indices used in the United states[J]. Bulletin of American Meteorological Society，2002，83：1149 - 1166.

[16]　VAN DER SCHRIER G，JONES P D，BRIFFA K R. The sensitivity of the PDSI to the Thornthwaite and Penman - Monteith parameterizations for potential evapotranspiration[J]. Journal of Geophysical Research，2011，116：1 - 16.

[17]　DAI A. Characteristics and trends in various forms of the Palmer Drought Severity Index during

1900—2008[J]. Journal of Geophysical Research, 2011, 116: 1 - 26.

[18] 王兆礼, 李军, 黄泽勤, 等. 基于改进帕默尔干旱指数的中国气象干旱时空演变分析[J]. 农业工程学报, 2016, 32（2）: 161 - 168.

[19] VICENTE - SERRANO S M, BEGUERÍA S, LÓPDZ - MORENO J I, et al. A New Global 0.5° Gridded Dataset (1901—2006) of a Multiscalar Drought Index: Comparison with Current Drought Index Datasets Based on the Palmer Drought Severity Index[J]. Journal of Hydrometeorology, 2010, 11 (4): 1033 - 1043.

[20] MCKEE T B, DOESKEN N J, KLEIST J. The relationship of drought frequency and duration to time scales[C]//Eighth Conference on Applied Climatology Anaheim, 1993.

[21] 王劲松, 郭江勇, 周跃武, 等. 干旱指标研究的进展与展望[J]. 干旱区地理, 2007, 30 (1): 60 -65.

[22] SZALAI S, SZINELL, C., ZOBOKI, J. Drought monitoring in Hungary[M]. In: Early Warning Systems for Drought Preparedness and Drought Management, WMO, Geneva, 2000.

[23] ZARCH M a A, SIVAKUMAR B, SHARMA A. Droughts in a warming climate: A global assessment of Standardized precipitation index (SPI) and Reconnaissance drought index (RDI) [J]. Journal of Hydrology, 2015, 526: 183 - 195.

[24] MISHRA A K, DESAI V R. Drought forecasting using stochastic models[J]. J. Stoch. Environ. Res. Risk Assess, 2005, 19: 326 - 339.

[25] CHANG J, LI Y, WANG Y, et al. Copula - based drought risk assessment combined with an integrated index in the Wei River Basin, China[J]. Journal of Hydrology, 2016, 540: 824 - 834.

[26] AMIRATAEE B, MONTASERI M, REZAIE H. Regional analysis and derivation of copula -based drought Severity - Area - Frequency curve in Lake Urmia basin, Iran[J]. J Environ Manage, 2018, 206: 134 - 144.

[27] MISHRA A K, DESAI V R. Spatial and temporal drought analysis in the Kansabati River Basin, India[J]. Int. J. River Basin Manage, 2005, 3 (1): 31 - 41.

[28] MISHRA A K, SINGH V P. Analysis of drought severity - area - frequency curves using a general circulation model and scenario uncertainty. [J]. J. Geophys. Res., 2009, 114: D06120.

[29] KITE G W. Frequency and Risk Analysis in Hydrology[J]. Water Colorado: Resources Press, 1977.

[30] 陈丽丽, 刘普幸, 姚玉龙, 等. 1960—2010 年甘肃省不同气候区 SPI 与 Z 指数的年及春季变化特征[J]. 生态学杂志, 2013, 32 (3): 704 - 711.

[31] 王澄海, 王芝兰, 郭毅鹏. GEV 干旱指数及其在气象干旱预测和监测中的应用和检验[J]. 地球科学进展, 2012, 27 (9): 957 - 968.

[32] 王春林, 陈慧华, 唐力生, 等. 基于前期降水指数的气象干旱指标及其应用[J]. 气候变化研究进展, 2012, 8 (3): 157 - 163.

[33] 张凌云, 简茂球. AWTP 指数在广西农业干旱分析中的应用[J]. 高原气象, 2011, 30 (1): 133 - 141.

[34] VICERTE - SERRANO S M, BEGUERÍA S, LÓPEZ - MORENO J I. A Multiscalar Drought Index Sensitive to Global Warming: The Standardized Precipitation Evapotranspiration Index [J]. Journal of Climate, 2010, 23 (7): 1696 - 1718.

[35] 周丹, 张勃, 任培贵, 等. 基于标准化降水蒸散指数的陕西省近 50 a 干旱特征分析[J]. 自然资源学报, 2014, 29 (4): 677 - 688.

[36] GUO H, BAO A, LIU T, et al. Spatial and temporal characteristics of droughts in Central Asia during 1966—2015[J]. Science of the Total Environment, 2018, 624: 1523 - 1538.

[37] XU K, YANG D, YANG H, et al. Spatio - temporal variation of drought in China during 1961—2012: A climatic perspective[J]. Journal of Hydrology, 2015, 526: 253 - 264.

［38］ 沈国强，郑海峰，雷振峰. 基于 SPEI 指数的 1961—2014 年东北地区气象干旱时空特征研究［J］. 生态学报，2017，37（17）：5882－5893.

［39］ WANG H，HE B，ZHANG Y，et al. Response of ecosystem productivity to dry/wet conditions indicated by different drought indices［J］. Science of the Total Environment，2018，612：347－357.

［40］ 李运刚，何娇楠，李雪. 基于 SPEI 和 SDI 指数的云南红河流域气象水文干旱演变分析［J］. 地理科学进展，2016，35（6）：758－767.

［41］ TSAKIRIS G，PANGALOU D，VANGELIS H. Regional drought assessment based on the Reconnaissance Drought Index（RDI）［J］. Water Resources Management，2007，21（5）：821－833.

［42］ PALMER W C. Keeping track of crop moisture conditions，nationwide：The new crop moisture index［J］. Weather Wise，1968，21（4）：309－317.

［43］ JACKSON R D，KUSTAS W P. A reexamination of the crop water stress index［J］. Irrigation Science，1988，9（4）：309－317.

［44］ HAO Z，SINGH V P，XIA Y. Seasonal Drought Prediction：Advances，Challenges，and Future Prospects［J］. Reviews of Geophysics，2018，56（1）：108－141.

［45］ SHEFFIELD J. A simulated soil moisture based drought analysis for the United States［J］. Journal of Geophysical Research，2004，109（D24）.

［46］ NARASIMHAN B，SRINIVASAN R. Development and evaluation of Soil Moisture Deficit Index（SMDI）and Evapotranspiration Deficit Index（ETDI）for agricultural drought monitoring［J］. Agricultural and Forest Meteorology，2005，133（1－4）：69－88.

［47］ HAO Z，AGHAKOUCHAK A，NAKHJIRI N，et al. Global integrated drought monitoring and prediction system［J］. Sci Data，2014，1：140001.

［48］ PRICE J C. On the analysis of thermal infrared imagery：The limited utility of apparent thermal inertia［J］. Remote Sensing of Environment，1985，18（1）：59－73.

［49］ CARISON T N，GILLIES R R，PERRY E M. A method to make use of thermal infrared temperature and NDVI measurements to infer surface soil water content and fractional vegetation cover［J］. Remote Sensing Reviews，1994，9（1）：161－173.

［50］ MORAN M S，CLARKE T R，INOUE Y. Estimating crop water deficit using the relation between surface-air temperature and spectral vegetation index［J］. Remote Sensing of Environment，1994，49（3）：246－263.

［51］ 王鹏新，ZHENGMING W，龚健雅，等. 基于植被指数和土地表面温度的干旱监测模型［J］. 地球科学进展，2003，18（4）：527－533.

［52］ GHULAM A，QIN Q，ZHAN Z. Designing of the perpendicular drought index［J］. Environmental Geology，2007，52（6）：1045－1052.

［53］ GHULAM A，QIN Q，TEYIP T. Modified perpendicular drought index（MPDI）：A real-time drought monitoring method［J］. ISPRS Journal of Photogrammetry and Remote Sensing，2007，62（2）：150－164.

［54］ 黄友昕，刘修国，沈永林，等. 农业干旱遥感监测指标及其适应性评价方法研究进展［J］. 农业工程学报，2015，31（16）：186－195.

［55］ 刘宪锋，朱秀芳，潘耀忠，等. 农业干旱监测研究进展与展望［J］. 地理学报，2015，70（11）：1835－1838.

［56］ 陈书林，刘元波，温作民. 卫星遥感反演土壤水分研究综述［J］. 地球科学进展，2012，27（11）：1192－1203.

［57］ PETERS A J，WALTER-SHEA E A，JI L. Drought monitoring with NDVI-based standardized vegetation index［J］. Photogrammetric Engineering and Remote Sensing，2002，68（1）：71－75.

[58] 鲍艳松，严婧，闵锦忠，等. 基于温度植被干旱指数的江苏淮北地区农业旱情监测[J]. 农业工程学报，2014，30（7）：163－172.

[59] HUETE A R. A soil－adjusted vegetation index（SAVI）[J]. Remote Sensing of Environment，1988，25（3）：295－309.

[60] KOGAN F N. Remote sensing of weather impacts on vegetation in non－homogeneous areas [J]. International Journal of Remote Sensing，1990，11（8）：1405－1419.

[61] 赵雪花，赵茹欣. 水文干旱指数在汾河上游的适用性分析[J]. 水科学进展，2016，27（4）：512－519.

[62] 周玉良，袁潇晨，金菊良. 基于 Copula 的区域水文干旱频率分析[J]. 地理科学，2011，31（11）：1383－1388.

[63] NALBANTIS I. Evaluation of a Hydrological Drought Index[J]. European Water，2008，24：67－77.

[64] 王劲松，郭江勇，周跃武，等. 干旱指标研究的进展与展望[J]. 干旱区地理，2007，30（1）：60－65.

[65] NALBANTIS I，TSAKIRIS G. Assessment of Hydrological Drought Revisited[J]. Water Resources Management，2008，23（5）：881－897.

[66] SHAFER B A，DEZMAN L E. Development of a Surface Water Supply Index（SWSI）to Assess the Severity of Drought Conditions in Snowpack Runoff Areas [M]. In：Preprints，Western Snow Conf，Reno，NV，Colorado，State University，1982.

[67] 任立良，沈鸿仁，袁飞，等. 变化环境下渭河流域水文干旱演变特征剖析[J]. 水科学进展，2016，27（4）：492－500.

[68] 涂新军，陈晓宏，赵勇. 变化环境下东江流域水文干旱特征及缺水响应[J]. 水科学进展，2016，27（6）：810－821.

[69] 李扬，宋松柏. 基于分层阿基米德 Copulas 的干旱特征多变量联合概率分布研究[J]. 水力发电学报，2013，32（2）：35－42.

[70] 马明卫，宋松柏，于艺，等. 渭河流域干旱特征联合概率分布研究[J]. 水力发电学报，2012，30（6）：28－34.

[71] 宋松柏，聂荣. 基于非对称阿基米德 Copula 的多变量水文干旱联合概率研究[J]. 水力发电学报，2011，30（4）：20－29.

[72] 翟家齐，蒋桂芹，裴源生，等. 基于标准水资源指数（SWRI）的流域水文干旱评估——以海河北系为例[J]. 水利学报，2015，46（6）：687－698.

[73] THOMAS A C，REAGER J T，FAMIGLIETTI J S，et al. A GRACE－based water storage deficit approach for hydrological drought characterization[J]. Geophysical Research Letters，2014，41（5）：1537－1545.

[74] KWAK J，KIM S，SINGH V P，et al. Impact of climate change on hydrological droughts in the upper Namhan River basin，Korea[J]. KSCE Journal of Civil Engineering，2015，19（2）：376－384.

[75] WANDERS N，WADA Y. Human and climate impacts on the 21st century hydrological drought [J]. Journal of Hydrology，2015，526：208－220.

[76] 陈金凤，傅铁. 水贫乏指数在社会经济干旱评估中的应用[J]. 水电能源科学，2011，29（9）：130－133.

[77] MEHRAN A，MAZDIYASNI O，AGHAKOUCHAK A. A hybrid framework for assessing socio-economic drought：Linking climate variability，local resilience，and demand[J]. Journal of Geophysical Research：Atmospheres，2015，120（15）：7520－7533.

[78] HUANG S，HUANG Q，LENG G，et al. A nonparametric multivariate standardized drought index

for characterizing socioeconomic drought：A case study in the Heihe River Basin[J]. Journal of Hydrology, 2016, 542：875 – 883.

[79]　SHI H, CHEN J, WANG K, et al. A new method and a new index for identifying socioeconomic drought events under climate change：A case study of the East River basin in China[J]. Science of the Total Environment, 2018, 616 – 617：363 – 375.

[80]　BLOOMFIELD J P, MARCHANT B P. Analysis of groundwater drought building on the standardised precipitation index approach[J]. Hydrology and Earth System Sciences, 2013, 17 (12)：4769 –4787.

[81]　艾启阳，粟晓玲，张更喜，等. 标准化地下水指数法分析黑河中游地下水时空演变规律[J]. 农业工程学报，2019, 35 (10)：69 – 74.

[82]　THOMAS B F, FAMIGLIETTI J S, LANDERER F W, et al. GRACE Groundwater Drought Index：Evaluation of California Central Valley groundwater drought[J]. Remote Sensing of Environment, 2017, 198：384 – 392.

[83]　AGHAKOUCHAK A, FARAHMAND A, MELTON F S, et al. Remote sensing of drought：Progress, challenges and opportunities[J]. Reviews of Geophysics, 2015, 608：452 – 480.

[84]　李琼，罗志才，钟波，等. 利用 GRACE 时变重力场探测 2010 年中国西南干旱陆地水储量变化[J]. 地球物理学报，2013, 56 (6)：1843 – 1849.

[85]　李圳，章传银，柯宝贵，等. 顾及 GRACE 季节影响的华北平原水储量变化反演[J]. 测绘学报，2018, 47 (7)：940 – 949.

[86]　李杰，范东明，游为. 利用 GRACE 监测中国区域干旱及其影响因素分析[J]. 大地测量与地球动力学，2019, 39 (6)：587 – 595.

[87]　HAO Z, SINGH V P. Drought characterization from a multivariate perspective：A review [J]. Journal of Hydrology, 2015, 527：668 – 678.

[88]　HUANG J, YU H, GUAN X, et al. Accelerated dryland expansion under climate change [J]. Nature Climate Change, 2015, 6：166.

[89]　ZHANG B, ZHAO X, JIN J, et al. Development and evaluation of a physically based multiscalar drought index：The Standardized Moisture Anomaly Index[J]. Journal of Geophysical Research：Atmospheres, 2015, 120：11575 – 11588.

[90]　YANG P, XIA J, ZHANG Y, et al. Comprehensive assessment of drought risk in the arid region of Northwest China based on the global palmer drought severity index gridded data[J]. Science of the Total Environment, 2018, 627：951 – 962.

[91]　ZHANG B, KOUCHAK A A, YANG Y, et al. A water – energy balance approach for multi – category drought assessment across globally diverse hydrological basins[J]. Agricultural and Forest Meteorology, 2019, 264：247 – 265.

[92]　MO K C. Objective drought classification using multiple land surface models[J]. Journal of Hydrometeorology, 2013, 15：990 – 1010.

[93]　HUANG S, CHANG J, LENG G, et al. Integrated index for drought assessment based on variable fuzzy set theory：A case study in the Yellow River basin, China[J]. Journal of Hydrology, 2015, 527：608 – 618.

[94]　郭盛明，粟晓玲. 黑河流域气象农业综合干旱指数构建及时空特征分析[J]. 华北水利水电大学学报（自然科学版），2019, 40 (3)：7 – 15.

[95]　ZHANG A, JIA G. Monitoring meteorological drought in semiarid regions using multi – sensor microwave remote sensing data[J]. Remote Sensing of Environment, 2013, 134：12 – 23.

[96]　李世瑶，蔡焕杰，陈新明. 基于主成分分析的畦灌质量评价[J]. 农业工程学报，2013, 29 (24)：86 – 93.

［97］ KEYANTASH J A，DRACUP J A. An aggregate drought index—Assessing drought severity based on fluctuations in the hydrologic cycle and surface water storage［J］. Water Resources Research，2004，40：1－13.

［98］ RAJSEKHAR D，SINGH V P，MISHRA A K. Multivariate drought index：An information theory based approach for integrated drought assessment［J］. Journal of Hydrology，2015，526：164－182.

［99］ BEERSMA J J，BUISHAND T A. Joint probability of precipitation and discharge deficits in the Netherlands［J］. Water Resour Res，2004，40（12）.

［100］ KAO S－C，GOVINDARAJU R S. A copula－based joint deficit index for droughts［J］. Journal of Hydrology，2010，380（1－2）：121－134.

［101］ HAO Z，AGHAKOUCHAK A. Multivariate Standardized Drought Index：A parametric multi－index model［J］. Advances in Water Resources，2013，57：12－18.

［102］ ZHANG Q，LI Q，SINGH V P，et al. Nonparametric integrated agrometeorological drought monitoring：model development and application［J］. Journal of Geophysical Research：Atmospheres，2018，123（1）：73－88.

［103］ MA M，REN L，SINGH V P，et al. New variants of the Palmer drought scheme capable of integrated utility［J］. Journal of Hydrology，2014，519：1108－1119.

［104］ 粟晓玲，梁筝. 关中地区气象水文综合干旱指数及干旱时空特征［J］. 水资源保护，2019，35（4）：19－25.

［105］ 张迎，黄生志，黄强，等. 基于 Copula 函数的新型综合干旱指数构建与应用［J］. 水利学报，2018，49（6）：703－714.

［106］ CRAUSBAY S D，RAMIREZ A R，CARTER S L，et al. Defining ecological drought for the Twenty－first century［J］. American Meteorological Society. 2017，98（12）：2543－2550.

Review of Drought Index

Abstract：Drought is a recurring natural hazard，which imposes serious threat to social economy and ecosystem. Drought index is a powerful tool for drought monitoring and evaluation. However，due to the complexity of drought occurrence and the pervasiveness of drought impact，there exists no universally accepted drought concept，and the existing drought indices have different emphases. Therefore，reasonable selection of drought index is the basis of accurate drought monitoring and evaluation. This paper illustrated the concept and definition of drought first，and made overall summarization of different drought indices including meteorological drought，agricultural drought，hydrological drought，socioeconomic drought，groundwater drought and comprehensive drought. According to the construction methods，the comprehensive drought indices were classified into three categories，and the application characteristics of different methods were presented. The main problems that the current drought definition cannot describe the impact on ecology and does not consider the water demand in drought－affected sectors and multi－source data fusion were put forward. Further research should focus on defining new drought types such as groundwater drought and ecological drought，and the development of effective drought indicators and comprehensive drought index based on multi－source data fusion.

第3部分

黄河流域河库泥沙研究进展
与西部农村小水电发展

黄河泥沙研究重大科技进展及趋势

江恩慧

摘要： 黄河泥沙问题是治黄的关键问题。一代又一代科研工作者围绕这一主题进行了大量研究，取得了丰硕的成果，直接应用或指导了治黄工程实践，也为泥沙学科的发展做出了巨大贡献。近十几年来，随着科学技术的进步和社会经济的发展，国家对治黄工作提出了更高要求，黄河泥沙研究也迈入了快速发展阶段，在定量化和理论研究方面进展尤为显著。本文从黄河水沙情势变化、黄河水沙运动基础理论、黄河水沙调控理论与技术、河床演变与河道整治，以及黄河下游河道滩槽协同治理、泥沙综合处理与利用方略等方面，概要地介绍了黄河泥沙研究的重大科技进展，展望了黄河泥沙研究的发展趋势，提出了未来一段时期在"黄河流域生态保护和高质量发展"重大国家战略指引下应关注的重大科学问题。

1 引言

黄河是世界上最为著名的多沙河流，因"水少沙多、水沙关系不协调"而成为世界上最为复杂、最难治理的河流。由于巨量泥沙的不断堆积，黄河下游才成为举世闻名的地上悬河，黄河下游洪灾也因而成为中华民族的心腹之患。另外，突出的泥沙问题使黄河严峻的水资源形势更加严峻，水资源的严重短缺又进一步加剧了黄河泥沙问题的复杂性和严重性。泥沙淤积一直是困扰河道防洪安全、水库正常运行和有效库容长久维持、灌区安全运行的关键性技术难题。因此，泥沙问题始终是黄河治理开发、保护与管理要面对的首要问题。2019年9月18日习近平总书记在黄河流域生态保护和高质量发展会议讲话中提出要"保障黄河长治久安"的目标时，明确指出：黄河水少沙多、水沙关系不协调，是黄河复杂难治的症结所在，并强调：要保障黄河长久安澜，必须紧紧抓住水沙关系调节这个"牛鼻子"。习近平总书记的讲话给黄河泥沙研究以极大的鼓舞并且指明了方向。

人民治黄70年来，黄河泥沙研究得到了国家和各界人士的高度关注，也吸引了无数专家学者殚精竭虑潜心钻研，取得了丰硕的成果。随着当前全球气候变化和区域经济的快速发展，黄河防洪安全遇到新问题和更高的要求，黄河水资源的供需矛盾更加突出，黄河泥沙研究也迎来新的挑战。本文从黄河水沙情势变化、黄河水沙运动基础研究、黄河水沙调控理论与技术、河床演变与河道整治，以及黄河下游河道滩槽协同治理、泥沙综合处理与利用方略等方面，总结了几十年来黄河泥沙重大科技进展，提出在新情势下黄河泥沙需要进一步研究的问题。

2　黄河水沙变化研究重大科技进展与趋势

2.1　黄河水沙变化情势

黄河水沙变化情势是治黄战略决策、治理工程布局和工程实践的前提条件。黄河水沙变化始终是人们关注的焦点问题之一。20 世纪 80 年代开始，国内先后设立各类科技计划围绕黄河水沙变化成因、规律和发展趋势等开展相关研究工作。如黄河流域水保科研基金项目、水利部黄河水沙变化研究基金项目、国家自然科学基金重大项目"黄河流域环境演变与水沙运行规律研究""八五"国家重点科技攻关计划项目"黄河治理与水资源开发利用""九五"国家科技攻关计划项目"黄河中下游水资源开发利用及河道减淤清淤关键技术研究""十一五"国家科技支撑计划课题"黄河流域水沙变化情势评价研究""十二五"国家科技支撑计划项目"黄河中游来沙锐减主要驱动力及人为调控效应研究"。2013—2014 年，黄委会与中国水科院联合开展了"黄河水沙变化研究"。以上项目的实施，对黄河水沙变化成因进行了全面系统的研究，阐述了黄河流域水沙变化规律，也预测了未来若干年黄河水沙变化情势。

2.2　取得的共识与差异及研究趋势

综上研究可知黄河水沙变化研究一直是黄河治理的焦点和难点。很多研究人员都试图对未来黄河水沙变化趋势做出定量预测，但由于黄河流域产水产沙环境极为复杂，水沙变化趋势预测存在很多不确定性，其结果差异较大[1-7]。目前针对黄河水沙变化的研究，定性上存在共识，定量上存在差异。在共识方面，即在黄河水沙成因方面存在共识，研究者们一致认为是由黄河流域气候环境变化、干支流坝库修建等人类活动影响以及资源开发和城镇化进程的持续推进等因素共同引起黄河水沙产生了变化。

而黄河水沙作为一个动态变化的复杂系统，在未来水沙量的分配上存在差异，这是因为利用不同方法对黄河水沙未来变化趋势预测结果不同，或即使用同一种方法由于基本参数难以确定，预测计算结果也可能有较大差异。"八五"期间，国家重点科技攻关计划项目"黄河治理与水资源开发利用"预测 2020 年黄河流域多沙粗沙区在丰、平、枯三个水平年下的输沙量分别为 20.52 亿 t、10.31 亿 t 和 5.44 亿 t[4]。"十一五"期间，姚文艺等[8]预测 2030 年花园口水文站年来水量、年输沙量分别为 236 亿～244 亿 m³、8.61 亿～9.56 亿 t，2050 年花园口水文站年来水量、年输沙量分别为 234 亿～241 亿 m³、7.94 亿～8.66 亿 t。"十二五"期间，黄委会刘晓燕等[9]认为黄河中游潼关站来沙量 2030—2050 年为 0.7 亿～1.0 亿 t，2060 年以后，潼关年均来沙量将维持在 4.5 亿～5.0 亿 t；如果黄河主要产沙区普降高强度暴雨，则潼关来沙量甚至可达到 16 亿 t。胡春宏[10]认为：随着水保政策的持续开展，今后入黄水量和入黄沙量将持续减少，但减少的幅度有所降低，并将逐步趋于稳定，预计未来 50～100 年，潼关水文站年平均水量将逐步稳定在 210 亿 m³/a左右，年平均输沙量将逐步稳定在 3 亿 t/a 左右。

面对黄河水沙复杂的变化情况，必须应用科学的理论和方法，分析黄河流域水文系统各要素之间相互作用和影响的定性定量关系，认识黄河水沙变化内在规律，建立预测新方法，才有可能准确判断水沙变化趋势[11]。因此需从机理上对以下问题开展深入系统的研究：黄土高原水土流失严重区治理关键技术，黄土高原水土保持措施减沙作用可持续维持技术等，这些都是迫切需要从科学和技术不同层面回答与解决的重要问题，以便为黄河治理方略的制定提供科技支撑[12]。

3 黄河水沙运动基础研究重大进展与趋势

河流治理开发的实际需求促进了泥沙学科的发展，学科发展又推动了河流治理开发工程实践的进步。随着科技治黄与精细化管理的不断深入和国家对科技创新工作推进力度的不断加大，在前人研究的基础上，逐步完善并建立了适合多沙河流的水沙运动理论体系，拓展了泥沙学科的涵盖范围，为解决治黄工作中不断涌现的新问题提供了强力的科技支撑。

3.1 强不平衡输沙理论研究

强不平衡输沙的两个极端特征（即高含沙洪水的强烈淤积、水库运用初期下游河道的清水冲刷）在黄河上表现得尤为突出，这两种特殊现象对黄河下游河床演变与河道整治、防洪安全、工农业生产及生活用水乃至黄淮海平原的防洪和生态安全等影响巨大。为此，针对黄河下游长期不平衡输沙河道的治理问题，韩其为等[13]于2010年提出了均衡输沙理论；江恩慧等[14]开展了未来边界条件下黄河下游河道均衡输沙关系与游荡型河道整治模式适应性等相关的基础研究，提出了有利于黄河下游不同河段均衡输沙的水沙调控指标，论证了目前采用的"微弯型"整治方案有利于游荡型河道上下游河段的输沙均衡。

为了提高数学模型对黄河强不平衡输沙特性的模拟精度和可预测性，韩其为等[13]引入挟沙力因子，建立了非平衡状态下悬移质含沙量沿垂线分布的对数及指数形式计算公式；赵连军等[15]基于大量实测资料，建立了床沙、悬沙级配连续分布公式，同时引入冲淤物粒径概念，创建了一维、二维、三维悬沙与床沙交换的方程组，避免了人为划分不同粒径泥沙组互馈影响而需要引入诸多假设的窘境，在上述处理的基础上首次建立了"含沙量与粒径粒配垂线分布关系式"理论公式。同时，基于河流泥沙动力学基本原理，从理论上诠释了不平衡输沙条件下泥沙组成沿垂线的分布规律，提出了悬移质泥沙组成沿垂线的分布公式，建立了高含沙水流紊动强度、流速、含沙量沿垂线分布的理论公式，并给出了黄河下游"粗泥沙"粒径的界定方法，填补了学术界在此方面的研究空白。

3.2 极细沙减阻及洪峰增值机理研究

在2004年黄河汛前调水调沙期间，随着小浪底水库异重流排沙出库，黄河下游出现了明显的"洪峰增值"现象，洪峰流量由小浪底站的2680m³/s增大到花园口站的3990m³/s，在当时下游河道河槽过流能力依然较弱的情况下引起了社会的广泛关注。为此，李国英[16]、江恩慧等[17]在系统总结不同的典型高含沙洪水输水输沙特性及洪峰增值现象的基础上，根据河流泥沙动力学和减阻力学的基本原理，揭示了高含沙水流极细沙减阻机理，构建了动床阻力变化引起洪水演进过程响应的基本方程。基于这些理论研究提出的黄河下游洪峰增值调控对策在近十几年的调水调沙实践中被采纳，为黄河防洪决策提供了重要参考。2016 年，Wang Yuanjian 等[18]运用波动失稳理论，指出洪峰增值现象是洪水波在高佛汝德数条件下的波动失稳现象，其临界条件受水流阻力结构控制，成功统一了江恩慧等的细沙减阻理论和钟德钰等[19]提出的流凝现象减阻理论。

3.3　高含沙洪水"揭河底"冲刷机理研究

"揭河底"现象素有黄河百年奇观之称，其特殊的造床过程曾一度引起国内外水利工作者的极大关注。在总结前人研究的基础上，韩其为[20]借鉴单颗粒泥沙的起动过程，通过详细的力学分析，给出了黄河揭河底冲刷的临界条件和运动方程；江恩慧等[21]自 2005 年开始，在大量原型调研基础上，基于"揭河底"发生时的力学关系分析，通过系统的理论研究，明晰表述了发生"揭河底"现象的前提条件，阐明了河床层理淤积结构的形成机理，构建了清晰的"揭河底"冲刷过程物理图形，揭示了"揭河底"冲刷期断面形态调整规律，首次在实验室成功模拟了"揭河底"现象，创造性地利用瞬变流模型建立了"揭河底"现象发生的临界判别指标。通过专门的模型试验研究，揭示了"揭河底"冲刷期工程出险机理，提出了适用于"揭河底"冲刷河段的工程防护措施及相应对策。该项研究不仅丰富了多沙河流河床演变基础研究，而且为天然河道中"揭河底"现象的预测预报提供了理论支撑。

3.4　床面形态对水流阻力及泥沙输移的影响机理

床面形态是冲积河流水动力结构及泥沙输移过程中的主要影响因素。目前，国内外已开展了大量床面运动的室内水槽实验，并进行了恒定流条件下床面形态的变化过程、不同床面形态的阻力及泥沙输移特征、稳定床面形态的判别等方面的研究[22-23]。Nordin 及 Pratt 等还采用能量频谱的方法，研究了室内实验沙垄及沙纹床面高程沿水流方向的频谱特征、典型波长沙波的运动周期等[24-25]。

不同床面形态相应的水流阻力及输沙能力差别很大。完全发育的沙垄相应的水流阻力最大、输沙能力最弱，动平整或同相波（逆行沙波）相应的阻力小、输沙能力强。Verbank[26]则结合声学谐振原理，提出了床面形态控制数概念，可进行床面形态判别及形态阻力的定量计算。张原锋等在 Verbank 的研究基础上提出了包含沙粒弗劳德数及相对水深等因子的床面形态参数，并利用黄河下游实测输沙资料建立了室内试验、黄河统一的床面形态判别关系，可定量判别黄河下游高、低能态区的床面形态[27]，同时结合曼宁公式及 Bagnold 输沙理论，得出了包括床面形态因子的水流阻力公式及输沙能力公式，初步揭示了床面形态对水流阻力及泥沙输移的影响机理[28-29]；赵连军等[15]针对黄河河道冲淤特点，研究了多沙河流动床阻力的变化规律，建立了河道糙率计算公式，该公式能够综合反映河床形态调整变化和水力泥沙因子的自动调整，大大提高了数学模型的计算精度和可靠性。同时，随着单波束及多波束测深技术的发展，世界大河沙垄几何形态的野外观测有了显著进展，研究者们相继开展了野外河流非恒定流条件下沙垄特征及动态过程等研究[30-34]。

3.5　泥沙学科与其他学科交叉新发展

（1）环境泥沙研究方面。水利工程的建设和运行将导致水沙过程和河床演变发生不同于天然情况下的变化。这些变化还引起了河流中水、沙、营养盐之间的分配关系发生变化，从而导致床面生物膜、浮游动植物、底栖动物以及水生植物等相应随之改变。针对水沙关系变化引起水生态环境的变化的研究，方红卫等[35]提出了生态河流动力学的概念及理论框架，对水沙输移及微地形演变的物理过程、营养盐和污染物质随泥沙输移的化学过程，以及水体中及床面处各类生物过程对于水沙输移及微地形演变的响应等研究均进行梳理，探讨了水沙输移与河流生物化学过程之间的相互耦合关系，指出了生态河流动力学研究所面临的多学科交叉、多尺度耦合等方面的挑战。

（2）河流物质通量研究方面。河流是水沙等物质、能量传输的重要路径，健康河流的存在有赖于其正常物质通量的维护。河流物质通量关注的重点是以水沙为载体的多种物质运动及其效应，涉及水沙及伴随的碳、氮、磷、主要离子和污染物等。河流通量显著变化会引发系统性问题的出现：导致河流功能受损，加速系统恶性循环，形成多方面的水问题交织，出现断流或功能性断流、小水大灾、污染物通量增大、河道萎缩等一系列河流病态综合征，呈现"有河皆涸，有水皆污"的严峻形势。因此，多相物质通量源解析、运动物质间的相互作用、河流物质通量变化的效应等方面的基础研究将是水沙科学研究的重要前沿拓展领域，水利工程对河流通量结构和过程的改变也是研究热点。胡春宏[12]认为，系统开展河流物质通量的基础理论研究，将推动泥沙学科与生态环境、地学、水文学等多学科的深层次交叉，有助于进一步完善泥沙基础理论体系。针对黄河流域，应开展黄河干支流全物质通量调控体系优化布局及运行机制，以及干流全物质通量各要素耦合响应机制与年度调控过程等方面研究。

4　黄河水沙调控理论与技术研究重大进展与趋势

4.1　黄河水沙调控理论与技术研究及新进展

水沙调控是解决黄河水沙不协调的关键手段。我国在水库泥沙调度方面的研究比较早，从20世纪50年代的官厅水库[36]、60年代的三门峡水库[37]开始，到不平衡输沙理论[38-41]、水库异重流研究[14,42-43]、大坝下游河床演变与河道整治[44-46]、多沙河流水库泥沙数学模型[47-49]与实体模型模拟技术[50-51]等方面均取得了显著进展。

20世纪60年代，以王化云为代表的老一代治黄专家提出了"蓄水拦沙"的水沙调控思路[52]；钱宁[53]提出在黄河治理中应利用水库合理调节水沙过程，改变河流边界；王士强[54]提出了对黄河下游减淤效果较好的水库水沙调控方式；21世纪初，结合小浪底水库调水调沙试验，李国英[55]提出了基于空间尺度的黄河调水调沙的调控理念，并进一步指出，追求小浪底水库异重流的较高排沙比是黄河汛前调水调沙的重要目标[56]；江恩慧等[57]应用寿命周期模式思考了三门峡水库的运用问题，提出了发挥三门峡水库与小浪底水库联调作用的运用建议；胡春宏等[58-59]系统总结了"蓄清排浑"运用方式在实践中得到的优化和完善，提出了黄河三门峡水库、小浪底水库等工程运行方式进一步优化的建议；谈广鸣等[60]构建了基于水库-河道耦合关系的水库多目标优化调度数学模型，并将该模型应用到黄河小浪底水库水沙联合调度的研究中，取得了显著的优化效果。

江恩慧团队目前正在开展的"十三五"国家重点研发计划"黄河干支流骨干枢纽群泥沙动态调控关键技术"，从构建黄河泥沙动态调控的系统理论，阐明水库泥沙高效输移机制，揭示下游河流系统对泥沙动态调控的多过程综合响应机理，提出黄河泥沙动态调控模式与技术，建设黄河泥沙动态调控模型与智慧决策平台等 5 个方面进行内容。

4.2　新形势下黄河水沙调控理论与技术的发展趋势

进入 21 世纪以来，黄河水沙条件发生了明显变化，黄河水沙调控体系初步建成。特别是随着综合国力的提升和国家区域经济协调发展战略、生态安全战略的推进，黄河流域"防洪安全-社会经济发展-生态环境改善"之间的关系亟待平衡与协调。在此背景下，黄河泥沙调度应在空间上覆盖全流域、功能上覆盖全维度，时间上覆盖短、中、长期，以实现黄河流域全河"行洪输沙-社会经济-生态环境"多功能协同发展为目标，建立全流域完整的泥沙动态调控理论、技术与工程体系[61]。鉴于此，我们应对黄河流域进行系统治理，应用系统论思想方法，开展黄河流域水沙联合调控系统理论与技术，黄河下游河道与滩区综合治理提升工程与技术，基于水库长期有效库容维持的泥沙资源利用关键技术与装备等方面研究。

5　河道综合治理理论与技术研究重大进展与趋势

5.1　黄河下游河道整治研究进展

黄河下游河道强烈的游荡特性对黄河防洪安全构成极大威胁。中华人民共和国成立后，国家对黄河游荡型河道整治非常重视，投入巨资修建了大量的河道整治工程，以钱宁等[62-64]为代表的老一代研究者，针对多沙河流水沙输移与河床演变等基本规律开展了不懈的探索，为治黄战略决策奠定了坚实的基础。关于黄河下游的河道治理，谢鉴衡[65]提出应遵循黄河下游纵剖面变化规律进行河道治理，通过修建小浪底水库拦粗排细，调整水沙搭配，利用建坝的有利条件大规模引黄放淤，使整个下游的来水来沙条件得到显著改善，同时提出扩大河口三角洲范围以求抑制山东河段的上升，调整主槽横断面及降低糙率来抑制河南河段的淤积。国家"八五"计划期间，胡一三等[44]研究了黄河下游游荡型河道的河势演变规律，系统总结了山东窄河道和高村至陶城铺过渡型河道的河道整治经验，提出了游荡型河道的整治方向和整治措施。在国家"九五""十五"计划期间，江恩慧等[66]又通过系列模型试验，重点对河道整治工程布局长期议而不决的河段开展了局部河段工程布局研究，为游荡型河道系统整治奠定了基础。

2016 年由江恩慧主持的国家自然科学基金重点项目——游荡型河道河势演变与稳定控制系统理论，首次将系统论引入黄河下游河床演变研究中，运用协同理论、突变理论等刻画河势游荡演变的自然规律，提出实现水库调控与河道有限边界控制和谐匹配的技术措施。在国家"十二五"科技攻关期间，江恩慧等[67]进行了黄河下游滩槽协同治理理论与技术的创新，系统开展了现行"宽河固堤"模式、"防护堤"模式和"分区运用"模式下宽滩区滞洪沉沙功效及滩区减灾技术的研究，从理论层面揭示了漫滩洪水水沙运移与滩地淤积形态的互馈机制，论证了"二级悬河"的发生、发展机理与不可逆性；建立了黄河下游宽滩区水沙优化配置模型及配置模式，量化了下游宽滩区泥沙配置潜力和能力；首次提出了同时反映河流自然属性和社会属性的宽滩区滞洪沉沙功效二元评价指标体系，并建立了基于帕累托（Pareto）最优解的多元优化评价模型，提出了可兼顾防洪安全和长治久安的滩区防洪管理模式和滩区减灾措施。

5.2　黄河河道综合治理发展趋势

习近平总书记在黄河流域生态保护和高质量发展座谈会时指出，"洪水风险依然是流域的最大威胁"，"下游防洪短板突出"，在黄河流域生态保护和高质量发展的目标任务中，"保障黄河长治久安"占据着很突出的位置。同时强调，"黄河生态系统是一个有机整体""要更加注重保护和治理的系统性、整体性、协同性""要坚持山水林田湖草综合治理、系统治理、源头治理，统筹推进各项工作，加强协同配合，推动黄河流域高质量发展"，为今后黄河流域综合治理指明了方向。

总书记的讲话既一针见血地指出了目前黄河下游存在的问题，同时也为今后黄河流域的综合治理指明了方向，其充分体现了系统论的思想方法。黄河是一个复杂的巨系统，治理黄河是一项复杂的系统工程。无数的历史经验教训告诉人们：治河息息相通，牵一脉而动全体。因此，无论黄河治理的整体战略、实施方案，还是不同河段的治理方略、工程布局，抑或是单一工程的具体设计、运行管理，在其规划、可行性研究、实施的各个阶段，都必须以系统论思想方法为统领，把黄河流域作为一个有机的复合系统，统筹考虑。针对黄河流域系统治理这个命题，黄河流域系统可划分为干支流河流子系统、区域社会经济子系统、流域生态环境子系统三大子系统。黄河流域的系统治理要以河流基本功能维持、区域社会经济高质量发展、流域生态环境有效保护三维协同为整体治理目标，定量研究黄河流域综合治理的整体布局及不同治理措施之间的博弈协同效应。

按照系统理论，将黄河下游河道系统定义为"以水沙输移、床岸组成和涉水工程为物理基础，以水沙资源开发利用和合理配置为核心，以河流基本功能维持（行洪输沙）、经济社会可持续发展、生态环境有效保护等为最终目标的复合系统"。该系统将河流水沙输移、经济社会发展、生态环境要素等视为一个整体，其核心理念是保障河流行洪输沙基本功能、支撑经济社会可持续发展、维持生态环境健康。今后应利用系统论思想和方法进行黄河下游河道滩槽协同治理研究，探索系统内多目标之间的协同发展和整体最优。

6　黄河泥沙综合处理与利用方略研究重大进展与趋势

古往今来，无数的专家学者和仁人志士对黄河泥沙问题给予了极大的关注，开展了大量研究与实践。由于人们对泥沙问题认识的角度不同、理论观点的差异和社会经济及技术条件的不同，因此不同时期都有人提出各种不同的治理策略与方针。治黄方略从 1949 年初期的"除害兴利、蓄水拦沙"，发展到 1964 年的"上拦下排"治河思想，再到 20 世纪 90 年代逐步形成了"拦、排、放、调、挖"处理与利用泥沙的综合治理措施。从以上治黄方略可以看出，对于泥沙的处理都是基于泥沙的灾害属性，而对泥沙的资源属性认识不足。

进入 21 世纪，随着社会经济的发展和科学技术的进步，泥沙的资源属性和价值逐渐显现，处理泥沙的途径和潜力在不断增加，故 2013 年国务院批复的《黄河流域综合规划（2012—2030 年）》将以前的"拦、排、放、调、挖"泥沙综合治理策略修编为"拦、排、调、放、挖"[68-69]的同时，首次明确并延伸提出了"泥沙资源利用"。江恩慧等[68-69]在全面总结已有研究成果的基础上，对未来黄河泥沙处理与利用研究的总体架构和研究目标、研究内容进行了规划，进一步突出了泥沙资源利用的有效减沙效应。

在水利部和黄委的大力支持下，在泥沙资源利用方面持续开展了一系列研究，取得了显著进展。在泥沙处置技术方面，先后开展了"小浪底库区泥沙起动输移方案比较研究""黄河泥沙淤积层理及水下驱赶关键技术试验""小浪底水库泥沙处理关键技术研究""小浪底库区管道排沙可行性研究"等。在深水水库淤沙采样及探测技术方面，开展了"深水库区底泥水下综合探测关键技术与示范"。在泥沙转型利用方面，研发了专用环保型固化剂，使得黄河泥沙砖结构致密、强度高，提出了泥沙蒸养砖、泥沙烧结砖的生产工艺；研制出黄河抢险用大块石，取得了一定的综合利用黄河泥沙的经验。针对黄河泥沙资源利用存在的问题，目前正在开展"黄河泥沙资源工业化利用成套技术研发与示范"研究，已经研制出了泥沙资源利用的成套装备，有望实现黄河泥沙资源利用的系统化、规模化、标准化、产品化。

泥沙资源利用的过程同时又是泥沙的空间优化配置过程，近期该领域最具代表性的成果是胡春宏院士担纲的"十一五"国家科技支撑计划项目，该项目在分析黄河泥沙变化趋势的基础上，建立了黄河泥沙优化配置理论与模型，通过研究黄河各种泥沙处理方式的潜力与能力，提出了 21 世纪不同时期黄河干流泥沙的治理目标、安排模式和调控措施，给出了不同时期黄河干流各种泥沙处理方式的顺序和平均沙量分配比例[70-72]。

作为黄河泥沙处理的新方向，泥沙资源利用无论量级多大，都是唯一实现泥沙进入黄河后有效减沙的技术途径，其效应不仅体现在黄河健康生命的维持及长治久安愿景的实现，而且符合国家的产业政策，具有重大的社会经济、环境生态及民生意义。

7　结语

黄河泥沙研究为黄河治理工程实践与防洪安全、区域社会经济发展做出了重大贡献。2019 年 9 月 18 日，习近平总书记在黄河流域生态保护和高质量发展座谈会上对新中国成立以来黄河治理取得的巨大成就给予了肯定，同时也对黄河治理提出了新要求，将黄河流域生态保护和高质量发展提升到国家重大战略的重要地位。近年来，随着乡村振兴战略、生态安全战略等的推进实施，国家在新时期新情势下对泥沙研究赋予了新的使命。当前，黄河流域生态环境脆弱，水资源保障形势严峻，发展质量有待提高。针对这些问题，亟须我们对黄河水沙变化成因及趋势进行深入研究和定量判断，进行流域生态环境保护与治理，加强黄河水沙运动基础研究，进行符合新情势下的黄河水沙调控理论与技术研究，应用系统论思想，对黄河下游河道进行滩槽协同治理，通过持续性的成套技术集成和系列装备研发进行泥沙资源利用，以加强黄河流域生态环境保护，保障黄河长治久安，让黄河成为造福人民的幸福河。

参 考 文 献

［1］ 张胜利，李倬，赵文林，等. 黄河中游多沙粗沙区水沙变化成因及发展趋势［M］. 郑州：黄河水利出版社，1998：142 - 191.

［2］ 唐克丽，熊贵枢，梁季阳，等. 黄河流域的侵蚀与径流泥沙变化［M］. 北京：中国科学技术出版社，1993：220 - 231.

［3］ 叶青超，吴祥定，杨勤业，等. 黄河流域环境演变与水沙运行规律研究［M］. 济南：山东科学技术出版社，1994：30 - 57，78 - 115.

［4］ 张胜利，康玲玲，魏义长. 黄河中游人类活动对径流泥沙影响研究［M］. 郑州：黄河水利出版社，2010：138 - 203.

［5］ 姚文艺，李占斌，康玲玲. 黄土高原土壤侵蚀治理的生态环境效应［M］. 北京：科学出版社，2005：129 - 162.

［6］ 胡春宏，王延贵，张燕菁，等. 中国江河水沙变化趋势与主要影响因素［J］. 水科学进展，2010，21（4）：524 - 532.

［7］ 刘晓燕. 黄河近年水沙锐减原因及趋势研究［R］. 郑州：黄河水利委员会，2015：1 - 75.

［8］ 姚文艺，冉大川，陈江南. 黄河流域近期水沙变化及其趋势预测［J］. 水科学进展，2013，24（5）：607 - 616.

［9］ 刘晓燕，党素珍，张汉. 未来极端降雨情景下黄河可能来沙量预测［J］. 人民黄河，2016，38（10）：13 - 17.

［10］ 胡春宏. 黄河水沙变化与治理方略研究［J］. 水力发电学报，2016，35（10）：1 - 11.

［11］ 姚文艺，焦鹏. 黄河水沙变化及研究展望［J］. 中国水土保持，2016（9）：55 - 63.

［12］ 胡春宏. 我国泥沙研究进展与发展趋向［J］. 泥沙研究，2014（6）：1 - 5.

［13］ 韩其为，陈绪坚，薛春晓. 不平衡输沙含沙量垂线分布研究［J］. 水科学进展，2010，21（4）：512 -523.

［14］ 江恩慧，李军华，赵连军，等. 黄河下游河道均衡输沙关系与游荡型河道整治理论研究［R］. 郑州：黄河水利科学研究院，2009：109 - 180.

［15］ 赵连军，谈广鸣，韦直林，等. 黄河下游河道演变与河口演变相互作用规律研究［M］. 北京：中国水利水电出版社，2006：68 - 105.

［16］ 李国英. 黄河洪水演进洪峰增值现象及其机理［J］. 水利学报，2008，39（5）：511 - 517.

［17］ 江恩慧，赵连军，韦直林. 黄河下游洪峰增值机理与验证［J］. 水利学报，2006，37（12）：1454 -1459.

［18］ WANG Yuanjian，JIANG Enhui. Mechanism of Amplifications of Hyper - Concentrated Flood and Criterion of Its Occurrence in the Lower Yellow River［J］. http：//89.31.100.18/～iahrpapers/87014. pdf.

［19］ 钟德钰，姚中原，张磊，等. 非漫滩高含沙洪水异常传播机理和临界条件［J］. 水利学报，2013，44（1）：50 - 58.

［20］ 韩其为. 黄河揭底冲刷的理论分析［J］. 泥沙研究，2005（2）：5 - 28.

[21] 江恩慧，曹永涛，张清，等. 黄河"揭河底"冲刷期河道形态调整规律[J]. 水科学进展，2015，26 (4)：509－516.

[22] GUY H P, SIMONS D B, RICHARDSON E V. Summary of alluvial channel data from flume experiments[M]. US Government Printing Office, 1966.

[23] SIMONS D B, RICHARDSON E V. Resistance to flow in alluvial channels[M]. US Government Printing Office, 1966.

[24] NORDIN C F, ALGERT J H. Spectral Analysis of Sand Waves[J]. Journal of Hydraulic Division, Proceedings of the American Society of Civil Engineering, 1966, 92 (5)：95－114.

[25] PRATT C J, SMITH K V H. Ripple and Dune Phases in a Narrowly Graded Sand[J]. Journal of Hydraulic Division, Proceedings of the American Society of Civil Engineering, 1972, 98 (5)：859－874.

[26] VERBANK M A. How Fast can a River Flow Over Alluvium? [J]. Journal of Hydraulic Research, 2008, 46 (1)：61－71.

[27] 张原锋，申冠卿，VERBANK M A. 黄河下游床面形态判别方法[J]. 水科学进展，2012，23 (1)：46－52.

[28] 张原锋，MICHEL A，VERBANK M A，等. 基于床面形态的泥沙输移模式及其在黄河下游的应用 [J]. 泥沙研究，2009 (6)：48－53.

[29] HUYBRECHTS N, ZHANG Yuanfeng, VERBANK M A. A New Closure Methodology for 1D Fully Coupled Models of Mobile－Bed Alluvial Hydraulics：Application to Silt Transport in the Lower Yellow River[J]. International Journal of Sediment Research, 2011, 26 (1)：36－49.

[30] JULIEN P Y, KLAASSEN G J. Sand Dune Geometry of Large Rivers During Floods[J]. Journal of Hydraulic Engineering, 1995, 121 (9)，657－663.

[31] KOSTASCHUK R, VILLARD P. Flow and sediment transport over large subaqueous dunes：Fraser River, Canada[J]. Sedimentology, 2006, 43 (5)：849－863.

[32] 张原锋，王平. 黄河下游游荡性河段床面形态变化特征[J]. 人民黄河，2018，40 (8)：8－11.

[33] HONGBO M, JEFFREY A. The exceptional sediment load of fine－grained dispersal systems：Example of the Yellow River[J]. Science Advances, 2017, (3)：1－7.

[34] NAITO K, MA H, NITTROUER J A, et al. Extended Engelund－Hansen type sediment transport relation for mixtures based on the sand－silt－bed Lower Yellow River, China[J]. Journal of Hydraulic Research, 2019：1－16.

[35] 方红卫，何国建，黄磊，等. 生态河流动力学研究的进展与挑战[J]. 水利学报，2019，50 (1)：79－91，100.

[36] 官厅水库水文实验站. 官厅水库泥沙测验工作[J]. 泥沙研究，1958 (2)：40－48.

[37] 杜殿勋，戴明英. 三门峡水库修建前后渭河下游河道泥沙问题的研究[J]. 泥沙研究，1981 (3)：1－18.

[38] 韩其为，何明民. 论非均匀悬移质二维不平衡输沙方程及其边界条件[J]. 水利学报，1997，28 (1)：2－11.

[39] 韩其为. 水库淤积[M]. 北京：科学出版社，2003：27－82.

[40] 韩其为. 水量百分数的概念及在非均匀悬移质输沙中的应用[J]. 水科学进展，2007，18 (5)：633－640.

[41] 范家骅. 异重流泥沙淤积的分析[J]. 中国科学，1980 (1)：82－89.

[42] 王光谦，周建军，杨本均. 二维泥沙异重流运动的数学模型[J]. 应用基础与工程科学学报，2000，8 (1)：52－60.

[43] 张俊华，马怀宝，夏军强，等. 小浪底水库异重流高效输沙理论与调控[J]. 水利学报，2018，49

(1)：62-71.

[44] 胡一三,张红武,刘贵芝,等. 黄河下游游荡性河段河道整治[M]. 郑州：黄河水利出版社,1998：
1-216.

[45] 江恩慧,刘燕,李军华,等. 河道治理工程及其效用[M]. 郑州：黄河水利出版社,2008：1-232.

[46] 陈建国,周文浩,陈强. 小浪底水库运用十年黄河下游河道的再造床[J]. 水利学报,2012,43
(2)：127-135.

[47] 张俊华,张红武,王严平,等. 多沙水库准二维泥沙数学模型[J]. 水动力学研究与进展（A辑）,
1999,14 (1)：45-50.

[48] 张红艺,杨明,张俊华,等. 高含沙水库泥沙运动数学模型的研究及应用[J]. 水利学报,2001,32
(11)：20-25.

[49] 王增辉,夏军强,李涛,等. 水库异重流一维水沙耦合模型[J]. 水科学进展,2015,26 (1)：
74-82.

[50] 张俊华,张红武,李远发,等. 水库泥沙模型异重流运动相似条件的研究[J]. 应用基础与工程科学
学报,1997,5 (3)：309-316.

[51] 张俊华,张红武,江春波,等. 黄河水库泥沙模型相似律的初步研究[J]. 水力发电学报,2001,20
(3)：52-58.

[52] 赵炜. 王化云在黄河治理方略上的探索与实践[J]. 中国水利,2009,15 (4)：4-6.

[53] 钱宁. 从黄河下游的河床演变规律来看河道治理中的调水调沙问题[J]. 地理学报,1978,33 (1)：
13-24.

[54] 王士强. 小浪底水库调水调沙减少黄河下游河道淤积的研究[J]. 人民黄河,1996,18 (7)：
10-14.

[55] 李国英. 基于水库群联合调度和人工扰动的黄河调水调沙[J]. 水利学报,2006,37 (12)：
1439-1446.

[56] 李国英. 黄河调水调沙关键技术[J]. 前沿科学,2012,21 (6)：17-21.

[57] 江恩慧,李军华,刘社教. 应用寿命周期模式思考三门峡水库的运用问题[J]. 人民黄河,2005,27
(10)：4-5,11.

[58] 胡春宏,陈建,郭庆超. 三门峡水库淤积与潼关高程[M]. 北京：科学出版社,2008：1-244.

[59] 胡春宏. 我国多沙河流水库"蓄清排浑"运用方式的发展与实践[J]. 水利学报,2016,47 (3)：
283-291.

[60] 谈广鸣,邵国明,王远见,等. 基于水库-河道耦合关系的水库水沙联合调度模型研究与应用[J].
水利学报,2018,49 (7)：795-802.

[61] 江恩慧,王远见,李军华,等. 黄河水库群泥沙动态调控关键技术研究与展望[J]. 人民黄河,2019
(5)：28-33.

[62] 钱宁,张仁,周志德. 河床演变学[M]. 北京：科学出版社,1989：183-219.

[63] 龙毓骞. 黄河流域水沙变化对三门峡水库及下游河道的影响[G]//汪岗,范昭. 黄河水沙变化研
究：第1卷（上册）. 郑州：黄河水利出版社,1993：139-159.

[64] 胡一三. 黄河河势演变[J]. 水利学报,2003,34 (4)：46-50.

[65] 谢鉴衡. 黄河下游纵剖面变化及其治理问题[J]. 人民黄河,1986,8 (6)：3-8.

[66] 江恩慧,曹常胜,符建铭,等. 黄河下游游荡性河道河势演变机理及整治方案研究[R]. 郑州：黄河
水利科学研究院,2005：1-400.

[67] 江恩慧,李军华,陈建国,等. 黄河下游宽滩区滞洪沉沙功能及滩区减灾技术研究[M]. 北京：中
国水利水电出版社,2016.

[68] 江恩慧,曹永涛,邵国明,等. 实施黄河泥沙处理与利用有机结合战略运行机制[J]. 中国水利,
2011 (14)：16-21.

[69]　江恩慧，曹永涛，董其华，等. 黄河泥沙资源利用的长远效应[J]. 人民黄河，2015, 37（2）：1-5.

[70]　胡春宏，陈绪坚，陈建国，等. 黄河干流泥沙空间优化配置研究（Ⅰ）：理论与模型[J]. 水利学报，2010, 41（3）：253-263.

[71]　胡春宏. 黄河干流泥沙空间优化配置研究（Ⅱ）：潜力与能力[J]. 水利学报，2010, 41（4）：379-398.

[72]　胡春宏，陈绪坚，陈建国，等. 黄河干流泥沙空间优化配置研究（Ⅲ）：模式与方案[J]. 水利学报，2010, 41（5）：514-523.

Significant Scientific and Technological Progress and Trend of Sediment Research in the Yellow River

Abstract：Sediment problem of the Yellow River is the key problem of harnessing the Yellow River. Generation after generation of researchers have done a lot of research on this topic, and achieved fruitful results. Which have directly applied or guided the Yellow River control project, and also made great contributions to the development of the sediment discipline. In the past decade, with the progress of science and technology and the development of social economy, the state has put forward higher requirements for the Yellow River control work, and sediment research in the Yellow River has entered a rapid development stage, especially in quantitative and theoretical research. In this paper, the major scientific and technological progress of the Yellow River sediment research is briefly introduced from the aspects of the change of water and sediment regime, the basic theory of water and sediment movement in the Yellow River, the theory and technology of water and sediment regulation and control in the Yellow River, the evolution of river bed and the regulation of river channel, the comprehensive treatment and utilization of sediment and so on, the development trend of sediment research in the Yellow River is prospected, and during the period of "Yellow River basin ecological protection and high-quality development", under the guidance of the major national strategy, the major scientific issues to be concerned should be put forward in the future.

西部地区农村水电开发及其
可持续发展研究

徐锦才

摘要： 本文在介绍中国西部地区农村水电开发建设现状的基础上，分析了小水电开发在农村经济发展以及新农村建设中的作用。同时，详细探讨了西部地区农村小水电开发过程中的关键技术进展以及相关政策、标准的研究制定等。依据地域特点提出建立完善水能资源评估与核算的理论体系，加快关键技术研发和新技术的推广应用，强化信息技术的科技支撑作用，加强多学科交叉融合，保障西部地区农村小水电可持续发展。

1 引言

农村小水电是国际公认的清洁可再生能源，也是一种重要的分布式能源。发展以小水电为主体的农村水电是帮助农村新型经济体应对快速增长能源需求、解决"三农"问题和促进乡村振兴的一条重要途径。同时，小水电开发兼备防洪、灌溉、供水、生态旅游、养殖等多项功能，尤其适宜在贫困山区农村发展及分散开发，具有明显的社会公益性[1]。

中国西部地区疆域辽阔，除四川盆地和关中平原外，绝大部分地区属于经济欠发达、需要加强开发的地区。农村小水电以其分散、简单、当地化和标准化等优势，在解决西部农村生产生活电力供应，加强农村清洁能源基础设施，发展农村经济，保护生态环境，精准扶贫以及抗旱应急救灾等方面发挥着非常重要作用[2]。新时期国家"西部大开发""精准扶贫""一带一路"等一系列重大方针的制定为西部农村小水电发展提供了重要契机。与此同时，也对该地区小水电开发过程中如何正确处理"人-水-环境"的相互关系提出了严峻挑战，"科技因素""绿色因素"将对西部地区小水电的健康发展起到至关重要的支撑作用。鉴于此，本文在对中国西部地区农村水电开发建设现状分析的基础上、对其开发建设的技术进展、相关管理政策、标准的研究制定等方面进行详细分析，并结合国家战略规划，探讨新时代背景下西部地区农村水电可持续发展的策略及途径。

2 西部地区农村水电开发现状及其作用

2.1 西部地区农村水电开发现状

中国农村水电能源可开发量约为 1.28 亿 kW，居世界第一，其中西部地区小水电能源可开发量 0.81 亿 kW，约占全国 63.6%。截至 2019 年，中国农村水电开发技术与发达国家存在较大差距，发达国家开发程度普遍在 80% 以上，而中国小水电开发率为 58.6%，西部贫困地区小水电开发率仅为48％，合理开发利用潜力较大。目前，西部地区农村水电站座数达到14000多座，总装机容量4318万kW（图1），主要集中在西南地区，其中水电站10262座，装机容量6852万kW，占该总水电站数72％及装机容量65％。西南地区60％以上集中在云南和四川两省。西北地区共有水电站2512座，装机容量1253万kW，占西部地区水电站总量25％及总装机容量16％，主要集中在陕西、甘肃、新疆、青海等地区，内蒙古以及宁夏等地区小水电比重相对较低。

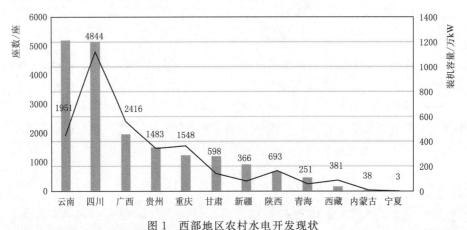

图1　西部地区农村水电开发现状

2.2　西部地区农村水电开发作用

（1）农村水电是贫困山区精准扶贫的宝贵资源。中国西部是欠发达地区，农村地区更是亟待脱贫的重要范围。农村水电是我国西部农村重要的能源与水利基础设施，也是国家实施资产收益类扶贫的重要内容。自2016年起，国家发展改革委、水利部选取了部分农村水能资源丰富的国家级贫困县，开展了农村小水电扶贫工程试点工作，采取将中央预算内资金投入形成的资产折股量化给贫困村和贫困户的方式，探索"国家引导、市场运作、贫困户持续受益"的扶贫模式，建立贫困户直接受益机制。2016—2018年，重庆、贵州和陕西三省（直辖市）被列入农村水电扶贫试点省份。各项目上缴收益纳入县财政专户专款专用，专项用于扶持建档立卡贫困户和贫困村基础设施等公益事业建设，近期重点用于扶持贫困户脱贫，由县里统一发放到建档立卡贫困户，取得了显著的社会效益，使农村小水电成为西部欠发达地区精准扶贫的重要途径，助力国家扶贫战略。

（2）农村水电是促进农村清洁能源发展重要保障。解决偏远地区能源供给一直是国家政府关注的重要问题。适度合理开发水电能源，有利于农村能源结构改善，有效减少森林采伐量，保护天然林。农村水电与其他可再生能源相比，能量密度高，开发技术比较成熟，造价比较低，适于为相对较为分散的农村生产、生活供电，目前仍是国家解决偏远农村地区能源问题的有效途径，也是农村地区经济持续发展的重要保障。同时，国家对农村水电的合理开发、管理正在持续加强，保持其健康绿色发展。2011年，水利部与财政部在浙江、重庆等6省（自治区、直辖市）联合启动了农村水电增效扩容改造试点。2013年，全国26个省（自治区、直辖市）和新疆生产建设兵团全面实施增效扩容改造项目。"十二五"期间，中央财政累计投入88亿元，带动地方和企业投入150多亿元，对4400

座老旧小水电站进行了全面改造，改造后装机容量和年发电量达到 900 万 kW 和 350 亿 kW·h，比改造前分别增加 20％和 40％以上，取得良好的经济、社会和生态效益。同时，"十三五"农村水电增效扩容改造以河流为单元，增加了河流生态修复工作。水利部颁布实施《农村水电增效扩容改造河流生态修复指导意见》，为河流生态修复提供了技术支撑。同时，西部地区积极参与绿色小水电建设。2017 年西部地区共计有 18 座水电站被评为绿色小水电站，占全国 41％。2018 年西部地区共计有 47 座水电站被评为绿色小水电站，占全国 39％。在保护生态基础上有序开发水电，使其成为偏远农村地区可再生清洁能源供给的重要保障，已经成为西部地区农村水电事业发展的重要目标。

3　西部小水电开发技术进展及相关政策标准研究

近 20 年来，我国西部地区农村水电事业快速发展，相关技术日趋成熟，国内对小水电开发的认识开始分化。小水电虽然是世界公认、技术成熟的可再生清洁能源，但其开发与环境保护的矛盾，安全经济运行、梯级开发累积性生态影响越来越受各方关注。随着水能资源开发的深入，开发难度逐渐加大，环境敏感性逐渐增强。如何合理制定水能开发规划、减小环境扰动，有效发挥流域管理的优势，对西部农村小水电开发技术、管理政策、相关标准制定提出了更高要求。

3.1　西部小水电开发技术进展

3.1.1　生态环境保护与修复技术

西部地区是我国的重要的生态屏障，具有较高的生态价值，然而部分地区为生态异常脆弱地区，生态约束已成为该地区水电发展最重要外部条件。对于西北旱寒区，水电开发多位于河流源头、高海拔地区，而这些河流往往是旱区发展的唯一水源，"以水定需、生态优先"成为农村水电发展的重要前提。关停部分电站、复核生态下泄流量过程、修复河段减脱水等措施，已成为西北地区农村水电生态改造的重要实践。西南地区水能资源丰富但也分布着众多的自然保护区，干支流水能开发协调以及小水电群累积影响成为西南地区小水电开发面临的主要问题。

对于西部旱寒区水电开发国家高度重视，中央环保督察特别是祁连山国家级自然保护区生态环境问题督察行动指出，祁连山等自然保护区生态破坏问题严重。祁连山区域黑河、石羊河、疏勒河等流域水电开发强度较大，该区域现有水电站 150 余座，其中 42 座位于保护区内，带来的水生态碎片化问题较为突出。甘肃省制定并落实了《甘肃祁连山国家级自然保护区水电站关停退出整治方案》，关停退出和处罚了一批水电站，为其他省份小水电生态环境影响评估与整改树立了典型。此外，在"共抓长江大保护"的指导思想下，国家审计局、中央环保督察等一系列环境检查工作发现了长江经济带小水电突出的生态环境影响问题。2018 年年底，水利部、国家发展改革委、生态环境部、国家能源局启动了长江经济带小水电清理整改工作，要求开展综合评估与"一站一策"工作，有效解决长江经济带小水电生态环境突出问题。西部地区云南、贵州、四川、重庆四地是长江经济带小水电清理整改的重要地区。四地分别按照四部委整改要求，发布了小水电清理整改的实施方案，启动了小水电综合评估与整改工作。

3.1.2　增效扩容改造技术

西部地区地理位置偏远，经济发展相对滞后，已建成农村水电站设计标准普遍较低、环境适应性考虑不足，经过长年运行，设备老化、效率低下，安全生产问题逐渐突出。随着西部地区农村水电开发率的提高，农村水电效率提升开始逐渐成为主要工作之一，增效扩容改造技术已成为农村水电发展的必由之路[3]。农村水电增效扩容改造主要是在满足综合利用水量，特别是满足生态用水量前提下，提高水电站的综合能效。水电站能效主要受弃水量、运行效率、水工建筑物、金属结构和机电设备各类水头损失与水量损失等因素的影响[4]，与此相关必要的工程改造技术也受到越来越多的关注。例如西北地区高含沙水能利用技术，高效输冰、排沙设施的构建，寒区小型水电站水工建筑物安全稳定运行等已逐渐成为关注热点。

对于生态流量泄放措施的改建也是增效扩容中的一项重要内容。生态流量泄放设施是保障下游河道的生态用水需求而兴建的专用或兼用设施。为满足水电站运行新的要求，如生态流量过程、综合利用等需求，改造过程中对于生态流量泄放设施的具体形式进行了不断的探索，具体实践中常结合泄放要求、开发方式、工程布置等多种因素确定。工程实际中生态流量泄放设施常与生态小机组、鱼道、大坝放空孔（洞）等设施相结合，而早期未设置生态流量泄放设施的挡水建筑物可通过引水系统改造、堰坝泄水设施改造等方式实现生态流量泄放。除此之外，农村水电站安全保障与安全监管相关技术也是增效扩容改造过程中重要的研究方向[5]。通过农村水电安全标准化评级工作的广泛开展，大大提升了农村水电安全管理水平，取得了较好的效果[6]。

3.1.3　水电综合利用技术

综合利用是进行河流水能开发的根本原则之一，流域水能开发要综合考虑发电、防洪、灌溉、生产生活用水、渔业、航运、水上娱乐以及水质保护等多方面利益。就水电资源开发而言，还包括多级水电站群的优化调度。近年来，随着国家对于西部地区开发建设力度加大、能源需求与工农业生产快速增长，单一部门统筹协调已经无法满足社会经济发展的新要求。在水生态安全前提下，研究水能开发与区域农业生产用水需求的竞争性及相容性关系，保障水-能源-粮食协同安全[7]。同时，随着电力体制改革推进，农村地区清洁可再生能源多能互补的综合开发利用模式和分布式发电技术等受到广泛关注[8]。

3.2　西部小水电可持续发展的政策标准研究

3.2.1　农村小水电可持续发展政策体系

鉴于西部地区地理和生态条件的特殊性，制定经济、健康、协调的农村小水电可持续发展目标，使该地区水电开发合理有序进行，需要有力的政策研究作为支撑。绿色水电发展是我国农村水电发展的重要目标，目前国家正在积极推进研究和制定《绿色小水电评价标准》，推广绿色小水电建设在山区河流减水河段生态修复治理、最小下泄流量监管等方面的经验[9]。自然资源资产负债表是党的十八届三中全会提出了新的资源管理方式，农村水能资源作为重要的资源相应的基础政策研究也在加快开展。同时，农村水电扶贫共享机制、水能资源综合开发利用管理模式、增效扩容改造绩效评价、老旧水电站退出机制及生态补偿与生态电价等相关政策体系正在逐步建立完善[10]。

3.2.2 农村小水电的标准化建设

西部地区地理环境差异显著，水能利用形式各有不同，给水电开发运行管理造成了一定的困难。目前，已经建立了较为完整的小水电行业技术标准体系，制定和修编了大量涉及小水电资源开发规划、设计、施工和运行管理的规程规范，形成小水电规划设计与建设、小水电电力系统及农村电气化、小水电技术管理以及小水电机电产品相关标准等四大系列标准。

同时，开展了国内外标准对比工作，吸收国外先进理念和技术，促进我国小水电行业技术进步。加强标准外文版翻译出版工作，积极主动参与国际标准化工作。2019年国际标准化组织（ISO）技术管理委员会将《小水电技术导则：术语和定义、设计》在ISO技术管理委员会（TMB）会议上投票，通过制定《小水电技术导则：术语和定义、设计》提案，会议提及该工作将由中国国家标准化管理委员会领导，并得到联合国工发组织支持。

4 西部地区农村小水电可持续发展的途径

4.1 完善水能资源评估与核算理论体系

系统开展农村水能资源环境潜力评估方法和技术的基础理论研究，聚焦西部地区农村水能资源禀赋特征，开展西北干旱半干旱地区农村水能资源开发阈值评估、季节性河流水能利用模式以及旱区水资源多目标优化配置技术，不断推进西南地区水电能源基地农村梯级水电站联合调度技术研发，结合自然资源核算方法与理论，建立我国农村水能资源调查核算方法和技术路线。

4.2 加快关键技术研发和新技术推广应用强化信息技术的科技支撑作用

加强农村小水电生态改造、生态运行策略与退役决策理论研究。开展对寒区水工建筑物安全运行技术、多泥沙河流水能开发技术、基于水风光多能互补的分布式供电技术等关键技术研究。逐步完善小水电可持续开发利用标准化模式。大力推进小水电生态下泄流量监控成套技术、新型鱼道等新技术的推广应用。强化信息技术的支撑作用，研发基于多源信息、多尺度、全生命周期的农村水电智慧监管技术与平台，构建小水电工程全要素安全监测体系。

4.3 开展水利、能源、生态、社会经济等多学科交叉融合

新时期农村小水电研究呈现出多学科、跨部门的特点，迫切需要从气候变化、水、能源、粮食、生态、社会经济、乡村振兴等多领域入手，开展农村水电综合利用技术体系研究，使农村水电从单一水能资源开发利用向区域经济社会协调发展、流域水资源综合利用管理发展，将工程技术与法规、政策、社会、经济、文化等因素相结合，促进西部地区农村水电行业的持续发展。

参 考 文 献

［ 1 ］ 乔海娟，张丛林，张军，严俊. 推进我国小水电发展的思考[J]. 海河水利，2015（2）：35－37.
［ 2 ］ 水利部农村水电及电气化发展局. 中国小水电 60 年[M]. 北京：中国水利水电出版社，2009.
［ 3 ］ 水利部农村水电及电气化发展局，水利部农村电气化研究所. 农村水电增效扩容改造项目建设与管理[M]. 北京：中国水利水电出版社，2013.
［ 4 ］ 徐锦才. 农村水电的能效分析探讨[J]. 小水电，2014（4）：1－3.
［ 5 ］ 徐锦才，董大富，金华频，等. 农村水电站安全风险评估与保障技术[J]. 小水电，2011（6）：50－52.
［ 6 ］ 夏建军. 小型水电站安全生产标准化管理模式 [M] 北京：中国水利水电出版社，2015.
［ 7 ］ 鲍淑君，贾仰文，高学睿，等. 水资源与能源纽带关系国际动态及启示[J]. 中国水利，2015（11）：6－9.
［ 8 ］ 徐锦才，舒静，陈艇，等. 基于水电的多能互补分布式供电技术探讨[J]. 小水电，2017（4）.
［ 9 ］ CUI Zhenhua，JIN Cai xu. Green small hydropower in China：Practices and drivers[J]. Journal of Renewable and Sustainable Energy 9. 2（2017）：024501.
［10］ 崔振华，徐锦才. 建立我国农村水电站退役机制的探讨[J]. 工程研究-跨学科视野中的工程，2016（6）.

Research on the Construction of Rural Hydropower and Its Sustainable Development in Western China

Abstract：On the basis of introducing the present situation of rural hydropower development and construction in Western China, this paper analyses the role and position of small hydropower development in rural economic development and new rural construction policy. This paper discusses in detail the development of key technologies and the research and formulation of relevant policies and standards in the process of rural small hydropower development in the western region, and proposes to establish and improve the theoretical system of water energy resource assessment and accounting, accelerate the research and development of key technologies, promotion and application of new technologies, strengthen the role of information technology and multidisciplinary intersection, are important ways to ensure the sustainable development of rural small hydropower in Western China.

泥沙输移问题研究进展与展望

张根广

摘要：泥沙输移问题一直是国内外泥沙学者研究的热点问题。本文简要回顾了推移质泥沙起动输移特性、悬移质运动规律，分析阐述了泥沙输移领域的一些主流研究成果、存在的不足及今后研究的热点及难点。认为近底瞬时作用流速、床面泥沙非均匀性及床面泥沙随机分布规律仍将是当前及今后研究的热点和方向；群体泥沙颗粒间的相互作用是揭示推移质群体运动机理的重要基础及前提；悬移质泥沙输移理论尚不成熟的主要原因，仍然是对泥沙颗粒悬浮、扩散与交换机理认识不清。

1 引言

床沙质、推移质及悬移质是并存于河道中的三种泥沙状态，泥沙起动、起悬是床沙进入推移运动及悬浮运动的临界状态，是探索推移质和悬移质运动规律的基础。因此，泥沙起动输移问题一直是国内外泥沙学者研究的热点问题，也是研究河床演变、水沙数值模拟、泥沙灾害防治等问题的重要基础，在实际工程中得到广泛应用。

2 泥沙起动特性

泥沙起动问题是泥沙运动基本理论中的最基础问题，也是国内外泥沙学者研究的热点问题和涉及泥沙工程中常常遇到的问题[1]。泥沙起动概念最早提出于 19 世纪，系统的研究则始于 20 世纪初，并取得了丰硕研究成果[2-3]。但由于泥沙起动问题极其复杂，所得结果并不令人满意。例如，Kramer 提出的泥沙起动判别标准至今仍在沿用，致使泥沙起动标准往往因人而异，误差较大，原因在于，Kramer 提出的标准是一个定性的而非定量的标准。

床面上泥沙起动具有必然性和随机性两个方面：一方面，床面上泥沙颗粒位置及作用在颗粒上的水流流速是随机的，这就造成水流强度在低于泥沙临界起动条件时，床面上仍有少量泥沙投入运动；而在水流强度高于泥沙临界起动条件时，仍有大量泥沙停留在床面；另一方面，泥沙颗粒运动又具有必然性和确定性一面。例如，当水流流速及泥沙颗粒在床面上所处位置已知时，泥沙起动又表现出确定性一面。在以往研究泥沙起动时，多采用确定性方法推求起动条件，得到的是确定性的单值关系，如 Van、Wright、Elhakeem 等[4-6]。随着湍流理论的发展，学者们将湍流的随机特性应用于泥沙起动研究中，形成了随机性研究方法，如 Papanicolaou 等[7]。此观点认为，泥沙起动具有随机性，不存在确定

175

的泥沙起动判别条件，由此引入泥沙起动概率问题。Einstein[8]认为泥沙起动概率 P 等于有利于出现冲刷外移的情况与所有可能出现情况之比，此定义包含了三种不同表述方式：①作用在泥沙上的瞬时上举力大于水下重力的时间占总时间的比值；②在床面任意位置，泥沙被冲刷外移的时间占总时间的比值；③在任意时刻，泥沙被冲刷外移的床面面积占总床面面积的比值。但由于对近底湍流结构认识不同及测定方法的差异，学者们对近底水流特征的认识还存在较大差异（主要表现为：①水流瞬时上举力服从高斯分布，如 Einstein、孟震等[8-9]；②水流瞬时作用流速服从高斯分布，如韩其为、Dou、白玉川等[10-12]；③水流瞬时作用流速服从对数高斯分布，如 Wu 等[13]、Dey 等[14]；④床面切应力服从对数高斯分布，如 Hofland、Elhakeem 等[15-16]），造成研究结果存在较大差异。此外，由于泥沙起动形式（滑动起动、滚动起动及跳跃起动）也是随机的，因此，在泥沙起动研究中，由于认识上的差异，部分学者采用了滑动起动模式（瞬时拖曳力大于摩擦阻力）作为泥沙起动判别条件，如 Li 等[17]；部分学者采用滚动起动模式（动力矩大于阻力矩）作为泥沙起动的判别条件，如 Wu，张根广等[13,18]；部分学者采用跳跃起动模式（瞬时上举力大于水下重力）作为判别条件，如 Einstein[8]，Cheng 等[19]，Dey 等[14]。但由于泥沙运动极其复杂，在实际观察中，通常很难准确地将三种起动模式区分开来，一些学者只好采用概化理论公式推导三种模式的临界水流强度，如 Dey 等[14]。

床面泥沙三维分布特性极其复杂，影响因素众多，概括起来可表述为：表层泥沙密实性、泥沙非均匀性、绝对暴露度及相对暴露度等参数。早在 1950 年，Einstein[8]就发现了采用均匀沙代替非均匀沙引起的推移质输沙率的误差，并通过引入相对暴露度系数试图修正非均匀沙所引起的上举力偏差。之后，Paintal[20]通过分析理论计算床面和平均床面高程，首次定义了暴露度新概念；韩其为[21]在对泥沙起动流速研究中，基于床面泥沙颗粒相对位置，提出了概念清晰且便于应用的绝对暴露度和相对暴露度概念。刘兴年等[22]通过对非均匀沙的暴露高度进行实验测量，给出了暴露高度与粒径间的关系。近些年，学者们分别从理论分析及实验观测两个方面，对床面泥沙颗粒位置进行了深入研究，何文社等[23]提出了暴露度定义的新方法，并给出了对应的计算公式，得到了基于等效粒径的非均匀沙暴露度系数取值范围。杨奉广等[24]采用 Cheng 等[25]的床面颗粒间相对步长概率密度分布的研究成果，结合床面泥沙暴露度与步长之间的几何关系，得到了河床泥沙颗粒相对暴露度的概率密度分布函数；孟震等[26-27]对二维、三维泥沙颗粒相对隐蔽度进行了初步分析，并对其物理意义进行了讨论；白玉川等[28]提出了双向暴露度的新概念，重点研究了垂向暴露度和纵向暴露度对泥沙起动流速的影响；张根广、周双、邢茹等[29-30]通过自行设计的实验装置，测量分析了随机堆放条件下均匀玻璃球及河卵石纵向水平间距、暴露角、绝对暴露度及相对暴露度，得到了玻璃球及河卵石相对暴露度的概率密度均服从偏正态分布。需要指出的是，以上研究虽然一定程度上揭示了泥沙位置的分布特性，但大部分学者多考虑的是均匀沙，这与实际河流中泥沙为非均匀沙且长期受水流作用的影响还有一定出入。

总的来说，对于泥沙起动的研究，还未脱离确定性方法的老路。在将来的研究中，还应多考虑采用统计分析方法来描述泥沙起动状态，既要考虑水流的随机性，也要考虑床面泥沙非均匀性、随机分布、泥沙颗粒形状的不规则性及颗粒大小之间的隐暴效应等因素。

3 推移质运动规律研究

早在 19 世纪末期，法国 P. Duboys 基于水流剪应力，开创性地提出了推移质泥沙输移理论，之后众多学者对这一问题进行了深入研究[31-37]。从研究方法上来说，推移质运动的研究方法可划分为实验研究方法与理论研究方法。实验研究方法以 Gilbert[31] 及 Meyer 等[32]为代表，理论研究方法的途径则较多，且各有千秋。Gilbert 在 1909—1914 年，采用了 9 种沙样进行了 892 组试验，开创了水槽试验的先河，标志着现代泥沙运动力学的兴起，其研究成果至今仍在被引用；Meyer 等在孤立单因素分析基础上，通过系统的推移质输沙率与单因素、多因素的试验，逐步建立和完善了以水流切应力为水流强度指标的推移质输沙率公式。在理论研究方面，有基于流速为主要参变量建立的推移质输沙率公式，如沙莫夫公式、冈恰洛夫公式、列维公式等；有基于拖曳力为主要参数建立的推移质输沙率公式，如耶格阿扎罗夫公式、恩格隆公式、阿克斯-怀特公式等；有基于能量平衡观点建立的推移质输沙率公式，如拜格诺公式，杨志达公式等；有基于统计方法建立的推移质输沙率公式，如爱因斯坦公式，韩其为公式等；有基于沙波运动建立的推移质输沙率公式，如 Shionhara 公式等[33]；近几年来，张根广课题组[17-18,29-30,38-43]将水流随机性及泥沙相对位置随机性同时引入泥沙起动输移中，从理论上推导出全概率泥沙起动及输沙率公式。随着非线性科学的发展，一些研究者试图从非线性角度对推移质输沙率进行研究，例如，白玉川等[34]通过分析推移质运动过程的非线性动力学特性，证明了床面形态的演化决定于推移质运动过程的突变特性；杨具瑞等[35]基于尖点突变理论，得到了推移质输沙率公式；在推移质泥沙运动的分形和自组织规律研究方面，姚令侃等[36]基于非均匀沙水槽实验，建立了推移质输沙率与床面泥沙颗粒间的双曲关系，但这种分布的动力学机制尚需要进一步研究；汪富泉[37]通过理论分析和实验数据论证，论述了推移质运动的自组织临界性和分形列维稳定分布的物理机制。综上分析，上述研究成果大多数均建立在均匀沙的基础上，即使部分成果是基于非均匀沙研究，但由于分析中均采用的是泥沙中值粒径或平均粒径，因此不算真正意义上的非均匀沙输沙率研究，而完全基于非均匀沙考虑的推移质输沙率计算方法有四类[44]：直接分组计算法、修正剪切力法、床沙分组计算法、输沙率级配法。直接分组计算法采用床面泥沙分组计算输沙率方法，得到不同粒径组的泥沙输移率，最终累计求和得到总输沙率，如刘兴年、孙志林、陈有华、Cao 等[45-48]。修正剪切力法是通过引入剪切应力修正系数，得到床面不同粒径组的床面剪切力，将修正后的床面剪切应力引入到均匀推移质输沙率中，得到不同粒径组的推移质输沙率，如 Parker、Wilcock、Rickenmann、孙东坡等[49-52]。床沙分组计算法，首先要确定床面总的可能输沙率，其次要确定床面泥沙级配，而后将床面总的输沙率与不同粒径组在床沙中的权重乘积作为床面分组输沙率。该方法的计算精度受粒径分组数目的影响较大，现有的计算公式精度均还有待提高。输沙率级配法类似于床沙分组计算法，首先要确定床面总的可能输沙率，其次是确定推移质运动泥沙级配，而后将床面总的可能输沙率根据推移质运动泥沙级配进行分配，从而确定各粒径组的输沙率。该方法有效地避免了床沙分组计算法中分组数目对总输沙率计算结果的影响，提高了公式的预测精度，如窦国仁、

Hsu、Tayfur、Bombar 等[53-56]。

综上可见，无论是均匀沙还是非均匀沙，目前的研究成果多以单颗粒泥沙及单一运动状态为研究对象。而在实际河流中，随着水流强度的增强，床面泥沙并不是以单颗粒泥沙运动和单一运动状态运动，而是以多种运动形式（滑动、滚动、跳跃等）和群体运动状态输移。惠遇甲、胡春宏等[57-58]采用高速摄像技术对床面附近颗粒的运动状态进行了观测研究，初步得到泥沙滑动、滚动、跃移以及悬移等各种运动形式所占的比例，开创了研究群体泥沙运动状态及多泥沙运动形式的先河；Gao[59]研究了泥沙滚动和跳跃之间的转化、单层和多层运动的转换。

在泥沙运动特性研究中，早期主要以泥沙受力结构为基础，通过构建显式力学平衡方程，求解得到推移质运动速度与水流强度之间的关系。随着近代计算技术的发展，使得求解复杂的微分方程成为可能，因此，基于经典力学，结合近代流体力学、概率论、随机过程等学科，构建基于单颗粒受力模型、考虑颗粒位置随机性或受力随机性的微分方程，通过数值求解泥沙颗粒运动速度取得一定进展，如 Lee、白玉川、徐海珏、范念念等[60-63]。

在实验研究方面，学者一方面结合最新的理论进展，尝试采用多影响因素进行实验研究；另一方面不断提高测试手段，例如高速摄影技术、图像识别技术、粒子示踪等。惠遇甲等[57]利用光学补偿照相机，刻画了单个泥沙颗粒的跃移轨迹，对颗粒的速度、加速度、旋转、受力等问题开展了研究；唐立模等[64]基于三维粒子示踪测速技术，观测了 10 种水沙条件下推移质颗粒的三维运动情况，统计分析了推移质颗粒的三维平均运动规律；余国安等[65]通过专门设计制作的推移质运动视频观测采集系统和河床结构发育程度测量装置，对几种经典床面条件的山区河流推移质颗粒强度运动状态进行了观测分析；Julien 等[66]通过对光滑床面上的不同大小、不同形状和密度的泥沙颗粒的平均推移运动速度进行了观测，拟合得到了推移质运动速度计算公式；胡浩等[67]采用 ADCP 定点观测方法，通过对长江河口南港和北港粉砂、细砂河床的推移质运动速度进行研究后指出，只有在床沙发生普遍运动时，ADCP 观测法才能进行有效的测量；Amir 等[68]采用摄像粒子图像测速系统及脉动压力传感系统，测量了床面颗粒跃移参数及受力变化等。与均匀沙相比，非均匀推移质运动更加复杂，主要表现为不同床面形态下，河床粗糙度对颗粒运动的间歇性和变化程度产生直接影响。Nicholas[69]指出，颗粒顶部湍流强度将会随着颗粒糙率的增加而增大，这一变化将引起颗粒速度进一步加大；Bhaskar Ramesh 等[70]研究了水力过渡区内泥沙运动速度，得到了泥沙运动速度的分布规律；许琳娟[71]在水槽中开展了非均匀推移质运动特性的实验，利用数字图像处理技术，获得泥沙位置及运动轨迹，对泥沙运动速度、走停时间等参数进行了研究。

总之，在推移质运动及输移方面虽然取得了丰富的研究成果，但大多成果主要基于单颗粒泥沙运动特性，很少有从群体泥沙颗粒运动角度去探索推移质输移规律，尤其是从群体颗粒内部颗粒间的作用力（例如颗粒碰撞力）角度去考虑。就是对于推移质运动特性的认识，仍停留在对相关现象的定性描述，缺乏对这种现象产生原因的认识。究其原因是多方面的，既有学科面窄，无法与基础科学、尖端技术等相比的原因，也有学科本身问题复杂、难度大，而测量仪器不能满足科研需求的原因。

4 悬移质运动规律研究

泥沙浓度分布是河流动力学中基本理论研究的重要内容之一。自 20 世纪 30 年代，Rouse[72]基于紊动扩散理论，首次建立了泥沙浓度分布公式以来，至今已有多种不同的理论模型，如混合理论、能量理论、相似理论及随机理论。而在众多研究成果中，又以紊动扩散理论居多，其中扩散系数的选取是导致浓度分布公式繁多的主要原因。倪晋仁等[73]基于垂向脉动速度概率分布特性，推导出了悬移质浓度垂线分布的统一公式及悬沙紊动扩散系数表达式，并从理论上揭示了这些理论的出发点虽然不同，但最终都能得到与扩散方程类似结构形式，只是扩散系数略有不同；并进一步分析提出，含沙量沿垂线分布包括两种类型：①泥沙浓度沿垂线分布规律为从水面到河底由小逐渐增大，在近壁区达到最大值，然后再由最大值迅速减小至零，称为Ⅰ型（普通型）浓度分布；②自水面到河底单调增加称为Ⅱ型[74]浓度分布。然而，采用传统的泥沙扩散理论很难解释室内试验和原型观测到的Ⅰ型泥沙浓度分布，因此，学者们试图寻求其他理论和方法解释这一现象。如Wang 等[75]基于固液两相流动力学理论分析后指出，Ⅰ型泥沙浓度分布规律的形成原因，主要来自升力的影响。刘大有[76-77]早期基于两相流的紊动扩散模型研究发现，传统的紊动扩散模型不能很好地描述颗粒脉动强度梯度引发的扩散；尤其是在固相颗粒脉动强度变化较大的区域，基于菲克第一扩散定律的泥沙扩散理论更是存在明显的缺陷，并定性解释了Ⅰ型固体浓度分布的成因；之后基于泥沙悬浮运动机理认为，悬浮泥沙颗粒在河流或水平管道中，除受到重力和浮力作用外，还将可能受到流体中其他升力和泥沙颗粒脉动强度梯度的作用。傅旭东等[78]基于流体动力学理论，修正了传统的泥沙扩散方程，并对影响含沙水流泥沙浓度分布类型、形成机理及扩散系数的影响因素进行了定量分析。倪志辉等[79]基于非线性方法中分形标度，从流体内部结构分析入手，探讨了挟沙水流的含沙量分布。

20 世纪 50 年代，Einstein 等[80]基于床沙质、推移质和悬移质三者之间的内在联系，构建了水流挟沙力理论公式。Bagnold[81]基于水流功率理论，结合推移质、悬移质的研究结果，推导出了一个包含推移质和悬移质的全沙输沙率公式。可见，上述两个公式概念明确，具有较强的理论基础，但其适用性与经验性公式相比，还有一定的差距。例如以悬移质泥沙输移为主体的平原河流，推移质泥沙运动可以忽略的情况下，经验性公式更具适用性，类似的公式有武汉水利电力学院学者公式、Velikanov 公式及范家骅公式[82-84]。综上可见，上述几个学者的研究都是基于推移质和悬移质具有不同运动形式的基础上，在具体研究时区别对待，沙玉清[85]则认为，推移质运动和悬移质运动都是泥沙一种运动形式，在本质上没有什么不同，并基于这一思想，构建了一个更具普遍性及适用性的公式。

高含沙水流具有与普通挟沙水流不同的运动特点和冲淤规律。自 20 世纪 80 年代以来，高含沙水流的挟沙能力问题，得到了国内外学者的普遍关注，并确定丰富的研究成果[86]。曹如轩[87]结合陕西省水利科学研究所室内试验资料，通过对高含沙水流的浑水黏滞性、泥沙沉降特性、高含沙水流极限粒径的概念及输沙特性等因素分析研究，建立了高含沙水流挟沙力公式；张红武[88]基于泥沙悬浮能量来自水流运动动能、水流能量消耗与泥沙悬浮功之间必存在着内在联系的考虑，通过分析研究泥沙含量对卡门常数与颗粒沉速的影响，以及浑水黏滞系、水力泥沙因子对高含沙水流挟沙能力的影响，提出了一个半经验、半理论的高含沙水流挟沙力公式；吴保生等[89]采用回归分析方法，分析研究了水流挟沙力的内在机理及影响因素，构建了基于浑水黏性系数、泥沙沉速的高含沙水流挟沙力经验公式；费祥俊[90]基于黄河泥沙悬浮指标推导出黄河干流不冲不淤流速，并在建立黄河干流挟沙能力计算中，计入黄河床沙级配及河道断面形态特征的影响，得到了一个适合黄河挟沙能力计算的经验性公式；舒安平等[91]基于泥沙悬浮和水流紊动之间的联系，借鉴两相流的相关研究成果和大量实测资料，构建了高含沙水流挟沙能力公式。总之，目前在悬移质浓度分布、水流挟沙力、高含沙水流等方面取得了不少研究成果，但总的来说，水沙两相流的理论发展还不够成熟，现有的理论研究成果或公式还存在较大缺陷。因此，在将来很长时间内，还要重点研究低浓度泥沙颗粒与水流间的相互作用，揭示颗粒悬浮、扩散与交换机理；在此基础上，研究高含沙对水流运动特性、能量耗散特性的影响，探求高含沙水流与一般含沙水流在水沙输移方面的区别与联系。这就要求研究者不断加强基本理论的研究与探索，不断提高试验观测技术水平，着力实现跨学科、跨领域合作，最终建立一个适合含高含沙水流的悬移质浓度统一分布形式与水流挟沙力公式，在体系上完善悬移质输移机理。

中国北方灌区多属于干旱地区，灌溉水源多为渠灌引水。尽管灌渠挟沙水流的输移规律的研究可借鉴明渠挟沙水流的运动理论，但仍与天然河道存在一定差异：一方面，灌溉渠道边界条件规整，便于研究与应用；另一方面，由于不同灌区（或同一灌区不同时段）来沙特性、水力条件以及管理方式的差异，灌渠泥沙的输移规律也表现出特殊性。相较天然河道而言，灌区渠道泥沙淤积给灌区正常运行带来了严重问题。因此，研究者对灌区泥沙运动特性及泥沙淤积成因（泥沙淤积与来水来沙间的机理）进行了研究。早在 1987 年，人民胜利渠灌区运用之初，河南人民胜利渠泥沙专题研究组[92]就灌区水沙分配规律和泥沙淤积分布规律开展了细致的研究；随着工程的不断运行、改造，以及黄河水沙条件的变化，相关研究不断深入，王延贵等[93-94]以渠道水流含沙量垂线分布和输沙能力为基础，对引水分沙的特性及其对渠道冲淤的影响进行了初步分析，之后，在大量水沙实测资料基础上，对泥沙起动规律、含沙量分布规律及挟沙能力进行深入分析，指出渠道挟沙能力主要受渠道糙率、渠道比降、横断面形状、来沙级配和引水流量的影响。此外，李春涛、史红玲等[95,96]对位山引黄灌区的泥沙淤积原因也进行了相关研究，其结论与王延贵等[94]的结论基本一致。黄河水沙的总体特征是粒径小，含沙量高，而国内部分渠道所引水沙与黄河水沙并不相同，故输移规律也并不一致。山溪性河流的引水问题与黄河的引水问题的最大区别在于，除了悬移质外，对推移质的输移规律同样需要给予关注[97]。

为了兼顾灌区浑水资源的可持续利用及防淤防堵两大目标，部分研究者以泾惠渠、渭惠渠灌区为例，对渠系节点处的泥沙淤积特征以及对引水分流特性开展研究。王延召等[98]对渠系节点区域悬移质淤积与支渠引水分流间的关系进行了研究，指出回流区水流挟沙能力减小，泥沙在口门前形成拦门沙坎，是产生淤积的主要因素。同时，为了实现灌区水沙资源的优化配置和泥沙运用，研究者们进行了大量的研究，史红玲等[99]构建了基于入渠水沙资源分配目标的灌区配置能力指标的表达式，并对指标值进行了量化；胡健等[100]指出灌区泥沙合理配置与利用的关键是非均匀沙的输送机理，进而对非均匀沙不同粒径组泥沙的起动与止动、沉降与悬浮的差异进行了研究，得到分组沙的输沙能力、沿程衰减规律和上限平衡含沙量的统计特征。

5　结论

基于前人的研究成果及存在的不足，提出以下几个亟待解决的问题：

（1）在泥沙起动研究中，确定性的力学方法存在较大缺陷，描述随机现象的统计学方法将更适合描述泥沙起动问题；近底水流作用流速、床面泥沙非均匀性及随机分布规律作为泥沙起动的非确定性因素，将是当前及今后研究的热点和重点。

（2）在推移质运动研究中，单颗粒泥沙的运动规律不足以反映床面泥沙真实情况，群体泥沙颗粒间的相互作用将是揭示推移质运动机理的重要基础和前提。

（3）对泥沙颗粒悬浮、扩散与交换机理认识不清，是悬移质泥沙输移理论尚不成熟的主要原因；高含沙的存在对水流运动特性与能量耗散特性的影响并不明确，目前尚缺乏可靠的、系统的研究成果，其根本的原因仍是对含沙水流的紊动结构认识不够成熟，这也是河流动力学领域的难点问题。

参　考　文　献

［1］　胡春宏，曹文洪，郭庆超，等.泥沙研究的进展与展望[J].中国水利，2008（21）：56-59.

［2］　窦国仁.论泥沙起动流速[J].水利学报，1960（4）：44-60.

［3］　窦国仁.再论泥沙起动流速[J].泥沙研究，1999（6）：1-9.

［4］　VAN R. J. Sediment transport，Part I：bed load transport[J].Journal of Hydraulic Engineering，1984，110（10）：1431-1456.

［5］　WRIGHT S.，PARKER G. Flow resistance and suspended load in sand-bed rivers：Simplified stratification model[J].Journal of Hydraulic Engineering，2004，130（8）：796-805.

［6］　ELHAKEEM M，SATTAR A M A. An entrainment model for non-uniform sediment. Earth Surface Processes & Landforms，2015，40（9）：1216-1226.

［7］　PAPANICOLAOU A N，ELHAKEEM M，KRALLIS G，et al. Sediment Transport Modeling Review—Current and Future Developments. Advances in Mechanics，2010，134（1）：1-14.

［8］　EINSTEIN H A. The bed-load function for sediment transportation in open channel flows. US Department of Agriculture，1950.

［9］　孟震，陈槐，李丹勋，等.推移质平衡输沙率公式研究[J].水利学报，2015，46（9）：1080-1088.

［10］　韩其为.泥沙起动规律及起动流速[M].科学出版社，1999.

［11］　DOU Guoren. Incipient Motion of Sediment Under Currents[J].中国海洋工程（英文版），2000，14（4）：391-406.

［12］　白玉川，王鑫，曹永港.双向暴露度影响下的非均匀大粒径泥沙起动[J].中国科学：技术科学，2013（9）：1010-1019.

［13］　WU F C，CHOU Y J. Rolling and Lifting Probabilities for Sediment Entrainment[J].Journal of Hydraulic Engineering，2003，129（2）：110-119.

[14]　DEY S, ALI S Z. Mechanics of sediment transport：Particle scale of entrainment to continuum scale of bedload flux[J]. Journal of Engineering Mechanics，2017，143（11）：04017127.

[15]　HOFLAND B, BATTJES J A. Probability Density Function of Instantaneous Drag Forces and Shear Stresses on a Bed[J]. Journal of Hydraulic Engineering，2006，132（11）：1169 - 1175.

[16]　ELHAKEEM M, PAPANICOLAOU A N T, TSAKIRIS A G. A probabilistic model for sediment entrainment：The role of bed irregularity[J]. 国际泥沙研究（英文版），2017，32（2）：137 - 148.

[17]　LI Lin lin, ZHANG, Gen guang, ZHANG, Jia jun, et al. Incipient Motion Velocity of Sediment Particles on the Positive and Negative slope[J]. Taiwan Water Conservancy，2017，65（2）：72 - 81.

[18]　张根广，周双，邢茹，等. 基于相对暴露度的无粘性均匀泥沙起动流速公式[J]. 应用基础与工程科学学报，2016，25（4）：688 - 697.

[19]　CHENG N S, CHIEW Y M. Pickup probability for sediment entrainment.［J]. Journal of Hydraulic Engineering，1998，124（2）：232 - 235.

[20]　PAINTAL A S. A stochastic model of bed load transport[J]. Journal of Hydraulic Research，1971，9（4）：527 - 554.

[21]　韩其为. 泥沙起动规律及起动流速[J]. 泥沙研究，1982，7（2）：11 - 26.

[22]　刘兴年，陈远信. 非均匀推移质输沙率[J]. 成都科技大学学报，1987（2）：29 - 36.

[23]　何文社，杨具瑞. 泥沙颗粒暴露度与等效粒径研究[J]. 水利学报，2002，33（11）：44 - 48.

[24]　杨奉广，刘兴年，黄尔，等. 唐家山堰塞湖下游河床泥沙起动流速研究[J]. 四川大学学报（工程科学版），2009（3）：84 - 89.

[25]　CHENG N S, LAW W K, LIM S Y. Probability distribution of bed particle instability[J]. Advances in Water Resources，2003，26（4）：427 - 433.

[26]　孟震，杨文俊. 基于三维泥沙颗粒的相对隐蔽度初步分析[J]. 泥沙研究，2011，36（3）：17 - 22.

[27]　孟震，杨文俊. 基于三维泥沙颗粒相对隐蔽度的底坡上散体沙起动初步研究[J]. 泥沙研究，2011，36（5）：1 - 10.

[28]　白玉川，王鑫，曹永港. 双向暴露度影响下的非均匀大粒径泥沙起动[J]. 中国科学：E 辑（技术科学），2013，43（9）：1010 - 1019.

[29]　周双，张根广，王新雷，等. 均匀泥沙相对暴露的试验研究[J]. 泥沙研究，2015，40（6）：40 - 45.

[30]　邢茹，张根广，梁宗祥，等. 床面泥沙位置特性试验研究——暴露角、纵向水平间距及相对暴露度概率密度分布[J]. 泥沙研究，2016，41（4）：28 - 33.

[31]　Gilbert G K. The transportation of debris by running water[M]. U. S. Geological Survey Professional Paper 86. Government Printing Office, Washington, D. C., 1914：263.

[32]　MEYER P, E., MULLER, R. Formulas for bed - load transport[C]. In：Proceedings of the second meeting of international association for hydraulic research，1948，Vol. 3. Stockholm：39 - 64.

[33]　张瑞瑾，谢鉴衡. 河流动力学[M]. 武汉：武汉大学出版社，2007.

[34]　白玉川，徐海珏，许栋，等. 推移质运动过程的非线性动力学特性[J]. 中国科学：E 辑（技术科学），2006（7）：751 - 772.

[35]　杨具瑞，曹叔尤，方铎，等. 坡面非均匀沙起动规律研究[J]. 水力发电学报，2004（3）：102 - 106.

[36]　姚令侃，方铎. 非均匀沙自组织临界性及其应用研究[J]. 水利学报，1997（3）：27 - 33.

[37]　汪富泉. 推移质运动的分形与自组织特征研究——Ⅱ推移质输沙率的分形分布及自组织临界性[J]. 泥沙研究，2014（3）：6 - 11.

[38]　王愉乐，张根广，周双，等. 斜坡上的推移质输沙率公式[J]. 水力发电学报，2018，37（5）：100 - 106.

182

[39] 王愉乐, 张根广, 李林林, 等. 基于泥沙状态概率的推移质输沙率公式[J]. 泥沙研究, 2018, 43 (5): 1-6.

[40] 李林林, 张根广. 基于全概率的推移质输沙率公式[J]. 泥沙研究, 2018, 43 (6): 15-22.

[41] LI, Lin lin, ZHANG, Gen guang, ZHANG, Jia jun. Formula of bed-load transport based on the total threshold probability[J]. Environmental Fluid Mechanics, 2018.

[42] 王愉乐, 张根广, 陈学彪, 等. 二维床面均匀沙双向位置特性及起动概率研究[J]. 台湾水利, 2019, 67 (2): 30-39.

[43] 许晓阳, 张根广, 王愉乐. 基于全概率的斜坡上推移质输沙率公式[J]. 台湾水利, 2019, 67 (2): 75-82.

[44] WU, B. S., MOLINAS, A. Modeling of alluvial river sediment transport[C]. Proceedings of the International Conference on Reservoir Sedimentation, Vol. I, Edited by M. L. Albertson, A. Molinas, and R. Hotchkiss, Colorado State University, Fort Collins, Colorado, USA, 1996, 281-325.

[45] 刘兴年, 陈远信. 非均匀推移质输沙率[J]. 四川大学学报 (工程科学版), 1987, 19 (2): 35-42.

[46] 孙志林, 邵凯, 许丹, 等. 浑水推移质分组输沙研究[J]. 水利学报, 2012, 43 (1): 99-105.

[47] 陈有华, 白玉川. 平衡输沙条件下非均匀推移质运动特性[J]. 应用基础与工程科学学报, 2013, 21 (4): 657-669

[48] CAO Z X, PENG H U, GARETH P, et al. Non-capacity transport of non-uniform bed load sediment in alluvial rivers[J]. 山地科学学报 (英文), 2016, 13 (3): 377-396.

[49] PARKER G, KLINGEMAN P C, MCLEAN D G. Bedload and size distribution in paved gravel bed streams[J]. Journal of the Hydraulics Division, 1982, 108 (4): 544-571.

[50] WILCOCK P R, CROWE J C. Surface-based Transport Model for Mixed-Size Sediment. J Hydraul Eng[J]. Journal of Hydraulic Engineering, 2003, 129 (2): 120-128.

[51] RICKENMANN D, RECKING A. Evaluation of flow resistance in gravel-bed rivers through a large field data set[J]. Water Resources Research, 2011, 47 (7): 209-216.

[52] 孙东坡, 刘明潇, 王鹏涛, 等. 双峰型非均匀沙推移运动特性及输移规律[J]. 水科学进展, 2015, 26 (5): 660-667.

[53] 窦国仁, 赵士清, 黄亦芬. 河道二维全沙数学模型的研究[J]. 水利水运工程学报, 1987 (2): 3-14.

[54] HSU S M, HOLLY F M. Conceptual Bed-Load Transport Model and Verification for Sediment Mixtures[J]. Journal of Hydraulic Engineering, 1992, 118 (8): 1135-1152.

[55] TAYFUR G, SINGH V P. Kinematic wave model of bed profiles in alluvial channels[J]. Water Resources Research, 2006, 42 (6): 376-389.

[56] BOMBAR G, ELCI S, TAYFUR G, et al. Experimental and Numerical Investigation of Bedload Transport Under Unsteady Flows [J]. Journal of Hydraulic Engineering, 2011, 137 (10): 1276-1282.

[57] 惠遇甲, 胡春宏. 水流中颗粒跃移的运动学特征[J]. 水利学报, 1991, 22 (12): 59-64.

[58] HU C, HUI Y. Bed-Load Transport. I: Mechanical Characteristics[J]. Journal of Hydraulic Engineering, 1996, 122 (5): 245-254.

[59] GAO Peng. Transition between Two Bed-Load Transport Regimes: Saltation and Sheet Flow [J]. Journal of Hydraulic Engineering, 2008, 136 (1): 340-349.

[60] HONG Yuanlee, Ying Tienlin, JingYunyou, et al. On three-dimensional continuous saltating process of sediment particles near the channel bed[J]. Journal of Hydraulic Research, 2006, 44 (3): 374-389.

[61] 白玉川, 陈有华, 韩其为. 泥沙颗粒跃移运动机理[J]. 天津大学学报 (自然科学与工程技术版),

2012, 45 (3)：196 - 201.

[62]　徐海珏, 沈颖, 白玉川. 推移质滚动的机理及统计规律[J]. 水利学报, 2014, 45 (10)：1184 -1192.

[63]　范念念. 从单颗粒受力到群体运动特征的推移质研究[D]. 北京：清华大学, 2014.

[64]　唐立模, 王兴奎. 推移质颗粒平均运动特性的试验研究[J]. 水利学报, 2008, 39 (8)：895 - 899.

[65]　余国安, 王兆印, 张康, 等. 山区河流推移质运动的野外试验研究[J]. 水利学报, 2012, 43 (6)：
　　　631 - 638.

[66]　JULIEN P Y, BOUNVILAY B. Velocity of Rolling Bed Load Particles[J]. Journal of Hydraulic En-
　　　gineering, 2013, 139 (2)：177 - 186.

[67]　胡浩, 程和琴, 韦桃源, 等. 基于 ADCP 测量的长江口推移质运动速度研究[J]. 泥沙研究, 2015,
　　　40 (5)：1 - 6.

[68]　AMIR M, NIKORA V, WITZ M. A novel experimental technique and its application to study the
　　　effects of particle density and flow submergence on bed particle saltation[J]. Journal of Hydraulic Re-
　　　search, 2017, 55 (1)：101 - 113.

[69]　NICHOLAS A P. Computational fluid dynamics modelling of boundary roughness in gravel - bed riv-
　　　ers：an investigation of the effects of random variability in bed elevation[J]. Earth Surface Processes
　　　& Landforms, 2010, 26 (4)：345 - 362.

[70]　BHASKAR Ramesh, UMESH C. Kothyari, Krishnan Murugesan. Near - bed particle motion over
　　　transitionally - rough bed[J]. Journal of Hydraulic Research, 2011, 49 (6)：757 - 765.

[71]　许琳娟. 非均匀沙床面颗粒运动试验研究[D]. 北京：中国水利水电科学研究院, 2016.

[72]　ROUSE H. Experiments on the mechanics of sediment suspension[C] // Proceedings of the 5th inter-
　　　national congress for applied mechanics. Cambridge：[s. N.], 1938.

[73]　倪晋仁, 王光谦. 泥沙悬浮的特征长度和悬移质浓度垂线分布[J]. 水动力学研究与进展：A 辑,
　　　1992, 7 (2)：167 - 175.

[74]　倪晋仁, 王光谦. 论悬移质浓度垂线分布的两种类型及其产生的原因[J]. 水利学报, 1987 (7)：
　　　60 - 67.

[75]　WANG G Q, NI J R. Kinetic theory for particle concentration distribution in two - phase flow [J].
　　　Journal of Engineering Mechanics, 1990, 116 (12)：2738 - 2748.

[76]　刘大有. 现有泥沙理论的不足和改进——扩散模型和费克定律适用性的讨论[J]. 泥沙研究, 1996
　　　(3)：39 - 45.

[77]　刘大有. 关于颗粒悬沙机理和悬浮功的讨论[J]. 力学学报, 1999, 31 (6)：661 - 670.

[78]　傅旭东, 王光谦. 细颗粒悬沙浓度分布的影响因素分析[J]. 水动力学研究与进展, 2004, 19 (3)：
　　　231 - 239.

[79]　倪志辉, 张绪进, 胥润生. 长江黄河含沙量垂线分布的分形研究[J]. 人民长江, 2011, 42 (19)：
　　　73 - 76.

[80]　EINSTEIN H. A., NING Chien. Transport of sediment mixture with large range of grain sizes
　　　[R]. Sediment Series No. 2, Missouri River Div, Omaha：U S Corp of Eng, 1953：49.

[81]　BAGNOLD R. A. An approach to the sediment transport problem from general physics[R]. U S
　　　Geol Survey, Prof. Paper. 1966, 422, 01：1 - 37.

[82]　钱宁, 万兆慧. 泥沙运动力学[M]. 北京：科学出版社, 1983.

[83]　VELIKANOV M. A. Alluvial Process[M]. // State Publishing House for Physical and Mathemati-
　　　cal Literature, Moscow, 1958, 241 - 245.

[84]　范家骅, 陈裕泰. 悬移质挟沙能力水槽试验研究[J]. 水利水运工程学报, 2011 (1)：1 - 16.

[85]　沙玉清. 泥沙运动学引论[M]. 北京：中国工业出版社, 1965：302.

[86]　郑委, 郭庆超, 陆琴. 高含沙水流基本理论综述[J]. 泥沙研究, 2011 (2)：75 - 80.

［87］ 曹如轩. 高含沙水流挟沙力的初步研究［J］. 水利水电技术，1979（5）：55－61，34.

［88］ 张红武，黄河水流挟沙力的计算公式［J］. 人民黄河，1992（11）：7－9.

［89］ 吴保生，龙毓骞. 黄河水流输沙能力公式的若干修正［J］. 人民黄河，1993（7）：1－4.

［90］ 费祥俊. 黄河下游河道高含沙水流的输沙能力分析［J］. 人民黄河，1996（2）：9－14.

［91］ 舒安平，费祥俊. 高含沙水流挟沙能力［J］. 中国科学：G 辑（物理学力学天文学），2008，38（6）：653－667.

［92］ 河南人民胜利渠泥沙专题研究组. 引黄人民胜利渠灌区水沙分配和淤积分布的现状及其泥沙处理措施［J］. 灌溉排水学报，1987（1）：8－17.

［93］ 王延贵，李希霞，王冰伟. 典型引黄灌区泥沙运动及泥沙淤积成因［J］. 水利学报，1997（7）：13－18，36.

［94］ 王延贵，史红玲. 引黄灌区不同灌溉方式的引水分沙特性及对渠道冲淤的影响［J］. 泥沙研究，2011（3）：37－43.

［95］ 李春涛，许晓华. 位山引黄灌区泥沙淤积原因及处理对策［J］. 泥沙研究，2002（2）：1－5.

［96］ 史红玲，许晓华，王延贵，等. 位山灌区渠首泥沙灾害分析［J］. 泥沙研究，2008（4）：63－68.

［97］ 刘焕芳，宗全利，刘贞姬，等. 灌区高含沙输水渠道淤积成因分析［J］. 农业工程学报，2009，25（4）：35－40.

［98］ 王延召，张耀哲. 渠系节点悬移质淤积分布数值模拟［J］. 灌溉排水学报，2018，37（5）：81－85.

［99］ 史红玲，胡春宏，王延贵. 黄河下游引黄灌区水沙配置能力指标研究［J］. 泥沙研究，2019，44（1）：4－10.

［100］ 胡健，戴清，张志昊，等. 引黄灌区非均匀沙的输送机理研究［J］. 灌溉排水学报，2008，27（6）：18－22.

Progress and Prospect on Sediment Transport

Abstract：Sediment transport has always been a hot topic studied by researches at home and abroad. This paper briefly reviews the characteristics of bed load incipient motion，transport and the motion of suspended sediment. It analyzes some mainstream research results，the shortcomings and the hotspots and difficulties in the field of sediment transport in the future. It is believed that the near–bottom flow velocity，non–uniformity and random distribution law of bed grain will still be the hot spots and directions of current and future research. The interaction between group sediment particles will also be an important factor to reveal the mechanism of bed load motion. Unclear understanding of the mechanism of suspension，diffusion and exchange of sediment particles is the main reason for the immature theory of suspended sediment transport，and it is also a difficult and hot issue in the field of river dynamics.

第4部分

西部水工岩土力学
与工程研究进展

西部水利与土木建设中的岩土工程问题

李 宁

摘要： 本文针对西部水利与土木建设中的岩土工程问题，分别就 6 个问题进行了发展现状评述与展望：①西部裂隙岩体动力学参数获取；②地震作用下坝体动力稳定性问题；③西部高陡岩体边坡的稳定性评价问题；④长大隧道的快速安全施工的问题；⑤西部交通建设中的冻土工程问题；⑥西部基础建设中的黄土高填方问题。

1 引言

西部土木与水利建设中有哪些特殊的岩土力学问题，这些问题的研究现状与不足以及未来发展等是广大岩土力学工作者关切的话题。首先，我国西北地区广泛分布的黄土，是一种大孔隙欠压密遇水易湿陷的特殊土体，建在该种土体上的各种建筑物常常会因地下水位变化、降水入渗或生活废水排泄不当等造成黄土地基的沉陷，导致建筑物破坏，因而黄土的力学特性与工程特性是西部基础建设中将要面对的主要问题之一；其次，西部广阔寒区的多年冻土和季节性冻土的工程特性、力学特性与热学特性问题是西部青藏公路、铁路、青康公路、西线南水北调等大型、超大型的水利工程、交通工程将要面临的又一主要岩土力学问题；最后，西南地区高地震活动带的岩体动力学问题、强构造区的岩体损伤力学问题及高地应力区的岩爆问题等，都是西部基础建设中的特殊的、重要的、有代表性的岩土力学问题。限于笔者学识水平，仅就西部裂隙岩体动力学参数获取；地震作用下坝体动力稳定性问题；西部高陡岩体边坡的稳定性评价问题；长大隧道的快速安全施工的问题；西部交通建设中的冻土工程问题；西部基础建设中的黄土高填方问题，进行抛砖引玉式探讨。

2 裂隙岩体参数研究现状与展望

岩体力学参数是进行工程设计、稳定性评价以及保证施工安全的基础。因此，关于岩体力学参数选取的研究在岩土工程研究中具有极大的重要性和必要性。由于结构面的广泛存在而形成复杂地质体——裂隙岩体，因其地质特征和力学作用都极为复杂，其力学参数的准确选取也变得困难，若取值过低，会引起工程成本的投资增高，若选取过高，则可能引起建筑结构物的破坏，D. H. Stadledon 对 1900—1965 年世界上 9000 座大坝进行了统计，破坏的占 1%，严重破坏占 2%，其原因 50% 是由于岩基力学参数选取不当，支护措施不利造成的[1]。因此，合理选取岩体的力学参数在岩土工程中具有重大意义。目前已有的选取岩体力学参数的方法，总结起来有试验方法、岩体分类法、现场地质蒙特卡罗法、反演分析法以及作者团队的现场旋切测试法。

2.1　试验方法

室内试验是在工程岩体特定部位选取同样大小的试样，通过单轴压缩试验和三轴压缩试验来确定岩体的力学参数，在适用范围上，单轴压缩试验仅适用于完整岩体而对破碎岩体无能为力，三轴压缩试验仅适用于较完整岩体且较适用于连续介质。由于岩石试样脱离了岩体的赋存环境、结构特征及尺寸效应的存在，室内试验测定的岩石力学性质和实际岩体力学性质差异很大。因此，室内试验可以帮助研究人员认识岩体，但是采用室内试验所得到的实际上是完整岩块的性质。

基于岩体的特性，采用现场的原位试验能更好地确定岩体的力学参数。目前原位试验的主要方法有承压板法、狭缝法、钻孔径向加压法、现场岩柱大剪法以及隧洞水压变形法等。原位试验克服了室内试验的一些问题，并且在岩土工程实践中也取得了较为广泛的应用，但其本身上存在试验周期长、成本昂贵、所选试验点的局限性及"尺寸效应"仍是无解的。

2.2　岩体分类法

通常情况，在全面考虑岩体结构面的基础上，学者们通过对试验数据的分析，得出了很多不同地质条件下的岩体力学参数的经验公式，如 RQD 分类法、比尼奥斯基的地质力学 RMR 分类法、《工程岩体分级标准》（GB/T 50218—2014）、巴顿的 Q 系统分类法等。要估算岩体参数，必须先确定节理岩体的质量指标。由 Deere 自 1964 年首次提出采用54.7mm 直径的钻孔岩芯来获取岩石质量指标 RQD，因该指标评价裂隙岩体质量时意义明确，可在钻探过程中附带得到，又属于定量指标，因而在国外的分级中被广为采用。但在实际工程中，该方法存在一些不足，因为岩体的不均匀导致 RQD 离散性很大，并且RQD 的获取受钻孔机具，布孔方向的局限，岩体本为三维的，但钻探只能得到一维的指标，并且块径界限值为 10cm 与工程尺度无关也显然不合适，因此，该方法虽然简单易行、经济、快速，但没有反映出节理方位、充填物的影响，在更完善的分类方法中 RQD仅能作为一个参数使用。由于岩体的各类分级方法都存在相关性，如 RMR 分类法和 Q 系统分类法都是建立在 RQD 分类法的基础上，可以看出岩体各级分类法存在共性的不足之处：一般仅能给出部分岩体参数估计；只能估略出范围，随意性较大；估算精度受人为影响较大等局限性。

2.3　现场地质蒙特卡罗法

蒙特卡罗法也称随机抽样技术或统计实验方法。随着计算机技术的发展，基于现场表面地质测量、应用蒙特卡罗方法来模拟实际岩体节理的方法在岩体参数确定的研究中被逐渐应用[2-3]。诸多的研究证实真实岩体内结构面发育具有随机性，主要体现在裂隙产状、间距或密度、迹长和张开度等这些几何参数上的随机上，因此这些几何参数可看成随机变量，并可以用某种概率统计密度函数来描述，如均匀分布、负指数分布、正态分布、对数正态分布等，也正是由于岩体结构面的几何参数具有这样的性质，基于统计理论的蒙特卡罗模拟方法才得以应用于确定岩体力学参数的研究中。实际应用中通过测线法、测窗法等方法在工程现场进行结构面信息采集，再通过数据处理来建立裂隙几何参数的概率密度函数，最后根据获得的概率密度函数采用蒙特卡罗法通过计算机程序生成与原岩体等效的裂隙网络模型，并将其应用于岩体参数确定的研究中用真实岩体的模拟，为岩体参数确定的研究提供了一种有效的途径，基于大数定律，该方法是相对精确的方法[4]，但这也将极大地增加现场统计的工作量，并且模拟生成的裂隙网络模型和实际测量的数据只具有统计上的一致性，因此该研究方法也具有一定的不严密性。

2.4　反演分析法

20 世纪 70 年代以来，随着对节理岩体分析模型研究的进步及工程监测技术的发展，由现场监测数据来计算节理岩体参数的反演分析法被提出。反演分析法可以综合考虑工区范围内所有地质条件对岩体参数的影响，相较于试验方法更加经济准确地获取岩体力学参数[5]。当前常用的岩体力学参数反演分析方法有正反分析法、逆反分析法、遗传算法、人工神经网络法、梯度类算法、粒子群算法等。一般来说，反演分析以位移反分析为主。位移反演分析法是根据现场实测的位移值，采用解析法、有限元等方法以及弹性、黏弹性等本构模型进行求解，反演分析得出工程节理岩体的力学参数，当下反演弹模与地应力已经很成熟，但强度参数的反演才刚开始。因为弹塑性强度参数的非线性问题的逆解的唯一性难以论证，故强度参数的反演分析在理论上被不少学者所禁忌。本文首次在现场监测中成功测得弹性位移和塑性位移，使强度参数的现场反演成为可能[6-7]。作者相信这一方便、快捷、经济可靠的获取强度的方法必将成为今后岩体强度参数的主要确定方法。

2.5　现场旋切式触探法

伴随着工程技术的快速发展，在工程建设现场直接准确地获取岩体力学参数仍是现阶段科研工作者迫切的渴望和需求，应此需求本文团队通过大量的旋切式触探试验和平行的单轴压缩实验、直剪试验，确定旋切式触探试验参数与岩体材料基本强度参数的关系，分析了不同钻头旋切式触探试验机理，建立得到了理论模型，预测结果接近实测值，开辟了旋切式触探试验智能分析系统的新的研究方法，并基于旋切触探技术研制出了国内外第一台 XCY‑1 型岩体力学参数旋切触探仪[8]。该旋切触探仪具有自动钻进与随钻识别岩体结构面、岩体质量等级及现场确定岩体力学参数（黏聚力、摩擦角、弹性模量和抗压强度）等功能，在几个实际工程中的应用预测结果接近于实际值[9]，为岩体力学参数的研究提供了新思路。

综上所述，岩体力学参数的确定不仅要运用综合理论知识、室内外测试成果，还需要工程师的经验，才能获得满意结果。随着岩土工程建设对象越来越复杂，描述工程实况的理论模型也越来越复杂，随之而导致越来越多的岩体力学参数的确定也日渐困难。所以，本文认为岩体力学性质（参数）的现场快速确定评价理论与技术将成为岩石力学与工程未来发展战略之一。

3　地震作用下坝体动力稳定性问题

我国几乎所有的高坝，特别是高拱坝均位于西部，高拱坝在地震作用下的安全稳定性问题一直是水利水电工程的重大问题。

当前国内外在坝体、坝肩、坝基的动力稳定性分析方面的研究进步不小，但对于地震荷载的输入、大坝与坝肩的动力稳定性评价两大方面的研究进步不大。

在大坝稳定性评价方面，不少大坝设计专家有一个认识，认为坝体混凝土与坝肩岩体在动荷作用下的动强度、动模量均比静荷下的大，所以采用静载下的强度与模量评价坝体、坝肩动力稳定性是安全的、保守的，这也是当前规范的思路与要求。然而本文作者的研究[10-12]却表明无论岩样、混凝土样在地震"往复"荷载作用下将不可避免地产生"低周疲劳"现象，使岩体、混凝土的动强度明显低于其静强度。特别是对于有裂隙的非完整试样，其低周疲劳效应更加明显。这就使得当前西部拱坝的动力安全性评价可靠存在一个漏洞。

而解决这一难题的核心就是裂隙岩体、混凝土在往返动载下的动强度问题，试验的"尺寸效应"问题等，正是当下的技术难题。

在大坝动力稳定性分析方面，常用的分析方法有拟静力法和时程分析法等，而现有的分析方法也存在一些明显弊端，需明确指出来，以便于工程技术人员、分析人员心中有数。

拟静力分析法存在以下难以克服的弊端：

（1）行波效应。在坝体高度上、长度上、宽度上同时作用地震拟静力荷载，显然放大了地震荷载效应。

（2）振动效应。在坝体所有质点上同时持续作用地震荷载的拟静力荷载，再次放大了地震荷载效应。

（3）无法考虑"动模量、动强度"。拟静力法分析中常以静模量代替动模量、以静强度代替动强度，第三次放大了地震危害性分析结果。

（4）无法考虑振动荷载可能引起的滑动面、软弱夹层泥的孔压骤增与液化特性。

（5）无法考虑地震这一振动往返荷载引起的滑动面岩体的动疲劳特性。

当前的时程分析法存在的关键技术难题有：

（1）地震荷载的输入。不仅指地震荷载的时程曲线问题，还有地震荷载的输入部位、与地震约束的关系等。

（2）阻尼问题。坝体含有各种施工缝的混凝土阻尼的确定没有定论，有限元的边界阻尼与反射问题，也是问题的关键与难点。

（3）动力分析的收敛性问题。随历时几十秒的地震荷载曲线的动力时程分析，考虑到收敛性与精度时的微小时步长致使产生高达几十万次、上百万次的求解方程运算，即使对于现今几十万快速的计算机来讲也是一个巨大的挑战。

（4）动力分析的精度问题。只有极少数资深分析专家认识到防止动态分析中不可避免的高频伪振荡的唯一有效手段是限制单元尺寸为 $3\sim5$ 倍的动荷波长[13]，而这一要求对于几百米的大坝与地基分析区域而言势必造成巨量的单元数与分析工作量，这也极大地限制了动力稳定性分析在大坝工程中的广泛应用。

4 西部高陡岩体边坡的稳定性评价问题

我国西部水电、公路、铁路、矿山建设中将遇到越来越多的高边坡问题，其变形与破坏模式复杂，过去针对路堤、库岸、堤坝等中、小型边坡的经验、方法、稳定性评价手段不再适用。岩质边坡由于其存在大量裂隙、节理、断层等结构面，所以不是简单的直线或折线破坏，同一边坡变形体中，不同阶段、不同部位可能会表现不同的模式，而且它也不再是整个滑面同时达到临界状态后的突然破坏，而是岩质边坡破坏时滑体与滑面部分进入塑性状态。然后不断进行滑面上超限的拉剪应力释放、转移，最终达到平衡状态，这一渐进累积破坏的过程，由此决定了岩质边坡在分析与评价中的复杂性。

而传统的边坡稳定性的极限平衡分析法的局限性主要表现在：

（1）破坏标准的判定。破坏标准是按滑动面同时破坏制定，实际是局部破坏逐步扩展到整体破坏，以及滑动面拉剪应力释放与转移的过程。

（2）强度参数的选取。强度计算参数选取单一，实际边坡在局部破坏前应采用峰值强度，随着破坏扩展，强度由峰值向残余转化。

（3）计算方法的局限。无法模拟边坡施工过程、开挖引起的二次应力场，加固措施、加固时机、渗流、地震等作用的影响。

（4）不符合"潘家铮极大值原理"。内力是单一、确定的，无法体现滑面上拉剪应力的传递与转移及滑体内部的内力调整，滑面将发挥最大抗滑能力的特性。

（5）适用范围单一。均质性较强土质边坡结果较为可靠，对于复杂岩质边坡，无法真实模拟岩质边坡的非均质、各向异性的形态以及连续变形与非连续变形的破坏模式。

（6）评价方法单一。仅能给出安全系数，无法对边坡局部或整体或应力场、变形场进行分析。

刚体极限平衡法的误差根源在于其描述是同时破坏下的计算方法，而实际边坡是一个渐进破坏的过程，局部破坏导致整体发生破坏，局部破坏中拉、剪应力转移、滑动面上峰值强度向残余强度的转化，而有限元分析法能够较好地诠释这一变形破坏过程。

有限元强度折减法的思路认为边坡有限元分析结果为发散时，则认为坡体肯定失稳，在非线性弹塑性有限元边坡稳定性分析中，通过逐步降低结构面的强度参数，当边坡刚好达到临界失稳状态时的强度参数折减系数作为边坡稳定性评价的指标。在失稳标准的判定上，有限元结果为发散还是非收敛条件下就能判断边坡失稳，而且这对于边坡失稳来说是充分条件还是必要条件，这些都值得进一步考虑。还有在降低坡体的材料参数时，是对 c、φ 同时折减还是对 c、f 不同比例折减，是所有结构面按同一比例同时折减还是只折减控制结构面（$K>1.0$ 的那个面），以及在折减过程中是否考虑残余强度的折减，还是峰值强度等于残余强度等，均尚无定论。

有限元超载法主要通过施加荷载，虽然可以避免折减法中的诸多折减难题，但对于如何在分析前选出一个控制荷载进行超载分析仍是问题，而且在收敛性判断上同样存在强度折减法中一样的问题，所以单独使用收敛性判据得到的分析结果是不完善的。而采用塑性区沿潜在滑动面的连通表征边坡的破坏也存在问题，进入塑性并不能表征岩体发生破坏，很可能虽然进入塑性但离强度峰值还有相当的距离。特征量突变判据直观明了，应用较广泛，主要通过强度折减或超载过程中位移曲线的突变点来进行失稳的判定。

针对以上两种主要方法存在的不足，本文提出一种有限元跟踪边坡开挖与支护过程，分析边坡开挖、支护结束后真实存在的抵抗岩体部分的潜在滑动面上的真实安全储备，来评价高陡岩质边坡的稳定性态势最合理的方法[14]。

5　长大隧道的快速安全施工的问题

长大隧道的施工中最大的困难在于前期勘察资料的不足及地质条件的复杂性，而解决这一难题的唯一有效手段是信息化施工技术。信息化施工的两个核心要素是施工现场的快速分析与科学量化设计。

现场围岩与支护结构应力场、变形场的快速分析要求尽快完善现场数字摄影——快速地质编录技术；本文作者提出围岩现场岩体力学参数的快速旋切触探技术[15]；以及研发的围岩支护结构应力场、变形场现场快速分析技术[16-19]；现场围岩力学参数的快速反演技术[7,21]；以及提出围岩稳定性快速评判技术[20-21]。

应用本文作者团队研发的围岩稳定性快速分析平台，还可对长大隧道的支护结构进行快速、量化、优化设计并指导施工达到经济的及快速地进行。

6　西部交通建设中的冻土工程问题

我国永久性冻土与季节性冻土区域面积占国土总面积的 60% 以上。随着国家经济中心发展向西部的转移，广阔的寒区建设中不可避免地将会遇到越来越多的冻土工程问题。如建于冻土区房屋基础的冻胀与融沉，路轨的冻胀隆起，公路路基的融沉、泛浆，交通隧洞的冻裂与挂冰等。

寒区工程的冻害问题主要由冻土的冻胀、融沉作用造成，这一问题的本质是冻土多孔介质中土骨架、冰晶体、未冻水与空气这四相物质在温度、土水势、压力与变形等外界因素作用下的相互运动、迁移、扩散与相变。国内外不少学者曾研究过多孔多相介质的热、液、固耦合问题[22-28]。然而，再先进、高深的理论模型的应用都离不开具体的室内耦合试验提供科学依据与数据支持。当前三场耦合分析的难点与重点在于水-热-力耦合试验的设计与条件。

冻土工程问题的研究经过青藏铁路建设的完成取得了巨大进步。冻土路基的设计大都已经超越了传统的保守的保护冻土的设计，进入到更科学更理性的"主动冷却地基"的设计，相应的几个主要的主动冷却地基的工程措施的设计原则已经提出。

6.1　通风管路基

通风管冷却系统是一种有效地防止冻土退化的工程措施。研究表明[30]，通风管埋深、管径、管距及冻土热学性质均对冻土路基的冷却效果有影响，路堤传热性越好，通风管效果越差；活动层传热性越好，通风管效果越好。考虑到夏、冬季节的闭拉、开帘子这一有力工程措施，则通风管的主动冷却效果比其他措施，如块石通风，路基的效果好。

关于管径的控制，以冷却效果控制最小管径；以路基变形稳定性与管壁强度控制最大管径；以造价与施工技术最终控制。李宁等[29]给出了通过系统数值仿真试验提出的管径与冷却效果影响区（冷却半径）的关系。

而科学的管距设计原则为：管距应小于"冷却半径"R，以便于有效发挥其冷却作用；同时应大于施工压实半径，以便于保障路基的不均匀沉降在允许范围以内。

6.2 块石路基

大量研究表明，开放状态下的块石路基具有较强的强迫对流效应，对路基有较明显的冷却效果。青藏铁路块石路基形式包括块石夹层路基、块石护坡路基、U形块石路基，其中以后两者为主[30]。

块石护坡路基结构是一个最典型的冷却路基工程措施。国内外大量研究证明，一定厚度的块石铺层对保护冻土具有良好的效果。块石护坡结构采用封闭条件下的多孔介质的单向自然对流机理来表达"主动冷却"路基的目的，但是实际工程中很难满足这种边界条件。对于块石护坡来说，实际开放边界加大风条件下块石护坡的作用机理有什么变化，是否仍具有"热半导体"效应还存在疑问。

吴青柏等[31]发现现场大风条件下，块石护坡的热半导体效应并不明显。张明义等[32]分析比较了封闭与开放抛石路堤结构降温效果及降温机理差异，结果表明笔者担心的现场实际条件下的大风产生的强迫对流的确抵消了自然对流的热半导体效应。然而，笔者的数值试验结果表明，考虑到青藏高原冬天的风速与夏天的风速有明显的差别；以及昼夜气温与风速的明显差别，即使夏天也会带来一定的热半导体效应。笔者的数值试验表明[33]，对于开放的块石护坡夏天的热风带进块石体内的热量只有冬天的冷风带进冷能的约60%，说明一年内路堤处于放热状态；在一整天内，由于昼夜温差引起的热量约为吸收热量的20%，因此，即使在夏天，白天热风强迫对流带进的热量，有20%以上在夜晚的凉风作用下被带出，所以块石护坡仍是具有"主动冷却"路基的功能。

6.3 遮阳板块石护坡

开放型的护坡并不像通常认为的那样具有较好的降温效果，而在夏季护坡路基吸热的80%以上是由于日照作用，因此本文提出了一种新的护坡——遮阳板块石护坡[34]。

遮阳板块石护坡的设计原则以抗风压稳定与抗风掀拨为主要控制条件而不是以对流热状态为控制条件，不仅仅以通风效果作为设计依据，还有考虑大风产生的掀拨力荷载。这一理念可达到：①阻挡80%以上的热量进入路堤；②可以尽量减少开放式护坡强迫对流对块石体热半导体效应的减弱机理，人工造成自然对流的条件，充分发挥块石体的热半导体效应；③可以直接减轻阴、阳坡的不平衡热状况，减少纵向裂缝的出现；④防止长期运行时风沙堵塞块石的孔隙。数值仿真试验证实这种新型护坡具有明显的人造的自然对流条件所带来的热半导体效应。

6.4　冻土地基冷却承载复合桩

多年冻土区桩基普遍存在桩周土回冻长时间才可承载、冻胀对桩基的"冷拔"作用产生过大的向上位移、地基融沉给桩带来负摩阻力等问题，针对这些问题，笔者提出一种新型桩[35]。利用大孔隙多孔介质诸如块石、碎石的热二极管特性设计刻槽通风承载桩，刻槽内的对流换热均显示出了明显的"主动冷却"地基的作用，达到了主动冷却桩基的目的。

冻土地基冷却承载复合桩是一种利用多年冻土地区多风、大风、负温持续时间长且昼夜温差大的特点，利用多孔介质的自然对流降温效应，将以往在冻土地区建筑常以增加热阻为手段的消极保护冻土原则，改变为"主动冷却"的积极保护冻土的方式。

6.5　冻土隧道的设计原理

对处于冻土中的隧道，公路路基以防融沉为主，防冻胀为辅；而铁路路基则防冻胀、防融沉同等重要。隧道围岩由于其设计的山岩压力一般远大于融土土压力，所以隧道衬砌的设计应以防冻胀为主；围岩融沉对衬砌的影响可归入到山岩压力中一并考虑，不需做专门考虑。而冻胀的考虑需要慎重，它不仅与围岩的湿度场、围岩的含水量及围岩孔隙率直接相关，还与围岩的裂隙参数、水分迁移过程及支护结构刚度有关。这显然是个无限"超静定"或非线性问题。

7　西部基础建设中的黄土高填方问题

西北地区地形上多为丘陵沟壑区，需要对这些沟壑进行填筑才能满足大量的公路、铁路、机场及水利设施等建设要求，因此大量的黄土高填方工程不断涌现。

关于黄土高填方的研究，核心问题在于黄土高填方体的工后沉降变形。已有不少学者就黄土填方体进行了一系列的研究与探索。

对于黄土高填方地基稳定性和变形机理不仅与黄土本身的物理力学性质，还要考虑原地基土性、应力状态、含水率以及饱和度等因素有关。

从目前我国关于黄土高填方工程的研究可以看出，地基稳定性与沉降变形问题仍是主要的研究对象。研究的趋势是从最初考虑单一因素对沉降变形的影响发展到现在多因素的更为全面的分析，预测模型的精度也在不断提升。但是，由于最根本的问题——高填方的工后沉降机理问题没有解决，必然无法建立相应的黄土高填方工后沉降变形的科学预测。笔者认为：

（1）岩土力学研究应始终以岩土工程为背景、为目标，并且土力学研究者必须从象牙塔里走向黄土工程现场，从对土样研究到土体。

（2）将众多的本构关系研究实用化、细化、具体化和针对化。

（3）黄土填方体工后沉降机理研究也应从简单的蠕变考虑，到非饱和水、气运移规律的分析研究；从传统的主固结—次固结研究，到更加合适非饱和、结构性黄土的大、中、小孔隙压密这一机理上的探索、分析。

充分考虑到当今科学技术的飞速发展，特别是当前大数据、互联网、云计算及传感器等技术的飞速发展。可以预测，将来的岩土力学必然是以现场快速监测—快速反演分析—快速可靠的智能化正分析预测—指导工程现场设计与科学施工的综合、应用性学科。

参 考 文 献

［1］ 刘汉东，姜彤，黄志全. 岩体力学参数优选理论及应用［M］. 郑州：黄河水利出版社，2006.

［2］ EINSTEIN H H ，VENEZIANO D ，BAECHER G B ，et al. The effect of discontinuity Persistence an Rock Slope Stability［J］. International Journal of Rock Mechanics and Mining Science & Geomechanics Abstracts，1983，20（5）：227－236.

［3］ 汪小刚，陈祖煜，刘文松. 应用蒙特卡洛法确定节理岩体的连通率和综合抗剪强度指标［J］. 岩石力学与工程学报，1992，11（4）：345－345.

［4］ 陈祖煜，汪小刚，杨健. 岩质边坡稳定分析——原理·方法·程序 ［M］. 北京：中国水利水电出版社，2005：245－270.

［5］ 杨林德. 岩土工程问题的反演理论与工程实践［M］. 北京：中国建筑工业出版社，1996.

［6］ 李宁，段小强，陈方方，等. 围岩松动圈的弹塑性位移反分析方法探索［J］. 岩石力学与工程学报，2006，25（7）.

［7］ 陈方方，李宁，张志强，一种洞室围岩强度参数的反演方法及其验证［J］. 岩石力学与工程学报，2010，29（1）.

［8］ 李宁，何明明，等. 一种基于旋切触探技术的岩体力学参数快速确定方法：2018108034042［P］. 2018－07－20.

［9］ 何明明. 基于旋切触探技术的岩体力学参数预报研究［D］. 西安：西安理工大学，2017.

［10］ 李宁，陈文玲，张平. 动荷作用下非贯通裂隙介质的强度性质［J］. 自然科学进展，2000（11）：71－76.

［11］ 李宁，陈文玲，张平. 动荷作用下裂隙岩体介质的变形性质［J］. 岩石力学与工程学报，2001（1）：74－78.

［12］ 李宁，张平，程国栋. 冻结裂隙砂岩低周循环动力特性试验研究［J］. 自然科学进展，2001（11）：57－62.

［13］ Li Ning. Wave Propagation in Joint Rock Masses［M］. 西安：西北工业大学出版社，1993.

［14］ 李宁，郭双枫，姚显春. 再论岩质高边坡稳定性分析方法［J］. 岩土力学，2018，39（2）：397－406.

［15］ 李宁，李骞，宋玲. 基于回转切削的岩石力学参数获取新思路［J］. 岩石力学与工程学报，2015，2：323－329.

［16］ 李宁，罗俊忠，常斌，等. 硐室设计与分析的新思路与新方法［J］. 岩石力学与工程学报，2006（10）：2155－2159.

［17］ 常斌. 基于数值仿真试验的岩土工程智能化方法及应用研究［D］. 西安：西安理工大学，2005.

［18］ 刘乃飞，李宁，苜强. 双断层地下洞室稳定性快速分析方法研究［J］. 长江科学院院报，2014，11：125－130.

［19］ 李宁，刘乃飞，张承客，等. 复杂地质中城门洞型隧洞围岩稳定性快速分析与设计方法［J］. 岩石力学与工程学报，2015，7：1435－1443.

［20］ 李宁，段小强，陈方方，等. 围岩松动圈的弹塑性位移反分析方法探索［J］. 岩石力学与工程学报，2006，25（7）：1304－1308.

［21］ 李宁，陈蕴生，陈方方，等. 地下洞室围岩稳定性评判方法新探讨［J］. 岩石力学与工程学报，2006（9）：1941－1944.

［22］ MCTIGUE D F. Thermoelastic response of fluid－saturated porous rock［J］. J Geophy Res，198691

(B9)：9533 – 9542.

[23] NOORISHED J，TSANG C F，WITHERSPOON P A. Coupled thermal – hydraulic mechanical phenomena in saturated fractured porous rocks：Numerical approach[J]. Geophy Res，1984，89 (B12)：165 – 373.

[24] THOMAS H R. HE Y. Analysis of coupled heat，moisture and air transfer in a deformable unsaturatedsoil[J]. Geotechnique，1995，45（4）：677 – 689.

[25] FREMOND M，MIKKOLA M. Thermomechanical of freezing soil[C] //. Proceedings of the Sixth International Symposium on Ground Freezing. Rottendam：A A Balkema，1991：17 – 24.

[26] LUNARDINI VJ. Heat transfer with freezing and thawing[M]. El sevier：Amesterdam – Oxford – New York – Tokey，1991.

[27] KONRAD JM，DUQUENNOI C. A model for water transport and ice lensing in freezing soils[J]. Water Resources Research，1993，29（9）：3109 – 3124.

[28] KAY B D. PERFECT E. State of the art：Heat and mass transfer in freezing soils[C]//. Proceedings of the Fifth International Symposium on Ground Freezing. Rotterdam：Balkema. 1988：3 – 21.

[29] 李宁，全晓娟，李国玉. 冻土通风管路基的温度场分析与设计原则探讨[J]. 土木工程学报，2005 (2)：81 – 86.

[30] 穆彦虎，马巍，孙志忠，等. 青藏铁路块石路基冷却降温效果对比分析[J]. 岩土力学，2010，31 (S1)：284 – 292.

[31] 吴青柏，赵世运，马巍. 青藏铁路块石路基结构的冷却效果的监测分析[J]. 岩土工程学报，2005，27（12）：1386 – 1390.

[32] 张明义，赖远明，喻文兵，等. 封闭与开放抛石路堤降温效果及机理对比试验研究[J]. 岩石力学与工程学报，2005（15）：2671 – 2677.

[33] 李国玉，李宁，康佳梅. 青藏铁路冻土区开放块石护坡路基降温机制研究[J]. 岩石力学与工程学报，2007（S1）：3161 – 3169.

[34] 全晓娟. 青藏铁路抛石护坡的冷却机理及新型护坡机理[D]. 兰州：中国科学院寒区旱区环境与工程研究所，2005.

[35] 徐彬，李宁. 一种冻土地基冷却承载复合桩的冷却机理分析及效果[J]. 岩石力学与工程学报，2004（24）：4238 – 4243.

Geotechnical Engineering Problems for Water Conservancy and Civil Construction in Western China

Abstract：We proposed some comments and prospects for the present situation of development in the geotechnical engineering problems in water conservancy and civil construction in Western China，and hope that we can throw out a brick to attract a jade. The comments are as follows：(1) Acquisition of dynamic parameters of fissured rock mass in western China；(2) Dynamic stability of dam body under earthquake；(3) Stability evaluation of high and steep rock mass slope in western China；(4) Rapid and safe construction of large and long tunnel；(5) Problems of permafrost engineering in western traffic construction；(6) Problems of loess high fill in western infrastructure construction.

分散性土及工程应用的研究进展

樊恒辉

摘要：分散性土在世界各地特别是干旱半干旱地区分布广泛，属于一种水敏性的特殊土，抗水蚀能力很低，容易形成管涌、洞穴、冲沟等破坏，对建筑物的安全性造成严重威胁。本文对分散性土的定义与内涵、分散机理、鉴定方法、改性应用进行了分析、总结与展望。分散性土是一种在水力坡降很低条件下由于土颗粒间的排斥力超过吸引力而导致土体产生分散流失的黏性土。分散性土的形成机理在于土体中的胶结物质特别是黏粒含量低或土体中含有较多的钠离子和酸碱度呈碱性。一般采用双比重计、碎块、针孔、孔隙水可溶性阳离子和交换钠离子百分比等室内试验结果来综合判别土样的分散性，野外调查和经验模型等鉴定方法可作为辅助手段。在分散性土工程中可通过物理保护、化学改性或综合处治提高分散性土的水稳性，其中化学改性是最根本的方法。在未来的研究中，应重视与加强研究土粒间斥力与引力关系、探索分散性土渗透破坏特别是土体裂缝演变规律、研发经济高效环保的改性材料等方面工作。

1 引言

分散性土（Dispersive soil）属于一种水敏性的特殊土，抗水蚀能力很低，容易形成管涌、洞穴、冲沟破坏，对建筑物的安全性造成严重威胁。分散性土在世界各地特别是干旱半干旱地区分布广泛，在澳大利亚、美国、泰国、印度、西班牙、加拿大、南非、伊朗等国均有发现；在我国黑龙江、山东、海南、新疆、青海、陕西、山西等地的工程实践中也有发现。

人们很早就发现某些黏性土具有遇水分散的现象，20 世纪 30 年代的农学家就认识到具有自行分散的土壤存在[1]。分散性土在工程领域的发现与研究则相对比较晚，美国俄克拉何马州 Wister 大坝在 1949 年第一次蓄水时发生了严重的管涌破坏，Petry[2] 研究认为该坝采用的防渗土料具有高度分散性。这可能是关于分散性土修筑堤坝发生破坏的最早的报道。俄克拉何马州从 1950 年起，修建了 1500 多座防洪土坝，其中 11 座在刚蓄水就遭受破坏[3]；另外，该州修建的 US 59 公路道路路基在雨水作用下冲蚀破坏严重，Jeff[4] 研究认为其原因是路基采用分散性土造成的。澳大利亚 Cole 和 Lewis[5] 对澳大利亚西部均质坝的管涌情况进行了研究，调查表明 10％以上的土坝事故是由于土体物理化学变化引起的，而这与土的分散性有关。Gutiérrez 等[6] 研究发现西班牙的 San Juan 水库大坝遭受破坏的原因也是由于坝体防渗土料属于分散性。Aramsri[7] 对泰国灌溉工程的分散性土分布进行了分析。Maharaj[8-9] 提出在南非的许多地区分布有分散性土，如果在使用前未准确识别并采取适当的改性措施，则道路路堤会发生管涌、冲沟和材料损失等严重的工程问题。Premkumar 等[10]研究发现即使在路堤土中存在少量的分散性土，也会影响接触侵蚀破坏。

国内，最早开展分散性土的研究工作应是黄河水利委员会水利科学研究所，在 20 世纪 70 年代秦曰章[11]采用针孔冲蚀法、化学浸提液法和崩解试验三种方法研究了黄河小浪底水库防渗土料的分散性。在 80—90 年代，黑龙江引嫩工程[12]、海南岭落水库[13]发生洞穴、管涌及溃坝，经研究发现筑坝土料属于分散性土。从 90 年代初开始，由于水利工程的发展，科研工作者结合工程实践对黏性土的分散性进行了大量的研究，如河南的陆浑大坝[14]、山西的上马水库[15]、新疆的引额济克（乌）工程[16]、山东的官路水库[17]、青海的宁木特水利枢纽工程[18]、浙江的天子岗水库和山东青水库[19-20]、宁夏的文家沟水库[21]、马家树水库[22]和南坪水库[23]、内蒙古的东台子水库[24]等。从目前的资料分析来看，分散性土在我国分布广泛，多位于干旱半干旱地区土体呈碱性的区域。因此，在工程实践中应重视与研究分散性土。

自 20 世纪 50 年代在美国发现分散性土，并认识到它对堤坝、渠基、边坡等具有破坏作用后，世界上许多国家的科研工作者对分散性土的产生原因、评价方法、工程特性与应用做了大量细致的研究工作，取得了有价值的成果，为认识和评价分散性土提供重要的支撑。本文从分散性土的定义与内涵、分散机理、鉴别方法、改性应用等方面对近年来在分散性土研究方面的工作做一梳理，并提出研究中存在的若干问题及研究方向。

2　分散性土的定义与内涵

分散性土具有遇水分散流失的特征，其抗冲蚀能力很低。分散性土在有的文献中称为"分散性黏土"。笔者认为可能"分散性土"更为恰当，因为"黏土"一词在土的工程分类中有明确的概念与含义。如果称之为"分散性黏土"，就会认为"分散性土"属于"黏土"。分散性土应属于一种"黏性土"，而不是"黏土"。通常所述的黏性土是指液限大于25％，塑性指数大于 6，黏粒含量大于 10％的黏质土和粉质土。为了不产生混淆，建议采用"分散性土"。

在不同的文献中，分散性土定义与表述有所区别，不尽一致。如在 ASTM（American Society for Testing and Materials)[25]中，分散性土是一种在低含盐浓度的水中，不需要明显的机械辅助作用就能够容易快速产生分散的土。Bobrowsky[26]在灾害百科全书中如此描述：分散性土是易受地下水或表面水高度侵蚀的天然的富含黏粒含量的土。Mohanty 等[27]将与水接触时很容易被迅速冲走的低盐浓度土称为分散性土。Djoković等[28]给出分散性土的定义是：分散性土是一种特殊类型的细粒土，其中黏土颗粒在水的存在下分散（反絮凝），形成胶体分散体系。

国内许多专家学者亦从不同角度对其进行定义。秦曰章、岳宝蓉等[11,15]从微观力学角度，认为黏性土的分散性是指土体在缓慢流动的水中或在静水中，由于土粒表面薄膜水的增厚，土粒之间排斥力超过吸引力（范德华力），使得黏土胶粒进入悬液内并产生随水流冲蚀的现象；刘杰、李春万、崔亦昊等[29-32]从崩解性质角度，认为黏性土的分散性是指在纯净的水中呈团聚体的黏性土能全部或大部分散成原级颗粒的性能；卢雪清、党进谦等[33-34]从工程破坏角度，认为分散性土具有雨水冲蚀流失特征，具体表现为堤坝在低含盐量渗流水作用下发生管涌破坏，在雨水作用下发生淋蚀破坏。

在国内的相关规范中，分散性土的定义也有所区别。《碾压式土石坝设计规范》（DL/T 5395—2007）、《水电水利工程天然建筑材料勘察规程》（DL/T 5388—2007）和《水利水电工程天然建筑材料勘察规程》（SL 251—2000）给出分散性土的定义是：在低含盐量水中（或纯净水中）离子相互的排斥力超过了相互吸引力，导致土体的颗粒分散的黏性土。《小型水利水电工程碾压式土石坝设计规范》（SL 189—2013）、《碾压式土石坝设计规范》（SL 274—2001）和《岩土工程基本术语标准》（GB/T 50279—1998）给出分散性土的定义是：遇水尤其是遇纯水容易分散，钠离子含量较高，大多为中、低塑性的黏土。《水利水电工程地质勘察规程》（GB 50487—2008）给出分散性土的定义是：遇水后即分散成原级颗粒的土。《岩土工程基本术语标准》（GB/T 50279—2014）给出分散性土的定义是：钠、钾离子含量较高，遇水尤其是纯水容易分散成散粒结构的土。

由黏性土-水-电解质系统中各组分之间的关系可知，黏性土颗粒在水介质环境中出现凝聚与分散的现象是土颗粒间的斥力与引力此消彼长的结果，当引力大于斥力时，表现为凝聚；当斥力大于引力时，表现为分散。因此，笔者认为分散性土的定义应包含以下内涵：①在低含盐量水中或纯净水中表现出分散性；②颗粒间的排斥力超过吸引力，导致颗粒分散；③分散性土属于黏性土范畴；④在静水或缓慢流动的水中具有遇水分散流失的工程特性。因此，分散性土的定义应为：分散性土是一种在水力坡降很低条件下由于土颗粒间的排斥力超过吸引力而导致土体产生分散流失的黏性土。

3　黏性土的分散机理

分散性土遇水分散流失的特性是自身物理化学性质的综合体现，且受外界水的因素影响，因此它的分散机理比较复杂。研究表明，影响黏性土分散的因素有内在因素和外在因素，其中内在因素包括土体的含水率、密度等物理力学性质以及阳离子含量与种类、酸碱度、胶结物、矿物成分等化学性质；外在因素主要是水的离子种类和含量、酸碱度。在这些众多的因素中，单一的因素在阐述黏性土的分散机理方面显得力不从心，往往需要从多因素角度出发才能合理解释黏性土的分散机理。这些因素依据属性不同，可归结为物理和化学作用两个方面，并且在这些因素中还有主要因素和次要因素之分。

Petry[2]对美国西南部亚利桑那州一条河谷的土壤流失原因进行了研究，发现是由于土壤中含有大量交换性的钠离子而导致土壤产生分散。Ingles 等[35]认为，分散性土中的黏土矿物大部分由蒙脱石组成，并且具有高含量交换性钠离子；孔隙水中所溶解的钠离子同其他碱性阳离子（钙和镁）的相对数量是决定黏土产生分散管涌程度的一个主要因素；如果土中的黏土颗粒主要由蒙脱石组成，一般都具有高的交换性钠离子百分比和管涌潜力，某些伊利土也是高度分散性的，在高岭石组成的黏土中，具有高的交换性钠离子百分比和高分散性的较少。Sherard 等[36]认为，分散性土的分散机理是与土颗粒表面的电化学性质有直接的关系，并认为分散性土中含有相当量的蒙脱石，孔隙水中的钠离子含量是决定土是否具有分散性的主要因素。Holmgren 等[37]认为分散性土是高钠土。Chorom 等[38]

认为酸碱度与分散度呈正相关关系。Gutiérrez 等[6]在研究西班牙的 San Juan 水库大坝心墙土料时认为高含量的交换性钠离子百分比是导致黏性土分散性的原因。

随着我国水利工程的发展，20 世纪 80 年代发现了大量分散性土的存在，并对其进行了深入研究。洪有纬等[39]对黑龙江西部地区 38 个取土点采样分析，发现分散性土破坏地段的出现与盐渍土的出现有明显的一致性，认为钠离子的存在是分散性土产生分散的主导因素。裴孟辛[40]对黑龙江南引工程围堤土料和桃山水库坝料分析，认为钠蒙脱石的不稳定结构会引起黏性土分散，高价离子和粒间胶结物会引起黏性土絮凝。王幼麟等[41]深入分析了黏土矿物组成、交换性钠离子、孔隙溶液、pH 值和分散性的关系，认为蒙脱石类矿物、吸附性钠离子含量、孔隙水中钠离子含量、电解质浓度和 pH 值是决定土分散性的重要的物理化学因素。王观平[42-44]提出分散性土的分散主要是由水和土两方面决定。水的盐浓度是外因，土的内在矿物成分是内因。只要含有一定量的蒙脱石（南部引嫩工程中蒙脱石含量只有全土的百分之十几），且有高含量可交换性钠的土，就有可能是分散性土。曹挺新、陈式华、曹敏等[20,45,46]研究发现脱钾伊利石如果大量吸附钠离子会具有钠蒙脱石一样的高分散性。杨昭、邓铭江、于为等[16,47,48]对新疆筑坝土料研究，王立文等[49]对黑龙江水库坝料研究，一致认为黏性土分散是因为含有一定量的钠蒙脱石。魏迎奇等[50]认为土的分散性与其颗粒组成、土颗粒相对密度和界限含水率没有直接关系，但与 pH 值有较密切的关系，分散性土的 pH 值明显高于非分散性土，它可作为辅助性的鉴定指标。高明霞等[23]对宁夏南坪水库筑坝土料进行分散性鉴定试验，分析认为土样产生分散的主要因素是蒙脱石和钠离子较多、土体碱性较强、黏粒含量低。李洪良等[51]采用碎块试验研究介质环境中阳离子和酸碱度变化对黏土分散性的影响，认为黏性土产生分散性的必要条件是土体中含有较多的钠离子和呈强碱性，蒙脱石含量的高低不是分散性土的必要条件。赵高文等[52]应用灰色系统理论对实际工程中 123 组土样的物理、化学和矿物学性质以及土体分散性试验结果进行分析，认为单纯的高浓度钠离子不是土体产生分散性的充分条件，不能单纯地将钠离子含量或蒙脱石含量作为预测和评价土体分散性的指标。

在水质对黏性土的分散性研究方面，樊恒辉、孙晓明、田堪良等[53-55]认为土的分散性是决定分散破坏的内因，水质是决定分散破坏的外因。于润波等[56]对黑龙江西部引嫩平原许多用分散性土修筑的水利工程进行研究，发现较纯净的雨水是土体发生冲蚀破坏的主要因素。这也就揭示了某些大坝的防渗土料为什么是分散性土而大坝仍在安全运行的原因。

由于单一的因素往往不能对出现分散特性的土样做出合理的解释，因此有部分专家学者对分散性土的分散机理从多因素角度进行分析研究。蒋国澄[57]认为分散性土大致要具备 3 个条件：①含有一定数量的晶格不稳定的钠蒙脱石类黏土矿物，且交换性阳离子中以钠为主；②颗粒间没有足够抑制土粒分散和膨胀的胶结物，如有机质、碳酸盐以及游离铁铝氧化物等；③不致促进土粒絮凝的碱性及低盐浓度介质环境。刘杰等[30]认为形成分散性的条件有 3 个：①含有一定量的不稳定结构的黏土矿物和交换性钠离子，即钠蒙脱；②胶结物质含量不足以抑制膨胀和分散作用；③高 pH 值的碱性介质环境。樊恒辉等[58]基于土-水-电解质系统的双电层理论，对土的物理化学及矿物学性质与分散性之间的关系进行了研究，认为分散性土的内在因素主要有两种情况：一种情况是土体的黏粒含量较低，由黏粒含量低引起的分散称之为物理性分散；另一种情况是土体中含有较多的钠离子和酸碱度呈碱性，而且这两种因素缺一不可，这种原因引起的分散性称之为化学性分散。黏粒含量低、钠离子含量高和酸碱度呈碱性是黏性土产生分散性的主要原因，其他矿物成分、土体含水率与密度等因素只是表象，而不是主要原因。

综上所述，分散性土的分散机理是极其复杂的。研究分散机理对于分散性土的鉴定方法、改性应用具有非常重要的理论指导意义。对于物理分散性土而言，主要是土中的胶结物质较低而导致的。土中的胶结物质种类很多，归纳起来，大致有三类：黏粒、有机质和一些简单的无机胶体。黏粒具有很大的表面积，黏接力很强，在土壤的团粒形成中起着重要的作用。良好团粒结构有一定的水稳定性。有机质同样也是一种胶体，不仅促进团粒的形成，而且可以降低土体的酸碱度。简单的无机胶体主要是氧化铁、氧化铝、碳酸钙（镁）及其他无机物。它们成胶膜包在土粒的表面，当它们由溶胶转变为凝胶时，把土粒胶结在一起。在这三类胶结物中，其中黏粒含量影响最为显著。黏粒颗粒细小，具有很大的表面积，黏接力很强，与土体的诸多性质，如分散性、膨胀性、吸水性、渗透性等有关。对于化学性分散性土来说，其分散机理主要依照双电层理论来解释。当黏土颗粒表面电荷恒定时，扩散层厚度与离子价成反比，与离子浓度的平方根成反比，而与介电常数和温度的乘积的平方根成正比。在实际情况下，介电常数和温度的变化对双电层的厚度没有多大影响，而溶液中离子的浓度和化合价对扩散双电层的厚度具有明显的影响。因此，离子价越高，离子浓度越大，扩散层的厚度越薄。一般来说，双电层越薄，悬浮液中颗粒的絮凝倾向就越大，即颗粒分散性能就越弱。在自然界形成的土体中，阳离子一般包括 Ca^{2+}、Mg^{2+}、Na^+ 和 K^+，其中最重要的是 Ca^{2+} 和 Na^+。在浓度、温度等其他因素相同的条件下，一价 Na^+ 的双电层厚度是二价 Ca^{2+} 的 2 倍；此外，在土-水-电解质系统的溶液中水化钠离子的半径大于水化钙离子的半径。因此，若土样中含有大量的钠离子，使得土体颗粒间的排斥力大于吸引力，净势能表现为斥力，土体产生分散。酸碱度则通过影响土颗粒表层的电荷数来影响土颗粒表面的双电层厚度，碱性越强，土颗粒表面的电荷数越多，吸附的钠离子越多，导致双电层越厚，颗粒间的间距越大，斥力大于引力，颗粒产生分散。因此，从双电层理论来分析，土体中的钠离子含量和酸碱度是导致双电层厚度变化的主要原因，即分散性土产生分散与钠离子和酸碱度是密不可分的。

需要注意的是，前面讨论的分散机理均在静水环境下。分散性土的典型工程性质是抗冲蚀性差。分散性土遇水发生分散为原级的黏土颗粒，在水力坡降很低的缓慢流动的水中这些原级的黏土颗粒极易随水流失，在堤坝内部渗流水作用下会发生管涌破坏，在堤坝表面雨水冲刷作用下会发生冲蚀破坏，这是分散性土引发工程破坏的作用机理。目前，对水利工程中分散性土渗透破坏特别是土体内部裂缝演变规律及表面冲蚀破坏研究的文献较少。

4　分散性土的鉴定方法

常规的土力学参数，诸如颗粒相对密度、颗粒级配、界限含水率、黏聚力、摩擦角等不能反映土体的分散程度。由于分散性土的复杂性，单一的指标往往也不能准确地鉴定分散性土，目前多采用综合鉴定方法。这些方法包括野外调查、室内试验和经验模型等。

4.1　野外调查

分散性土的鉴定应当从野外调查开始。有分散性土分布的地区，下雨后路旁的水沟、水坑和河道里流的水都是浑浊的，水流过后水坑里的水仍然是浑的，长久不会澄清。水坑干涸后坑底会留下很细的黏土沉积，干后出现龟裂。在有坡度的地方会出现冲沟和孔洞等异常冲蚀形式的表面迹象（图 1 和图 2）。

图 1　852 灌区道路雨后水坑浑浊　　　　图 2　龙泉寺水库坝料场坝坡冲蚀情况

4.2　室内试验

4.2.1　碎块试验[59]

将保持天然含水率的土块或按照试验要求制成 1 cm^3 左右的土块，放入盛有约 200 mL 纯水的 250 mL 烧杯中，浸放 5～10 min 后观察土块中胶粒的分散特征（判别标准见表 1）。

表 1　　　　　　　　　　　　碎 块 试 验 判 别 标 准

类　别	浸 水 后 特 征
非分散性土	没有反应。土块不崩解，或崩解后水中没有出现浑浊，或稍浑浊后很快又变清
过渡性土	轻微反应。在崩解的土块表面附近或周围有轻微的肉眼可见的胶粒悬液产生浑浊水。如果"云雾状"明显，则划分为第 3 等级；如果"云雾状"不明显，则划分为第 1 等级
分散性土	中等反应。在崩解的土块周围或表面可明显地看到黏粒悬液产生的云雾状。"云雾状"在杯底扩散 10mm 左右
高分散性土	严重反应。在整个杯底大量的浓黏粒悬液呈云雾状出现。有时，由于土粒的分散而无法看到原来土块的表面。通常，在烧杯的各个方向均可容易地看见土粒胶粒悬液

4.2.2　针孔试验[60]

针孔试验是在特制的针孔试验装置中，按试验要求制样（压实度控制在 0.95 以上），在试样的中部穿一直径 1.0mm 的轴向细孔，然后用纯水（或试验要求用水）进行冲蚀试验，分别在 50mm、180mm、380mm、1020mm 水头下观察针孔受水冲蚀的情况（判别标准见表 2）。

表 2 针 孔 试 验 判 别 标 准

类别		水头/mm	在某一水头下的持续时间/min	最终流量/(mL/s)	试验结束时流出水的雾状情况		最终孔径/mm
					侧视	顶视	
分散性土	D1	50	5	1.0～1.4	浑浊	很浑浊	≥2.0
	D2	50	10	1.0～1.4	较浑浊	浑浊	>1.5
过渡性土	ND4	50	10	0.8～1.0	轻微浑浊	较浑浊	≤1.5
	ND3	180	5	1.4～2.7	肉眼可见	轻微浑浊	≥1.5
		380	5	1.8～3.2	肉眼可见	轻微浑浊	—
非分散性土	ND2	1020	5	>3.0	清澈	肉眼可见	<1.5
	ND1	1020	5	≤3.0	完全清澈	完全清澈	1.0

4.2.3 双比重计试验[61]

双比重计试验是对土样进行两次比重计试验来测定黏粒（<5μm）或胶粒（<2μm）含量，第一次是常规的加分散剂、煮沸、搅拌的方法，得到一条曲线；第二次不加分散剂，先将土样放在盛有一定量纯水的抽滤瓶中，并与真空泵相连接抽气 10min，然后把土水悬液冲洗到量筒中，加纯水至 1000mL，倒转量筒 30 次并来回摇晃，让黏土颗粒自行水化分散，得到另一条曲线。求得两次试验的黏粒或胶粒含量，计算分散度（判别标准见表3）：

$$D = \frac{N(m, nd)}{N(m, d)} \times 100\%$$ (1)

式中 D ——分散度，%；

$N(m, nd)$ ——没分散措施的黏粒或胶粒含量，%；

$N(m, d)$ ——有分散措施的黏粒或胶粒含量，%。

表 3 双比重计试验判别标准

类别	分散度/%	类别	分散度/%	类别	分散度/%
非分散性土	<30	过渡性土	30～50	分散性土	>50

4.2.4 孔隙水可溶性阳离子试验[62]

将土样含水率配到液限，采用抽滤装置或离心机将土水分离，得到孔隙水溶液，测定其中的 Ca^{2+}、Mg^{2+}、Na^+、K^+ 含量，然后计算出孔隙水可溶性阳离子总量（TDS）、钠百分比（PS）。

$$TDS = C_{Ca} + C_{Mg} + C_{Na} + C_{K}$$ (2)

$$PS = \frac{C_{Na}}{TDS} \times 100\%$$ (3)

式中 C_{Na} ——孔隙水中钠离子含量，mmol/L；

C_{K} ——孔隙水中钾离子含量，mmol/L；

C_{Ca}——孔隙水中钙离子含量，1/2 mmol/L；

C_{Mg}——孔隙水中镁离子含量，1/2 mmol/L；

TDS——孔隙水中阳离子总量，mmol/L；

PS——钠百分比，%。

判别标准：以 TDS 为横坐标，PS 为纵坐标在半对数坐标纸中绘制 PS 和 TDS 关系曲线图，如图 3 所示。如果土样的点落在 A 区，属于分散性土；落在 B 区，属于非分散性土；落在 C 区，属于过渡性土。

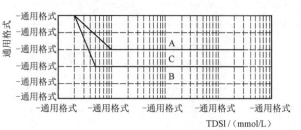

图 3　土的分散性与 TDS、PS 关系图

4.2.5　交换性钠离子百分比试验[63]

本方法是测定土中阳离子交换量（CEC）和交换性钠离子含量，求出交换性钠离子百分比（ESP）。

$$ESP = \frac{C(Na)}{CEC} \times 100\%　\qquad (4)$$

式中　C（Na）——交换性钠离子含量，cmol/kg；

CEC——阳离子交换量，cmol/kg。

判断标准：ESP＝7%～10%，属中等分散性土。

ESP≥15%，属高分散性土，即有严重管涌的可能性。

由于黏性土的复杂性，对于同一种土采用上述的 5 种试验方法进行鉴定，往往出现结果相互之间不一致的情况。如何在试验的基础上准确鉴定黏性土的分散性是岩土工程师们关心的另一个主要问题。根据最后评价时采用的试验方法多少，分为单一判别法和综合判别法。单一判别法指以一项试验结果作为判别依据。针孔试验模拟了土体裂缝在水流作用下的冲蚀现象，试验过程直观，一般认为其试验结果可靠度高，成为很多学者判别的主要依据。付希文等[64]提出在讨论静态水环境中土的分散性时，以双比重计试验为主；着重考虑水流对渠道边坡的冲蚀作用时，应以针孔试验结果为主要判断依据。陈劲松等[65]提出以针孔试验和双比重计试验中最不利的试验结果进行分散性判别。综合判别法指通过两项或两项以上的试验结果综合分析。综合判别法又可分为多数相同法和权重分析法。付希文等[64]提出在研究土的分散机理时，以针孔试验与交换性钠离子百分比试验为主；曹敏等[46]提出当 3 种或 4 种试验方法中有 2 种判断为分散时，该土为分散性土。张旭东等[66]以针孔试验为基础，结合碎块试验和双比重计试验结果进行分析，如果针孔试验判定为分散性土，在碎块试验和双比重计试验中只要有结果为分散性土的，则综合判定为分散土；如果针孔试验为过渡性土，在碎块试验和双比重计试验中只要有分散土，则综合判定为分散性土；如果针孔试验结果为非分散性土，在碎块试验和双比重计试验的结果中只要有过渡性土的，则综合判定为过渡性土；否则为非分散土。樊恒辉等[67]赋予双比重计、碎块、针孔、孔隙水可溶性阳离子和交换钠离子百分比等试验方法的权重值，分别取 20%、20%、40%、10%、10%。①分散性的权重大于 50% 时，土样属于分散性土；②分散性的权重等于 50% 时，如果过渡性的权重大于等于 20%，则属于分散性土；反之，则属于过渡性土；③分散性的权重小于 50％时，如果"过渡性＋分散性"的权重大于等于 50％，则为过渡性土，否则属于非分散性土。通过计算权重值可以比较客观定量地评价土的分散性。巨娟丽等[68]也提出了类似的权重分析法，但是权重值略有不同。

4.3 判别黏性土分散性的经验公式

根据黏性土-水-电解质系统的理论，黏性土分散机理包括三个方面：一是黏粒含量低；二是含有大量的钠离子；三是酸碱度呈强碱性。樊恒辉[58]等基于黏性土的分散机理，构建了判别黏性土分散性的经验公式，并提出了物理性分散土和化学性分散土的分类。根据黏性土分散性的经验判别公式可对土样的分散性进行判别，并可分析其分散机理。

$$F_1 = 4 - 0.01(2W_L + P_c) \tag{5}$$

$$F_2 = 4 - 0.01(2W_L + P_c - P_s) \tag{6}$$

$$F_3 = 4 - 0.01(2W_L + P_c - P_s) + 0.1\text{pH} \tag{7}$$

式中 F_n——土的分散值；

W_L——液限，％；

P_c——黏粒（＜0.005mm）含量，％；

P_s——钠百分比，％；

pH——酸碱度。

判别标准：①如果 F_1 值大于 3.26，则土样属于物理性分散土；如果 F_1 值小于等于 3.26，则继续引入钠离子百分比计算 F_2 值。如果 F_2 值大于 4.06，土体属于分散性土；如果小于 3.16，属于非分散性土；如果在 3.16 和 4.06 之间，不能确定，则继续引入酸碱度计算 F_3 值。如果 F_3 值大于 4.50，可判别为化学性分散土；介于 4.00 和 4.50 之间，可判别为过渡性土；小于 4.00，可判别为非分散性土。

另外，巨娟丽等[69]基于主成分分析法，以影响黏土分散性的物理、化学及矿物学指标为基础，建立了黏土分散性评价模型，对某一水电站 12 组黏土土样的分散性程度大小进行了评价，发现该评价模型的评价结果与室内试验观测到的结果基本一致。

5 工程应用

分散性土具有遇水易分散的特性，抗冲蚀能力很低，对水工建筑物安全威胁很大。在实际工程建设中，采用非分散性土替代分散性土的换土方法是解决分散性土的最简单、最实用的工程技术。然而，由于经济成本、环境保护、施工周期等影响，换土方法具有很大的局限性。因此，在许多情况下对分散性土采用物理保护、化学改性或综合处治的措施，提高分散性土的水稳性。

物理保护处理方法是指仅涉及物理过程，而没有化学过程的处理方法，如采用防渗土工膜将分散性土和水隔离、设置适当级配的砂反滤层截住土体细颗粒等。澳大利亚旗杆心墙坝，挖开至岩面浇筑混凝土齿墙，岩面及齿墙顶都填一层膨润土，上面仍采用分散性土填筑。巴西的苏帕雷定柯心墙坝，在心墙下游面设置了反滤排水竖井处理[70]。中引八干渠工程[71-72]、大庆地区防洪工程双阳河水库均质坝[3,35]、新疆三坪水库心墙坝[35]，对分散性土段采取了土工膜防渗措施处理。山西上马水库均质坝上游进行了沥青玻璃丝油毡防渗处理[15]。阚瑞清等[73]对南引 17 号围堤 0+360 段分散性土样 S-4 进行改性研究，发现砂反滤和土工布反滤是防止分散性土工程破坏的有效措施。袁光国等[74]结合西藏某水电站土石坝工程，对采用分散性土与砂砾石掺合改性后作为心墙防渗体的填筑材料进行了探讨，研究发现在分散性土中掺入级配连续的砂砾石料，将分散性土改性为宽级配土作心墙防渗体的填筑材料，并做好恰当的反滤保护，是切实可行的工程措施。Abbasi 等[75]提出在分散性土中加入纳米黏土可显著降低其分散性。王志兴等[76]根据北部引嫩总干渠分散性土特征，推荐采取明渠衬砌的隔离方案，即土工膜隔离分散性土与低矿化度水，外部铺设混凝土板。

化学处理方法包含两个方面：一是改性分散性土，即采用石灰、水泥、粉煤灰、铝盐、钙盐等材料使分散性土或过渡性土变为非分散性土；二是改性水质，即在库水水体中掺加石膏以对水质进行改造等。这些改性材料加入水体或土体后，与土体的土颗粒发生诸如水化水解反应、团粒化作用、碳酸钙反应、阳离子交换反应等，达到提高分散性土的水稳性。洪有纬、阚瑞清等[39,73]对南引 17 号围堤土料，Roth 等[77]对巴西 Oxisol 黏土，马秀媛等[17]对青岛市官路水库筑坝土料，李华銮等[78]对大屯水库、岭落水库、官路水库筑坝土料，樊恒辉等[22]对宁夏马家树水库筑坝土料，Consoli 等[79]对巴拉圭西部某处低塑性土料，张路、张勇等[80-81]对黑龙江灌区渠基土料，掺入不同比例的石灰进行改性研究，证明了石灰具有很好的改性效果。李兴国等[82]对非洲索马里某经援工程 4 组土料和我国黑龙江某渠道工程 4 组土料掺加碱性氧化钙和中性氯化钙进行研究，发现两种钙盐只要用量达到要求，都能将分散性土改良为非分散性土，认为掺加碱性氧化钙有一些副作用，掺加中性氯化钙效果更好。缪元勋、杨昭、邓铭江等[16,47,83]在 "635" 水利枢纽筑坝土料中掺入额河水、石灰粉及掺入 1‰ 的石灰粉和额河水溶液，发现均能达到改性目的。赵高文等[84]对掺加氯化铝、氯化镁、氯化钙、氧化钙的改性化学分散性土的改性效果分析，王中妮等[85]对掺加氯化铝、三氯乙酸和聚丙烯酰胺的改性化学分散性土的改性效果分析，严应佳等[86]对掺加粉煤灰的改性化学分散性土的改性效果分析，发现这些改性剂都可以将分散性土改性为非分散性土。陈劲松等[65]对某大坝心墙土料掺加不同比例的水泥或生石灰改性，发现在水泥掺量 3‰ 或者生石灰掺量 3‰～5‰ 的情况下，基本可以消除土料的分散性。巨娟丽等[68]对大石峡水电站筑坝土料掺入 0.26‰ 的氯化铝或 0.35‰ 的氯化钙改性，发现分散性改良效果显著。Haliburton 等[87]研究认为熟石灰、硫酸铝和氯化钠都是有效的化学稳定剂，可以降低分散性土侵蚀的可能性。Vakili 等[88-90]研究了火山灰、ZELIAC（包括沸石、活性炭、石灰、稻壳灰、水泥等天然存在低成本的原料）、木质素磺酸盐对分散性土的改性效果。Indraratna Vinod 等[91-93]研究了木质素磺酸盐和普通硅酸盐水泥两种化学稳定剂在分散性土中的作用，结果表明 0.6‰ 水泥对分散性土的稳定效果优于 0.6‰ 木素磺酸盐。Turkoz 等[94-95]研究发现添加 $MgCl_2$ 溶液可有效改善分散膨胀性黏土、证明了沸石和水泥对分散性土的改性效果。Goodarzi 等[96]研究发现炉渣有很好的改性效果。Savas 等[97-98]研究发现 2‰ 石灰和 3‰ 天然沸石是降低分散土膨胀压缩潜力的最有效的稳定剂，C 类粉煤灰比 F 类粉煤灰对分散土的稳定作用更为有效。Ouhadi、Jafari 等[99-100]也研究了铝盐改性分散性土的效果。澳大利亚班尔加心墙坝[3,70]、南引水库第 14 号围堤[49]、麦洛维工程黏土心墙坝[101]、大庆地区防洪工程两处分散性土破坏典型段[102]，都是通过在土料中掺入一定量的石灰，使分散性土变为非分散性土。在化学改性分散性土方面的研究与实践比较多，改造库水方面的比较少。目前，澳大利亚墨尔本市附近的供水工程系统，澳大利亚卡迪尼亚心墙坝[70]，非洲 Senekal 心墙坝[9]，都通过将石膏放入水中的办法，使混浊液絮凝澄清。

综合处理方法是指分散性土应用中既涉及化学过程，又涉及物理过程的处理方法。美国 LosEsteros 心墙坝，防渗体下游填筑反滤砂，底部填筑石灰土。澳大利亚基尔莫均质坝和瓦兰心墙坝，上游坡填筑石灰稳定土，下游坡脚填筑石灰稳定土和砾石排水。阿根廷乌鲁姆坝在心墙底部基岩面浇 40cm 厚的钢筋混凝土垫座，其上填 2m 厚的掺石灰黏土，心墙上下游坡面增设 5m 厚的砂反滤层。伊朗塔里干土石坝在防渗体上下游填筑反滤砂，底部设混凝土板，其上填筑石灰土。泰国兰清格均质坝，基础加截水墙，上游坡设石灰处理层。泰国会沙韦均质坝，用石灰土保护坝坡，坝顶用沥青护面[3]。黑龙江省南部引嫩工程第 17 号均质坝[12,103]，上游坡和坝顶用石灰土处理，下游坡用细砂反滤。Vakili 等[89]提出木质磺酸盐和电渗法共同使用可以增强对分散性土的改性效果。

常用的改性材料包括石灰、水泥、粉煤灰和炉渣。这些材料虽然能够改善土体的分散性，但都具有一定程度的局限，如石灰、水泥会增加土体的脆性；粉煤灰、炉渣等工业废弃物由于地域和运距的限制，获取往往比较困难。另外，这些诸如石灰、水泥等传统的无机材料在生产与应用过程中，需要消耗大量的能源，造成生态环境的破坏。随着生态环境日益受到重视，人们更倾向采用环境友好、绿色环保的材料改性土体的不良工程性质。

微生物诱导碳酸钙沉积（Micro - bial Induced Calcium Carbonate Precipitation，MICP）是目前土体改性研究的热点之一[104]。MICP 技术对于砂土具有较好的固化效果，能够将砂土的无侧限抗压强度提高到 20MPa 以上，渗透系数降低到处理前的 1%，剪切波速提高 4 倍。但是，由于黏性土的渗透性比较低、菌液及胶结液渗透慢、微生物繁殖受到影响等原因，MICP 技术在黏性土的应用受到一定的限制[105]。Moraveja 等[108]采用 MICP 技术改性分散性土取得了一定的效果，但是发现无法区分 MICP 改性分散性土到底是 MICP 生成的 $CaCO_3$ 起作用，还是 MICP 中的原材料 $CaCl_2$ 起作用，因为 MICP 需要 $CaCl_2$ 提供钙源，而 $CaCl_2$ 本身就对分散性土具有一定的改性作用。樊恒辉等[109]基于自然界溶洞中钟乳石和黄土中钙质结核的形成机理，提出了一种采用岩溶碳酸氢钙（Calcium Bicarbonate from Karst，CFK）改性分散性土的方法，并取得了良好的固化效果。

6 结语

（1）分散性土是一种在低含盐量（或纯净）水中，由于土颗粒间的排斥力超过吸引力而导致土颗粒在水力坡降很低条件下产生分散流失的黏性土，属于一种水敏性的特殊土。根据分散机理的不同，可将其分为物理分散性土和化学分散性土。物理分散性土主要由于土体中的黏粒含量较低；化学分散性土主要由于土体中含有较多的钠离子和碱性较强。水

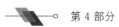

是黏性土产生分散的诱因，水溶液中离子的种类与含量是使土颗粒产生凝聚或分散的根本因素。应分析土-水-电解质系统中各部分的关系，对分散性土的分散机理从理论上做进一步的研究，研究物理分散性土与化学分散性土对水质的不同响应特征及其作用机理，重视土颗粒间的双电层、DLVO 理论与斥力与引力关系等基础性研究。

（2）分散性土的鉴别可采用野外勘察、室内试验和经验模型等方法进行。野外勘察主要查看是否具有冲沟和孔洞等异常冲蚀迹象；室内试验主要包括双比重计、碎块、针孔、孔隙水可溶性阳离子和交换钠离子百分比等试验；经验模型通过土的液限、黏粒、钠百分比、酸碱度等参数计算土的分散值，可判别土样的分散性及分类。目前以室内判别结果作为最终判别结果。建议构建基于主成分分析和人工神经网络等不同数学理论的黏性土分散性的预测模型。

（3）分散性土的处理方法包括物理处理方法、化学处理方法和综合处理方法。物理处理方法主要包括土工膜防渗隔开分散性土和低含盐量水、设置适当级配的砂反滤截住土体细颗粒等，建议从反滤层的设计准则和土工布的长期效果两个方向进行研究，使更好地服务工程实际。化学处理方法主要包括掺加石灰、水泥、粉煤灰、硫酸铝、氯化钙、氯化铝等材料使分散性土或过渡性土变为非分散性土。综合处理方法则是采用物理和化学方法综合处理，更好满足工程建设需求。建议加强高效、经济、环保等改性材料的研发工作。

参 考 文 献

［1］ DECKER R S, Dunnigan L P. Development and use of the soil conservation service dispersion test [C]//Sherard J L, Decker R S. Dispersive clays, related piping, and erosion in geotechnical projects, ASTM STP 623, American Society for Testing and Material, 1977: 94 - 109.

［2］ PETRY T M. Identification of dispersive clay soils by a physical test[D]. Oklahoma State Unviersity, 1974.

［3］ 钱家欢. 分散性粘土作为坝料的一些问题[J]. 岩土工程学报, 1981, 3 (1): 94 - 100.

［4］ JEFF Dean. Dispersive clay embankment erosion - a case history[A]. 54th Highway Geology Symposium[C]//Burlington, VT, USA, 2003: 306 - 320.

［5］ COLE D C H, LEWIS J G. Piping failure of earthen dams built of plastic materials in arid climates [C]//Proceedings of the Third Australia - New Zealand Conference on Soil Mechanics and Foundation Engineering, 1960: 93 - 99.

［6］ GUTIÉRREZ F, DESIR G, GUTIÉRREZ M. Causes of the catastrophic failure of an earth dam built on gypsiferous alluvium and dispersive clays[J]. Environmental Geology, 2003, 43 (7): 842 - 851.

［7］ PHATHANASABHON A, MUNKUAMDEE, SINGHASUNTI N. Distribution of dispersive soils in irrigation project area in Thailand[C]//29th Kasetsart University Annual Conference, 1991.

［8］ MAHARAJ A, ROOY LV, Paige - Green P. Revised test protocols for the identifcation of dispersive soils[J]. Journal of the South African, 2015, 57 (1): 31 - 37.

［9］ MAHARAJ A. The Evaulation of test protocols for dispersive soil identification in Southern Africa [D]. University of Pretoria, 2013.

［10］ PREMKUMAR S, PIRATHEEPAN J, ARULRAJAH A, et al. Experimental study on contact erosion failure in pavement embankment with dispersive clay[J]. Journal of Materials in Civil Engineering, 2016, 28 (4).

[11] 秦曰章. 黄河小浪底粘性土分散性能的试验研究[J]. 人民黄河, 1981 (5): 8-12.

[12] 王观平, 张来文, 阎仰中, 等. 分散性粘土与水利工程[M]. 北京: 中国水利水电出版社, 1999.

[13] 刘杰. 土石坝渗流控制理论基础及工程经验教训[M]. 北京: 中国水利水电出版社, 2006.

[14] 缪良娟. 陆浑大坝防渗土料的分散性和抗渗强度的试验研究[J]. 人民黄河, 1990 (5): 25-28.

[15] 岳宝蓉, 金耀华. 山西上马水库土坝裂缝原因与防治措施[J]. 防渗技术, 1998, 4 (3): 1-14.

[16] 邓铭江, 周小兵, 万金平, 等. "635" 水利枢纽大坝心墙防渗土料分散性判别及改性试验研究[J]. 岩土工程学报, 2000, 22 (6): 73-77.

[17] 马秀媛, 徐又建. 青岛市官路水库分散性粘土工程特性及改性试验研究[J]. 岩土工程学报, 2000, 22 (7): 441-444.

[18] 巨娟丽, 刘俊民, 严宝文. 宁木特水电站大坝防渗土料分散性试验研究[J]. 路基工程, 2008, (2): 33-35.

[19] 陈式华, 何耀辉, 陈卫芳. 天子岗水库坝基土分散性试验研究[J]. 浙江水利科技, 2007 (7): 7-8.

[20] 陈式华, 何耀辉. 山东青水库大坝填土分散性试验研究[J]. 浙江水利科技, 2009 (1): 34-36.

[21] 樊恒辉, 孔令伟, 郭敏霞, 等. 文家沟水库筑坝土料分散性和抗渗性能试验[J]. 岩土工程学报, 2009, 31 (3): 458-463.

[22] 樊恒辉, 孔令伟, 李洪良, 等. 马家树水库大坝防渗土料分散性判别和改性试验[J]. 岩土力学, 2010, 31 (1): 193-198.

[23] 高明霞, 李鹏, 王国栋, 等. 南坪水库筑坝土料分散机理及原因分析[J]. 岩土工程学报, 2009, 31 (8): 1303-1308.

[24] 王多姿. 赤峰市东台子水库粘土心墙分散性试验研究[J]. 中国水能及电气化, 2014, 10: 52-55.

[25] ASTM D4647-93, Standard Test Method for Identification and Classification of Dispersive Clay Soils by the Pinhole Test[S]. USA: American Sociey for Testing and Materials, 1993.

[26] BOBROWSKY P T. Encyclopedia of Natural Hazards[M]. Simon Fraser University, 2013.

[27] MOHANTY S, ROY N, SINGH S P. Strength characteristics of dispersive soil by using industrial by-products[C]//Proceedings of the 1st GeoMEast International Congress and Exhibition, 2018: 293-302.

[28] DJOKOVIC K, CAKI L, ŠUŠIĆN, et al. Methods for assessment and identification of dispersive soils[J]. European Conference on Geotechnical Engineering, 2018: 205-210.

[29] 刘杰, 缪良娟. 一般粘性土抗渗强度影响因素的研究[J]. 水利学报, 1984 (4): 13-21.

[30] 刘杰, 缪良娟. 分散性粘性土的抗渗特性[J]. 岩土工程学报, 1987 (2): 92-99.

[31] 李春万. 大坝防渗土料的分散性研究[J]. 西北水电, 2002 (1): 51-52.

[32] 崔亦昊, 谢定松, 杨凯虹, 等. 分散性土均质土坝渗透破坏性状及溃坝原因[J]. 水利水电技术, 2004, 35 (12): 42-45.

[33] 卢雪清, 党进谦, 樊恒辉. 不同介质环境对粘土分散性的影响及分散性粘土改性研究[J]. 西北农林科技大学学报 (自然科学版), 2011, 39 (5): 208-214.

[34] 党进谦, 马晓婷, 孙仲林, 等. 分散性对心墙土料裂缝冲刷影响的试验研究[J]. 水利学报, 2012, 43 (9): 1103-1107.

[35] INGLES O G, AITCHISON G D. Soil-water disequilibrium as a cause of subsidence in natural soils and earth embankments[C]//Proceedings of the Tokyo Symposium on Land Subsidence, 1970: 342-353.

[36] SHERARD J L, DECKER R S, RYKEN R L. Piping in earth of dispersive clay[C]//Proceedings

of the ASCE Speciality Conference on the Performance of Earth – supported Structure，Purdue University，1972：589 – 626.

[37]　HOLMGREN G G S，FLANAGAN C P． Factors affecting spontaneous dispersion of soil materials as evidenced by the crumb test[C]//Sherard J L，Decker R S． Dispersive clays，related piping，and erosion in geotechnical projects，ASTM STP 623，Amercian Society for Testing and Material，1977：218 – 239.

[38]　CHOROM M，REGASAMY P，MURRAY R． Clay dispersion as influenced by pH and net particle charge of sodic soils[J]. Australian Journal of Soil Research，1994，32 (6)：1243.

[39]　洪有纬，盛守田. 黑龙江省西部地区分散性粘土工程特性及处理措施[J]. 岩土工程学报. 1984，6 (6)：42 – 52.

[40]　裘孟辛. 桃山水库坝料粘土矿物的定量分析和分散性试验研究[A]. 水利水电科学研究院科学研究论文集第 20 集 (岩土工程)，1984：127 – 134.

[41]　王幼麟，鲜于开耀，刘代清. 分散性土的物理化学特征——兼论某水利工程土料的分散性[J]. 水文地质工程地质，1986 (2)：23 – 27.

[42]　王观平. 分散性粘土的分散机理分析[J]. 人民黄河，1989 (4)：24 – 27.

[43]　王观平. 黑龙江省南部引嫩工程分散性粘土的研究与处理措施[J]. 水利水电技术，1992 (3)：18 – 22.

[44]　王观平. 粘土矿物与分散性粘土[J]. 黑龙江大学工程学报，1994 (3)：21 – 25.

[45]　曹挺新. 分散性土作为坝料问题的探讨[J]. 山东水利科技，1997 (1)：14 – 16.

[46]　曹敏，王豹. 粘土分散性鉴别试验方法比较研究[J]. 中国农村水利水电，2012 (3)：97 – 100.

[47]　杨昭，席福来，陈华. 盐渍土与分散性针孔试验影响[J]. 岩土力学，2003，24 (S1)：23 – 24.

[48]　于为，马龙，王秋丽. 新疆玛纳斯河肯斯瓦特水利枢纽防渗土料分散性研究[J]. 土工基础，2011，25 (3)：77 – 80.

[49]　王立文，林治芳，刘玉柏. 分散性粘土筑坝质量控制[J]. 黑龙江大学工程学报，2008，35 (3)：49 – 51.

[50]　魏迎奇，温彦锋，蔡红. 分散性粘土鉴定试验的可靠性分析[J]. 中国水利水电科学研究院学报，2007，5 (3)：186 – 190.

[51]　李洪良，樊恒辉，党进谦，等. 介质环境中阳离子和酸碱度变化对粘土分散性的影响[J]. 水资源与水工程学报，2009，20 (6)：26 – 29.

[52]　赵高文，樊恒辉，陈华. 影响粘性土分散性的化学因素及机理分析[J]. 西北农林科技大学学报 (自然科学版)，2013，41 (6)：202 – 206.

[53]　樊恒辉，李鹏，高明霞，等. 水对针孔试验鉴定分散性粘土结果影响的试验研究[J]. 大坝观测与土工测试，2001 (5)：42 – 44.

[54]　孙晓明，刘春河，洪晓晖. 对南部引嫩工程分散性粘土坝的分析[J]. 黑龙江大学工程学报，2006，33 (3)：12 – 15.

[55]　田堪良，张慧莉，樊恒辉. 分散性粘土鉴别方法及工程防治措施研究综述[J]. 水力发电学报，2010，29 (2)：204 – 209.

[56]　于润波，张滨. 水质对分散性粘土冲蚀破坏的影响[J]. 黑龙江大学工程学报，2005，32 (3)：23 – 25.

[57]　蒋国澄. 粘性土的结构稳定性及其某些特殊性土的性状[J]. 岩土工程学报，1986，8 (4)：70 – 75.

[58]　FAN H H，KONG L W. Empirical equation for evaluating the dispersivity of cohesive soil[J]. Canadian Geotechnical Journal，2013，50 (7)：989 – 994.

[59]　ASTM D6572，Standard test method for dispersive characteristics of clay soil by the crumb test[S].

[60]　ASTM D4647，Standard test method for dispersive characteristics of clay soil by the pinhole test[S].

[61] ASTM D4221, Standard test method for dispersive characteristics of clay soil by double hydromoter [S].

[62] ASTM D4542, Standard test methods for pore water extraction and determination of the soluble salt content of soils by refractometer[S].

[63] ASTM ASTM D7503, Standard test method for measuring the exchange complex and cation exchange capacity of inorganic fine-grained soils[S].

[64] 付希文, 付会成, 杨晓龙, 等. 吉林省大安地区盐渍土的分散性研究[J]. 人民长江, 2011, 42 (17): 63-65, 75.

[65] 陈劲松, 顾缬琴, 盛小涛, 等. 大坝心墙料分散性及处理措施试验研究[J]. 长江科学院院报, 2016, 33 (4): 144-150.

[66] 张旭东, 王清, 李鹏飞, 等. 乾安"泥林"土体分散性研究[J]. 东北大学学报 (自然科学版), 2015, 36 (11): 1643-1647.

[67] 樊恒辉, 赵高文, 路立娜, 等. 分散性土的综合判别准则与针孔试验方法的改进[J]. 水力发电学报, 2013, 32 (1): 248-253, 622.

[68] 巨娟丽, 樊恒辉, 刘俊民. 大石峡水电站筑坝土料分散性综合判定及改性研究[J]. 水力发电, 2016, 42 (11): 114-119.

[69] 巨娟丽, 樊恒辉, 刘俊民. 基于主成分分析法的粘土分散性评价模型构建[J]. 人民长江, 2015, (4): 59-62.

[70] 顾淦臣. 用分散性粘土筑坝需采取的工程措施[J]. 人民黄河, 1983, (3): 13-17.

[71] 李春红, 王宏伟, 安清平. 中引八干渠工程分散粘土及流砂处理[J]. 黑龙江水利科技, 1996, (3): 76-78.

[72] 吕海臣, 宋炜. 土工膜在处理中引八干渠工程中分散性粘土上的应用[J]. 黑龙江水利科技, 1997, (1): 119-120.

[73] 阚瑞清, 吴富萍, 盛守田, 等. 分散性粘土渠道边坡的破坏原因与防治措施[J]. 水利与建筑工程学报, 1998, (4): 37-39.

[74] 袁光国, 李小泉. 粘土的分散性及分散性粘土改性筑坝研究[J]. 四川水力发电, 2006, 25 (5): 88-92.

[75] ABBASI N, FARJAD A, SEPEHRI S. The use of nanoclay particles for stabilization of dispersive clayey soils[J]. Geotechnical and Geological Engineering, 2018, 36: 327-335.

[76] 王志兴, 王天祎. 基于北部引嫩总干渠分散性粘土特征与治理措施[J]. 黑龙江水利科技, 2013, 41 (12): 5-8.

[77] ROTH C H, PAVAN M A. Effects of lime and gypsum on clay dispersion and infiltration in samples of a Brazilian Oxisol[J]. Geoderma, 1991, 48 (3-4): 351-361.

[78] 李华銮, 高培法, 穆乃敏. 分散性土的鉴别及改性试验[J]. 山东大学学报 (工学版), 2010, 40 (4): 92-95.

[79] CONSOLI N C, SAMANIEGO R A Q, VILLALBA N M K. Durability, strength, and stiffness of dispersive clay-lime blends[J]. Journal of Materials in Civil Engineering, 2016, 28 (11): 04016124.

[80] 张路, 樊恒辉, 车雯方, 等. 黑龙江地区渠道基土工程性质试验分析[J]. 水利水运工程学报, 2018, 168 (02): 85-92.

[81] 张勇, 樊恒辉, 杨秀娟, 等. 黑龙江省渠道分散性土和膨胀土的工程危害及处理方法[J]. 中国农村水利水电, 2017, (12): 164-169.

[82] 李兴国, 许仲生. 分散性粘土的试验鉴别和改良[J]. 岩土工程学报, 1989, 11 (1): 62-66.

[83] 缪元勋. "635"水利枢纽筑坝土料改性研究[J]. 新疆水利, 1996 (5): 12-18.

[84] 赵高文, 樊恒辉, 陈华, 等. 基于粘性土分散机制的分散性土化学改性研究[J]. 岩土力学, 2013

(S2)：210 – 213.

[85] 王中妮，樊恒辉，贺智强，等. 分散性土改性剂对土的分散性和抗拉强度的影响[J]. 岩石力学与
工程学报，2015，34（2）：425 – 432.

[86] 严应佳，樊恒辉，杨秀娟. 粉煤灰改性分散性土的工程特性试验研究[J]. 水力发电学报，2017，
36（4）：88 – 96.

[87] HALIBURTON T A, PETRY T M, HAYDEN M L. Identification and treatment of dispersive
clay soils[J]. 1975.

[88] VAKILI A H, GHASEMI J, BIN Selamat M R, et al. Internal erosional behaviour of dispersive
clay stabilized with lignosulfonate and reinforced with polypropylene fiber[J]. Construction and
Building Materials，2018，193：405 – 415.

[89] VAKILI A H, KAEDI M, MOKHBERI M, et al. Treatment of highly dispersive clay by ligno-
sulfonate addition and electroosmosis application[J]. Applied Clay Science，2018，152：1 – 8.

[90] VAKILI A H, SELAMAT M R B, AZIZ H B A, et al. Treatment of dispersive clay soil by ZE-
LIAC[J]. Geoderma，2017，285：270 – 279.

[91] INDRARATNA B, MUTTUVEL T, KHABBAZ H. Investigating erosional behaviour of chemi-
cally stabilised erodible soils[C]//GeoCongress，2008：670 – 677.

[92] INDRARATNA B, ATHUKORALA R, VINOD J S. Shear behaviour of a lignosulfonate treated
silty sand[C]//12th Australia New Zealand Conference on Geomechanics，2015：1 – 8.

[93] VINOD J S, INDRARATNA B, MAHAMUD M A. Stabilisation of an erodible soil using a chemi-
cal admixture[J]. Proceedings of the ICE – Ground Improvement，2010，163（1）：43 – 51.

[94] TURKOZ M, VURAL P. The effects of cement and natural zeolite additives on problematic clay
soils[J]. Science and Engineering of Composite Materials，2013，20（4）：395 – 405.

[95] TURKOZ M, SAVAS H, ACAZ A, et al. The effect of magnesium chloride solution on the engi-
neering properties of clay soil with expansive and dispersive characteristics[J]. Applied Clay Science，
2014，101：1 – 9.

[96] GOODARZI A R, SALIMI M. Stabilization treatment of a dispersive clayey soil using granulated
blast furnace slag and basic oxygen furnace slag[J]. Applied Clay Science，2015，108：61 – 69.

[97] SAVAS H. Consolidation and swell characteristics of dispersive soils stabilized with lime and natural
zeolite[J]. Science and Engineering of Composite Materials，2016，23（6）：1 – 10.

[98] SAVAS H, TÜRKÖZ M, SEYREK E, et al. Comparison of the effect of using class C and F fly
ash on the stabilization of dispersive soils [J]. Arabian Journal of Geosciences，2018，11
（20）：612.

[99] OUHADI V R, GOODARZI A R. Assessment of the stability of a dispersive soil treated by alum
[J]. Engineering Geology，2006，85：91 – 101.

[100] JAFARI H R, HASSANLOURAD M, HASSANLOU M R. Dispersion potential of a clay soil
stabilized by alum. A case study[J]. Soils and Rocks，2013，36：221 – 228.

[101] 万山红，李梅. 分散性粘土在麦洛维工程粘土心墙坝中的应用[J]. 四川水力发电，2009，28
（a02）：10 – 12.

[102] 高立军，焦立国，曲金丹. 大庆地区防洪工程分散性粘土坝破坏原因及整治措施[J]. 黑龙江水利
科技，1998，（4）：33 – 35.

[103] 党振虎. 分散性粘土筑坝可行性探析[J]. 西北水电. 2007，（2）：19 – 21.

[104] STOCKS - Fische S, GALINAT J K, BANG S S. Microbiological precipitation of $CaCO_3$[J]. Soil
Biology and Biochemistry，1999，31：1563 – 1571.

[105] 何稼，楚剑，刘汉龙，等. 微生物岩土技术的研究进展[J]. 岩土工程学报，2016，38（4）：

643 - 653.

[106] 李明东，LIN Li，张振东，等. 微生物矿化碳酸钙改良土体的进展、展望与工程应用技术设计[J]. 土木工程学报，2016，49（10）：80 - 87.

[107] 肖建章，魏迎奇，王子文，等. 微生物固化淤泥的作用机理研究[C]//程晓辉，魏迎奇，钱春香，等. 第一届全国微生物岩土与材料工程学术研讨会论文集，贵阳：2018，10 - 16.

[108] MORAVEJA S，HABIBAGAHIA G，NIKOOEEA E，et al. Stabilization of dispersive soils by means of biological calcite precipitation[J]. Geoderma，2018，315：130 - 137.

[109] 樊恒辉，刘竞，王俊杰，等. 一种利用土体固化溶液加固土体的方法（发明专利申请号：201811569453.0）.

Advances in Research and Application of Dispersive Soil

Abstract：Dispersive soil is widely distributed in all parts of the world，especially in arid and semi - arid areas. It is a kind of special soil with water sensitivity. Its water erosion resistance is very low. It is easy to cause piping，caves，gullies and other damage，which poses a serious threat to the safety of buildings. The definition and connotation，dispersive mechanism，identification method and modification application of dispersive soil were analyzed，summarized and prospected. Dispersive soil is a kind of cohesive soil prone to loss，which soil particles will disperse under very low hydraulic gradient the repulsion force between soil particles exceeds the attraction force in low salinity or pure water. The formation mechanism of dispersive soil is that the content of cementing substance in soil，especially clay particles is low or the soil contains more sodium ions and is alkaline. In general，laboratory tests such as double hydrometer test，crumb test，pinhole test，soluble cations in pore water test and exchangeable sodium percent test are used to synthetically judge the dispersion of soil samples. Field investigation and empirical model can be used as auxiliary means. In dispersive soil engineering，the water stability of dispersive soil can be improved by physical protection，chemical modification or comprehensive treatment，among which chemical modification is the most fundamental method. In future researches，the relationship between repulsion and attraction of soil particles，explore the seepage damage of dispersive soil，especially the evolution law of soil cracks，and develop cost - effective，efficient and clean modified materials should been payed more attention.